U0820961

运动服装与功能服装的材料与技术

YUNDONG FUZHUANG YU GONGNENG FUZHUANG DE CAILIAO YU JISHU

[英] 史蒂文·乔治·海耶斯　[印] 布拉格·文卡特拉曼◎著
王 虹　郑伟涛◎译

长江出版传媒
湖北科学技术出版社

图书在版编目（CIP）数据

运动服装与功能服装的材料与技术 /（英）史蒂文·乔治·海耶斯（Steven George Hayes),（印）布拉格·文卡特拉曼（Praburaj Venkatraman）著；王虹，郑伟涛译．—武汉：湖北科学技术出版社，2025.1
ISBN 978-7-5706-2936-7

Ⅰ．①运… Ⅱ．①史… ②布… ③王… ④郑… Ⅲ．①运动服一材料科学 Ⅳ．① TS941.15

中国国家版本馆 CIP 数据核字（2023）第 187616 号

运动服装与功能服装的材料与技术
YUNDONG FUZHUANG YU GONGNENG FUZHUANG DE CAILIAO YU JISHU

责任编辑：柯晓昱
责任校对：王晓博　　封面设计：喻　杨

出版发行：湖北科学技术出版社
地　　址：武汉市雄楚大街 268 号（湖北出版文化城 B 座 13—14 层）
电　　话：027-87679468　　邮　　编：430070

印　　刷：湖北云景数字印刷有限公司　　邮　　编：430205

787 毫米 ×1092 毫米　1/16　13 印张　300 千字
2025 年 1 月第 1 版　2025 年 1 月第 1 次印刷
定　　价：88.00 元

序　言

运动服装和功能服装是体育科技助力体育强国、健康中国不可或缺的一部分。服装材料的选型、面料的设计、高性能服装的制备及智能穿戴设备在服装中的应用等均不同程度影响着体育竞技、全民健身等运动者运动水平的提升。

此书由泰勒弗朗西斯集团出版发行，曼彻斯特城市大学服装系史蒂文·乔治·海耶斯和布拉格·文卡特拉曼教授主编。该书以读者的需求出发，将运动服装和功能性服装的材料、性能、技术、设计和营销多方面的内容结合在一起，对服装的设计制造开展论述。全文通过对纤维、面料和服装合身性进行综合分析，从服装营销到服装材料环保层面，包括智能面料、抗冲击型面料和压力传感的具体应用，再到将服装面料合身性与三维人体扫描实践完全结合，对于运动服装和功能性服装的材料选择和设计产生重要的影响。全文语言生动，内容丰富，可帮助读者增进对运动服装和功能性服装的了解。

此书的翻译受到原书编著者的授权和支持。他们希望此书的研究成果能够让更多的体育科技工作者和运动爱好者获得灵感。此书由武汉体育学院王虹教授和郑伟涛教授主持翻译。此书译者均为体育工程学专业的中青年优秀学者，工作团队团结协作，顺利完成了翻译和校对任务，译著中的文字包含了各位学者的心血。武汉体育学院英语专业邹瑶教授对译文校对提供了专业指导。研究生张骞匀、马奔、陈雨宁、贺成、王恺庆、黄磊、冯俊钢、秦亚州、贾孟尧、熊文涛、陈诚、王路遥、李雅雯、崔佳敏、徐玉鹏、张攀、马祥熙、石丽协助参与了本书的校对工作。由于时间较为仓促，书中难免存在不足，恳请广大读者批评指正。

此书的翻译工作得到了科技部“科技冬奥”重点研发计划项目——冬季运动与训练比赛高性能服装研发关键技术（2019YFF0302100）的支持。

前　言

运动服装和其他功能性服装填补了特定市场的空缺，同时其影响力渗透到时装产业的各个方面。我们很容易从材料规格和性能的纯技术角度来看待这类服装，而忽略服装设计美学。为了强调性能、技术这一角度，人们通常用性能或休闲运动服装、功能性或时尚性、技术性或消费性来描述功能性服装。同样，忽视了功能性服装和其他服装区别的要点：田径运动服装、消防服装的美感，影响着他们对穿着的舒适感、他们的行为表现以及周围人对他们的感觉。本书将材料、性能、技术、设计和营销多方面的内容结合在一起，以弥补功能性服装在这一方面存在的缺点，希望能够让读者拥有更好的阅读体验。为了有效地做到这一点，读者应该把这本书的背景设置为以用户为中心以及着眼用于为制造的设计开发，有几种模型展示了不同的方法，请选择能说服你的那一个。而且重要的是，这种方法让你能够专注于用户需求（个人、团队、服务团队或特定年龄段的人），同时避免持续进行秘密开发过程中存在的固有缺陷——忽略服装的创新性和构思。

此处按顺序排列的章节可能并不必要，但值得强调的是这本书所涉猎的知识广度以及能带给读者的知识、思维深度很重要。本书通过对纤维、面料和服装合身性进行综合分析，研究视角从营销转向运动服装和功能性服装的环保层面，其中包括智能面料、抗冲击型面料和压力传感的具体内容。其中，对于面料合身性的研究和结合三维人体扫描的实践应用，对服装产品开发的模式产生重要影响。评估运动服装和功能性服装所用的材料十分重要，因此贯穿全文，并会在本书的后半部分具体展开。这些章节各有各的用途，但总体而言，我们认为它们整合了运动服装和功能性服装中面料和技术的重要方面。

这本书凝结着曼彻斯特城市大学服装系很多人的努力，没有他们，也不会有这本书：感谢大家！其中，必须感谢普拉布拉杰·文卡特拉曼博士（Dr. Praburaj Venkatraman），他的构思以及第八篇序言推动了本书的创作，他提供的灵感和勤奋的态度对完成本书至关重要，希望读者们能感受到本书丰富的内容，也希望帮助读者们增进对于运动服装和功能性服装的了解。

目 录

01 运动服装市场概述

1.1 介绍

在全球化蓬勃发展、运动服装作为一种主流时尚迅速流行的大背景下，运动服装市场悄然发生了根本性变革 。这一变化为运动品牌和时尚品牌提供了很多发展机遇。本章从运动服装市场的定义到市场驱动因素综合考虑运动服装的核心方面，如名人代言、规模定制和新兴经济体的兴盛等。

1.2 运动服装市场的定义

运动服装或休闲运动服装是集功能性、舒适性和安全性为一体，以不断推进规格开发、加强产品设计、力求为不同的运动员提供符合相应性能需求为宗旨的运动产品。在竞技体育中，运动服装性能的差异往往还暗含着比赛结果的优劣。然而，如今运动服装的发展势头不容小觑；随着运动服装逐渐成为时尚的"宠儿"，这一名词已然渗透到休闲服装和鞋类，甚至是观看体育赛事的人所穿的服装和鞋类。因此，运动服装有责任去提供时尚所需。在这个过程中，市场竞争体现了性能、功能与时尚之间的相互融合，且各种竞争条件为公司的运营提供了更深层次的因素和机会。

逐渐兴起的市场规模为市场的主要参与者提供了竞争优势。如 Nike（美国体育服装品牌）、Adidas（德国体育服装品牌）和 Puma（德国体育服装品牌），这些运动品牌公司都有足够的经济实力对体育服装的技术和时尚进行创新。顶级运动员往往是这些品牌的代言人，且两者的关系互利共生。由于运动员们作为体育明星的地位有所提高，加上运动服装被纳入主流时尚，使得像 Nike 这样的品牌公司能够利用这一趋势获利。从 1993 年到 2014 年，在短短 20 年的时间里，Nike 集团的销售总额就从 39 亿美元突破到了 278 亿美元。

激发主流时尚灵感。从朴素日常的工作服到高端华贵的晚礼服，如今的运动服装设计为服装行业注入了让人意想不到的新鲜血液，近期的运动紧身裤就是最好的证明。Lycra© 的引荐使得打底裤成为 20 世纪 70 年代和 20 世纪 80 年代有氧运动爱好者的主推着装。自此以后，运动紧身裤就成了时尚的宠儿，并且以各种形式展现在大众面前，分别在长度、材料、图案、颜色和质地上各有不同。本章探讨了运动服装市场运营的驱动因素，消费情况及其他可能存在的问题，分析了运动服装市场以及运营公司和它们主要服务的消费者情况。

运动服装可以定义为以性能为导向，在运动与娱乐活动时所穿着的功能性服装与鞋类。受性能与功能的启发，运动服装与运动鞋设计引领着时尚与休闲潮流。

对于运动服装市场的研究，重点集中在功能性服装和时尚性运动服装两方面，包括由运动品牌设计、制造或分销的服装，以及服装连锁店生产的自有品牌运动服装。随着功能和时尚的融合度越来越高，两者也越来越难以区分，这同时也促使了表演服装和鞋类选择以时尚为导向来发展。

1.3 运动服装市场

Euromonitor（欧洲商情市场调研公司）称，运动服装的流行是一种全球性现象；据《零售周刊》报道，2014 年全球运动服装市场价值达 2820 亿美元，同比增长 7%，超过了其他服装行业5.8%的市场份额。依此发展情形,到2015年底,全球运动服装市场的总估值将超过3000亿美元。

尽管运动服装市场在中国、印度和俄罗斯增长势头强劲,但美国的市场销售总额占全球销售额的35%以上,仍然是迄今为止规模最大的销售市场。据预测,随着功能和时尚的进一步融合,运动服装市场份额的增长将会意料之中地显现出来。

运动服装市场可以按运动需求的不同和休闲服装类型的差异细分为几个部分:

(1)户外运动包括骑行、徒步旅行、登山、雪上运动和帆船运动,其着装包含各种实用与时尚兼备的休闲服装。

(2)休闲服装(不含户外服装)包括T恤衫和polo衫,主要以运动服装品牌进行售卖或按运动服装类别出售。

(3)团队运动服装是运动员在足球比赛和橄榄球比赛中穿的服装,许多协办单位穿的指数级运动服装同属于这一类。

(4)在跑步运动方面,由于跑步装备的革新,跑步运动服装发展的狂潮悄然而至。因为跑步运动被视为一种简单、快速、便于执行的健身和锻炼方式,且无须伴侣、特殊设备、健身房会员资格,甚至无须太多时间,所以这一运动在女性群体中受到了广泛欢迎。

(5)对于有氧运动和室内健身,减脂仍然是促使健身房会员增加和有氧运动类课程激增的关键驱动力。肥胖率的快速增长,不仅直接引发了许多西方国家的政府干预,也使得有氧运动行业瞄准了减肥运动。尽管这不是一项专业运动,但有氧服装背后的技术支持和时尚发展是相当重要的推动因素。

(6)泳装系列包括性能泳装、高级时尚泳装以及其他与两者相关的泳装。与其他大多数运动服装相比,泳装中审美和时尚两个因素起到的作用更为广泛,这点主要体现在女性泳装的销量上。

(7)在球拍类运动中,体育明星给网球运动服装带来了革命性的变化:非传统运动服装成为日常标准,经典的白色套装黯然失色。Venus自行设计了“十一”系列运动服装,Nike开发了有关Serena的系列运动服装。

(8)在高尔夫领域,服装市场以Nike高尔夫系列为主导,包括为高尔夫球手开发的以性能、舒适和时尚为特点的服装系列。

1.4 竞争力

如表1.1所示,主要运动服装品牌的竞争似乎出现了两极分化的局面。Nike和Adidas是全球最大的运动服装品牌,Nike不仅占据了最大的市场份额,而且仍呈现增长趋势。截至2014年5月31日,Nike的销售额达到了278亿美元,仅5年内就增长了52%。

Nike和Adidas的强大市场地位直指寡头垄断市场,这就意味着少数公司反而控制了绝大部分的市场份额。在这种通过高门槛实现市场控额的情况下,对高性能材料和技术以及功能性要求就比较常态化,但关于时尚的设计投资成本仍然很高。这类产品进入市场的阻碍包括品牌建设成本、赞助资金和全球竞争所需的极高营销预算。因此为了有效竞争,品牌商需要为这些领域中的大多数进行投资,而不仅仅是投资其中的一个。

然而,重点是要认识到,也有许多规模相对较小的公司有几乎相当的实力。这些公司一部分在全球运营,另一部分则专注于北美等海外市场,他们的排名也占到了全球前二十。VF公司、Puma和Asics,虽然它们的公司规模不大,但在市场上却是有力的竞争对手,代表了主导力量。有趣的是,主要供应中国市场的中国公司安踏和李宁也在全球前二十强运动服装公司之列。

主流零售商也意识到了运动服装会带来潜在机遇。Topshop(英国服装品牌)看到了这种发展潜力,与Beyoncé合资共同推出了Parkwood Topshop运动品牌有限公司(Parkwood Topshop Athletic Ltd),并于2015年冬季推出一个全球运动街头服饰品牌。主流零售商通过价格优势发起的全面进攻,虽然不太可能对Nike和Adidas等主要运动服装品牌的休闲和健身服的销售构成迫在眉睫的严峻挑战,但可能会一定程度削弱它们的销量。

表1.1 顶级运动服装公司的品牌和销售收入

公司	主要品牌	2013/2014销售收入(十亿美元)	总部	公司类型
耐克股份有限公司	Nike, Converse, Hurley, Jordan	27.80	美国	上市
阿迪达斯股份有限公司	Adidas, Reebok, Rockport	18.63	德国	上市
威富集团	Timberland, The North Face, Nautica, Vans	6.10	美国	上市
彪马公司	Puma	3.84	德国	上市
亚瑟士公司	Asics	3.02	日本	上市
亚玛芬体育公司	Amer	2.74	芬兰	上市
新百伦运动鞋有限公司	New Balance, Warrior, PF Flyers	2.39	美国	私人
安德玛股份有限公司	UnderArmour	2.33	美国	上市
斯凯奇美国股份有限公司	Skechers	1.85	美国	上市
快银公司	Quicksilver	1.81	美国	上市
哥伦比亚运动服装公司	Columbia, Sorel, Mountain Hardware	1.69	美国	上市
美津浓公司	Mizuno	1.68	日本	上市
汉斯品牌公司	Champin	1.30	美国	上市
安踏体育产品有限责任公司	Anta, Fila	1.19	中国	上市

续表

公司	主要品牌	2013/2014 销售收入（十亿美元）	总部	公司类型
比拉邦国际贸易有限公司	Billabong	1.00		
李宁有限公司	李宁	0.95	中国	上市
斐乐韩国有限公司	Fila	0.75	韩国	私人

Nike、Adidas 和 Puma 都在技术面料上投入了巨资，以提高运动服装的性能。

1.5 消费者与运动服装

在调查运动服装消费者时，世界各地对时尚和运动服装持不同看法，所以需要考虑和分析许多方面的问题。由于一些亚洲经济体增长速度全球最快，亚洲市场显得尤其重要。对于零售商来说，中国已成为一个特别重要的市场。此外，市场驱动因素和运动服装的用途，以及购买运动服装消费者的概况，也须放在重点考虑范畴。

当人们把运动作为积极生活的一部分、追求健康和幸福时，穿着运动服装就像一个外在的信号，代表着他们关心自己的健康，并努力追寻更高的生活品质。如图 1.1 所示，Maslow 在他的"需求层次"（Maslow，1954）中提到，服装是生存和保暖的基本需求，是最基本的生存要素之一。另外，时尚代表着自我形象和个性，与自尊密切相关。运动服装在很大程度上符合这一点。举个例子，像 Nike 这样的品牌，使用了如"Just do it"和"Game on World"这样的标语，就激发了消费者进行不断探索未知和自我价值实现的潜能。

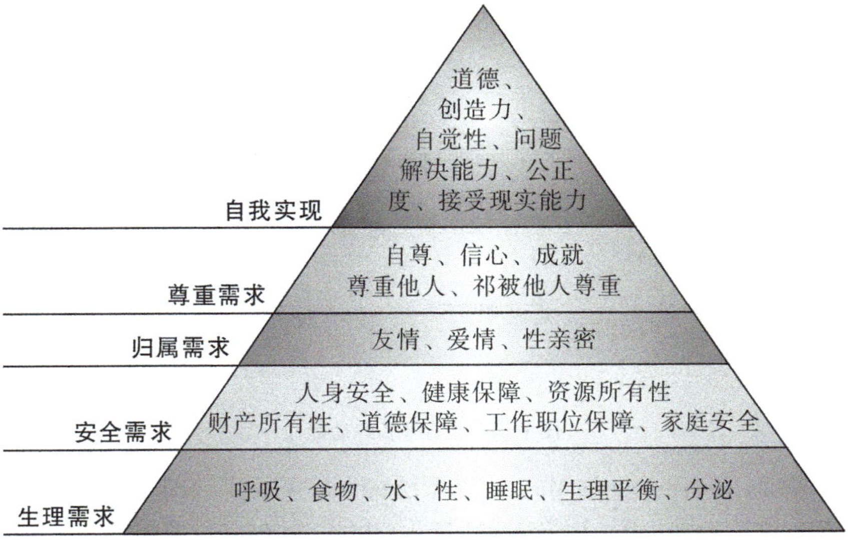

图 1.1　Maslow 的需求层次理论

这种宣传思维也许源自西方，它把个体看作是自主的、自由的，主要依据个体的欲望和需求作出决定。然而，当适用到亚洲文化和民族时，这种方式就相形见绌了（图 1.2）。虽然较低的两个需求层次保持不变,但最高需求层次始终在强调社会需求的重要性。相对于"从属需求"来说,一旦一个团体承接了一项亚洲业务,相应的就要满足亚洲群体的这一需求。"赞赏需求"这一层次,是通过在群体中获得尊重来实现的。金字塔的顶端就代表整个社会的地位。人们也会注意到,拥有奢侈服装和品牌运动服装是财富和能力的象征。这在一定程度上解释了运动服装和奢侈品销量在亚洲国家增长的原因。虽然亚洲经济体的繁荣与运动服装和奢侈品的增长有关,但有证据表明,与西方国家相比,亚洲国家在这些商品上的消费投入比西方国家要多。

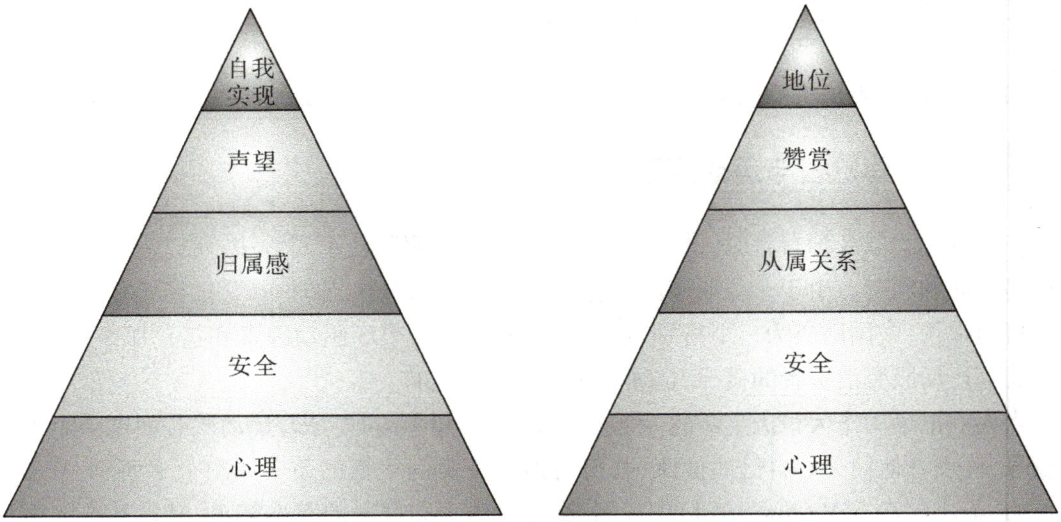

图 1.2 Maslow 的需求层次理论和亚洲的对等理论

购买运动服装的主要动力可以分为以下几个:第一,参加体育运动需求;第二,追求时尚;第三,寻求休闲和舒适。如图 1.3 所示,消费者衣柜中的每一件运动服装功能都不尽相同,同时也不过多兼容。

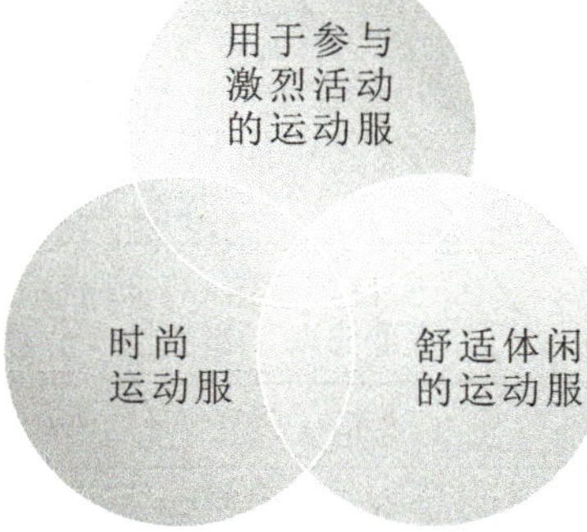

图 1.3 运动服装的功能

商业细分系统,如 Experian 的 Mosaic,该系统在世界上大多数国家都已应用,能够帮助了解实际穿着运动服装的人群。Experian 通过在英国设计"时尚细分市场"取得了进一步的发展。利用 Experian 的时尚细分市场,可以确定英国运动服装消费者的情况。该系统根据消费者购买服装时的态度和行为,将 4400 万英国成年人进行分类,按性别分为 20 种女性形象档案和 15 个男性档案。

从时尚细分市场可以清楚地看出,男性消费者更年轻化,但他们不一定积极参加体育活动。但有趣的是,35 岁以下的男性大多会在运动服装商店购买运动服装,直接目标市场约占英国男性人口的 30%。女装是目前最大的服装行业。时尚细分市场确定了 20 种女性形象,其中运动服装跨越了所有 45 岁以下女性的形象,她们选择运动服装的目的是追求休闲、时尚以及参与体育锻炼。Adidas 和 Nike 都采取了这一战略,对它们来说,无论是在产品,还是在市场衍生出的促销和各种子品牌层面,女性都已成为增加和获得市场份额的关键要素。

1.5.1 女性和运动服装

体育竞技场上一直由男性主导。尤其是像足球这样的团队项目,女子团队几乎无人知晓。比如,在 1965 年到 1982 年期间,巴西军政府禁止本国女足参赛。然而,在个人项目中也有杰出的女性运动员,比如 Serena Williams 和赛车手 Danica Patrick 等。此外,女性与运动服装之间有着密切的联系,Jessop 在最近的报告中称,女子大学运动服装的销售情况呈现三位数的增长。消费者服装市场的服装品牌具有性别特征,需要对女性服装进行全面调整,以设计出适合女性身体的服装,不仅在审美上而且要在功能上迎合她们的口味。

1.6 品牌战略

Nike 和 Adidas 获得市场支配地位并非偶然,它们是通过仔细考虑顾客的需求和意愿来实现这一地位的。为了做到这一点,它们开发了一系列品牌,以协调和互补的方式组合在一起,以便客户对每个品牌的看法清晰而独特。公司子品牌的开发也考虑到了消费者在性能、时尚和功能方面的不同需求。

然而,更大的挑战是在于如何管理一个品牌组合。相互竞争意味着市场营销工作是重复的,并且会使客户感到困惑。随着体育服装市场的发展,每个顾客的需求和想法都变得更加具体,体育服装不仅可以分为男女服装、鞋类等,还可以根据所从事的运动类型、技术和性能水平以及针对功能和时尚的不同性能需求进行细分。

Nike 的品牌架构展现了一个独特的组合。Nike 的核心品牌分化为运动产品和运动服装。Nike 运动产品根据运动类型和接受的训练来划分。该提议似乎在表明,一方面,功能性运动服装的重点是服装和鞋类;另一方面,Nike 运动服装系列专注于时尚休闲服装。Jordan(Nike 公司旗下子品牌)系列是受 Michael Jordan 启发的一个高端运动服装系列,但仍然是 Nike 的一部分,Jordan 标志体现了 Nike 产品与众不同的时尚性。Converse、Hurley 和 Nike 高尔夫也有非常鲜明的主张,都区别于公司的核心品牌。2012 年和 2013 年,Nike 分别出售了 Umbro 和 Cole Haan 品牌。尽管 Umbro 的灵感来源于足球,但确实与 Nike 品牌有冲突,所以被出售也情有可原。

相比之下,Adidas 采用的品牌架构略有不同。Adidas 的运动系列集中在足球、篮球、跑步、训练和户外五个关键领域,目的是“让运动员更快更好”(图 1.4)。Adidas 原创系列基于标志性和正规的运动服装设计,结合了款式和功能。像 Neo 和 Y-3 这样的子品牌更注重的是风格和时尚,而不是功能。与 Stella McCartney 合作打造的高端系列“Adidas by Stella McCartney”因符合性能范围被视为是性能与样式的结合。而由 Yohji Yamamoto 设计的 Y-3 则更多地与运动时尚有关,Adidas 与该品牌已经成功合作了 10 多年。Reebok 作为一个专注于健身的品牌与这个品牌的组合非常契合。从整体品牌架构来看,很明显,该公司正在扩大受众范围。Adidas 及其子品牌的影响广泛,几乎可以覆盖全部人群,并且在与 Nike 相互竞争成为世界领先运动服装品牌中,Adidas 处于有利的地位。

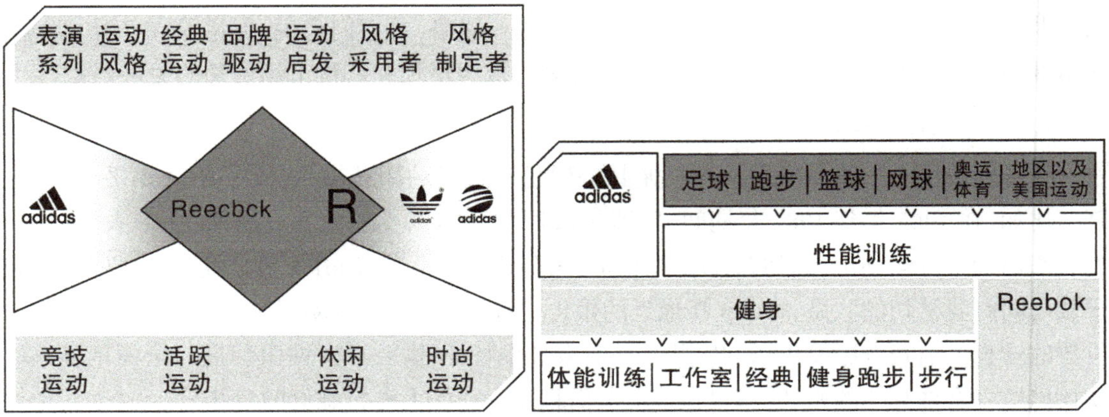

图 1.4　Adidas 品牌架构组合策略

1.7　产品寿命周期

在传统意义上,产品都有一个生命周期。Kotler 和 Armstrong 指出,在产品的生命周期中,产品从推出到成长、成熟,最后衰落,时间跨度可能不同,这可以在图 1.5 中看到。服装也不例外,但是由于其快速多变的特性,一方面,时尚产品的使用寿命很短,因此,企业获得时尚趋势的回报时间也更短。另一方面,功能性运动服装的产品生命周期似乎较长。过去,顾客购买运动服装都是用作替换品或备用品。然而,随着时尚的影响和选择运动服装原因的不同,运动服装的生命周期正在缩短,并且现在越来越接近时尚产品的生命周期。随着运动服装人均支出的增加,这一周期的缩短可能更好地解释了运动服装市场增长的原因。

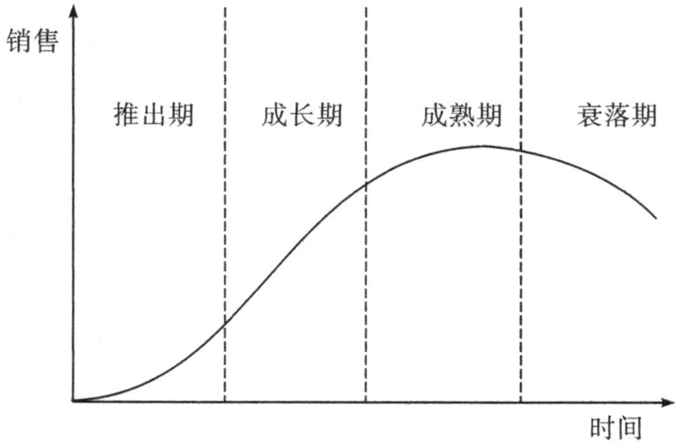

图 1.5　产品生命周期

市场竞争激烈的性质表明,一个品牌会创新一种产品,并且其他品牌会模仿和复制,这也正好表明这一过程会导致产品寿命的延长(如图 1.6)。

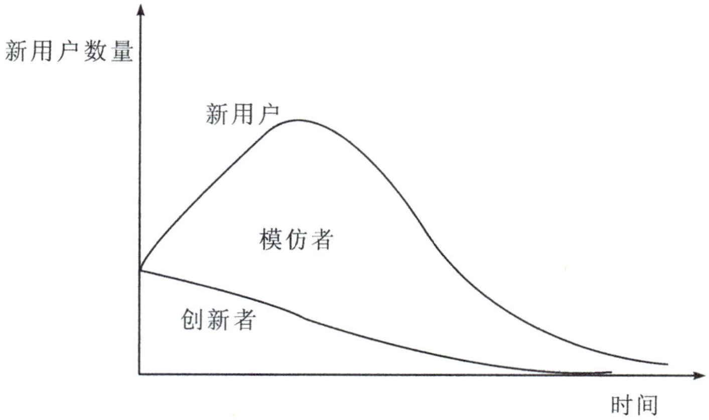

图 1.6 创新与模仿生命周期模型

1.8 主要市场

美国是最大的运动服装消费市场，销售额占全球销售总额的30%以上；中国是第二大运动服装消费市场，销售份额为全球的10%；日本作为第三运动服装消费市场，销售份额为全球的7%。金砖四国（巴西、俄罗斯、印度和中国）的经济增长有据可鉴，这些国家都将会对运动服装行业产生深远影响。

作为全球最大的运动服装市场，美国的运动服装市场持续稳步增长。2010年，美国疾病控制和预防中心（CDC）报告称，美国有35.7%的成年人和17%的儿童患有肥胖症；这是自20世纪60年代以来上升趋势的高潮，这在美国掀起了一股追求健康和幸福的潮流，从而加速了运动服装市场的增长。

中国市场为运动服装品牌提供了巨大的机遇。Adidas最近实施了一项针对女性的大众媒体宣传活动，将此作为中国运动服装市场增长的一个关键领域。对运动服装品牌来说，打入中国市场是一个重大机遇。李宁和安踏等本土品牌主要在中国运营，但按销售额计算，它们仍排在全球前20名。另一方面，日本在运动服装上的人均支出比其他大多数国家都要高，是中国的6倍。

1.9 通向市场的渠道

1.9.1 批发销售

为了获得全球影响力，批发模式在经济效益上对市场而言既安全又快速。大多数运动服装零售商充分利用了这种方式，通过独立的分销商和授权商，几乎覆盖了世界上的每个国家。主要批发客户包括Decathlon、Intersport、Footlocker。

传统上，运动服装品牌的主要销售渠道是批发。一方面，从比例上看，2013年Nike 81%的收入是通过批发获得的（包括Nike直接面向消费者批发）。尽管这是主要渠道，但通过该渠道的销售比例却逐年下降。另一方面，2014年Adidas的批发销售额占总销售额的65%，尽管批发销售额占总销售额的比例逐年上升，但过去5年呈下降趋势。

1.9.2 实体店形式

Nike 和 Adidas 等运动服装零售商在线销售额的增长，以及运动服装线上销售信心的增加，使得品牌直接面向消费者。Adidas 的零售销售额仅占总销售额的 26%，但显然，即使 Adidas 仍严重依赖批发，实体店零售仍是一个持续经营的渠道。

1.9.3 旗舰店

商店提供了展示品牌的机会，经营商店也是实现国际化的一项重要策略，顾客通过参观商店可以获得品牌体验。对于注重品牌形象的奢侈品牌来说，在重点城市开设旗舰店一直是一项非常成功的战略安排。同样，运动品牌也可以通过旗舰店来超越品牌想要塑造的形象。旗舰店可以把握品牌形象，并在品牌战略中发挥关键作用。旗舰店是一个展示窗口，其主要目标是吸引注意力、建立知名度和加强品牌识别度。此外，它为消费者提供了一种体验，让他们能够沉浸在一个品牌的真正内涵之中。旗舰店通过坐落豪华地段，庞大的店面和销售多样的产品为消费者提供独特的购物体验，单从视觉营销而言就是一场视觉盛宴。作为其在英国扩张的一部分，Adidas 正在扩展这一概念。该公司在英国利兹（Leeds）开设了一家旗舰店，销售 Adidas 的全系列产品。这是 Adidas 扩张计划的关键时刻，它们还计划在英国主要城市开设门店。此外，Adidas 还计划开设跑步俱乐部和瑜伽课程，以增加旗舰店在女性中的欢迎度。同样，Nike 旗舰店采取的战略是，在全球主要城市都开设“Niketown”，这使得 Nike 在发展品牌形象方面具有同样的影响力。旗舰店位置的选择非常重要：就地段而言，当主流品牌与顾客只有咫尺之距，便与关联理论相符合了。

1.9.4 工厂直销

工厂直销也成为运动服装品牌的主要策略。与奢侈品零售商采用的方式类似，经销店通常是清仓、处理过剩库存和退货的主要渠道，它成为 Nike 和 Adidas 一个重要的增长战略。在工厂直销店购物已成为北美消费者的主要购物习惯。此外拥有大量场地来开设这些经销店也是一个关键因素。2011 到 2012 年，Adidas 有 45% 的直销（不包括批发）来自工厂直销店，47% 来自概念店，只有 5% 来自网络平台。

1.9.5 线上销售

网上购物已成为一种常态和日常生活的一部分。购物者可以在线上同商家讨价还价，也可以使用互联网寻找最优价格，并找寻没有国家或国际限制的商品。此外，线上销售也不受企业规模的限制。

Nike 的第一个官方网站在 1996 年就创建了，其网站销售在公司的线上销售中只占有很小的比例（和 Adidas 一样），仅占总销售额的 1.5%。从这个角度来看，纵观美国所有行业的零售总额，它占近 6%；而在英国，在线销售占了 10% 以上。尽管运动服装品牌还没有充分利用网络机遇，但这是运动服装品牌发展在线业务并通过网络增加销售的一个重大机会。五大运动服装品牌的网站开发代表了一场革命。NikeID 和 MiAdidas 将网上购物提升到了一个新高度，允许顾客在网站上定制商品并由厂家送货上门。这样的行为在 Burberry 这样的公司被称为全渠道、无缝整合所有渠道。然而，运动服装品牌还无法将产品开发到与之相当的水平，但这将在未来 5 年发生改变。

1.10 市场驱动因素和新兴趋势

1.10.1 经济基础问题

全球经济“大萧条”对世界各国经济造成重大的影响，许多西方国家债台高筑，西半球各国的失业率仍居高不下，消费者信心受到打击以及消费支出受到抑制，这些问题使得服装零售业面临挑战。在英国，商业街上最大的受害者是 JD 体育公司。但有趣的是，尽管在 2009 年受全球银行业危机的影响，产品销售量必然受到波及，但在美国和其他主要市场上，运动服装的销售额却一直呈增长趋势。就像大多数行业一样，服装市场也受到了经济衰退的影响；然而，在 2008 年至 2009 年的首次下跌后，服装和运动服装的销售额都在稳定增长。因此，市场虽然无法免受经济衰退的打击，但那些乘势而上的品牌和零售商也在这个市场大环境下展现出了非凡的实力和耐力。

1.10.1.1 老龄化人口

总体而言，世界人口仍在增长，其中老龄化人口(60 岁及以上)占世界人口的比例将从 2013 年的 11.7%，上升到 2050 年的 21.1%(联合国经济和社会事务部，2013)。习惯上来说，年龄和购买服装的倾向是呈负相关的。此外，人们购买运动服装主要是为了替换旧的运动服装，而不是单纯想要购置一件新的单品。这种现象可能会限制全球的经济增长，尤其限制发达国家的经济增长。

1.10.1.2 中国、俄罗斯、印度和巴西的经济增长

发展中国家经济将高速增长。世界人口超过 70 亿，其中中国大约占了 20%。除此之外，随着中国经济的不断发展，中国人口也更加富裕，这为运动服装品牌带来新的机遇。巴西、印度和俄罗斯代表主要的增长型市场。在“Bleed Blue”广告策划活动中，Nike 所赞助的印度板球球队代表的是球员和上百万球迷对于板球运动的热爱。在印度这个超过 10 亿人口的国家，因为全民热衷于板球比赛，所以这则广告为 Nike 公司赢得了大众的关注。

1.10.1.3 重大体育赛事

2012 年的伦敦奥运会驱动着市场的发展，也促进了全球运动服装市场的销量上涨，特别是 2012 年伦敦奥运会，时尚被定位为奥运会的核心，运动服装的时尚化，也代表着表现力和设计取代了功能性和实用性。英国队是时尚运动服装的市场领导者，选择与 Stella McCartney 合作。美国队的运动服装采用的是 Ralph Lauren 的设计，而意大利队的运动服装则由 Giorgio Armani 负责设计(表 1.2)。自北京奥运会以来，运动品牌产品的销售额增长了 250%；此外，由于奥运会的举办，运动风格产品的需求也增长了 14%，这表明运动服装市场仍有巨大的发展空间。牛津街 John Lewis 董事总经理 Simon Fowler 说：“2012 年的伦敦奥运会让 John Lewis 有机会向全球观众讲述我们独特的英国故事，这也是人类历史上一场精彩的盛会。虽然 2012 年消费者的兴趣主要集中在官方商品上，但我们现在看到，在‘奥运效应’的推动下，运动服装的销量大幅上升。”

在大事件来临之时，英国的消费者购买运动服装的可能性比平时要高出 12%。

表 1.2　2012 年伦敦奥运会服装赞助品牌及赞助对象

品牌	品牌赞助对象
阿迪达斯	澳大利亚、法国、德国、英国和南非的奥运代表队
安踏体育	中国奥运代表队
亚瑟士	爱尔兰、日本、荷兰奥运代表队
塞德拉马利和彪马合作款	牙买加奥运代表队
DirkBikembergs 设计的 Adidas SLVR 系列 4	礼仪服装，加拿大奥运代表队
斐乐	中国香港奥运代表队；帽子，韩国奥运代表队
阿玛尼	意大利奥运代表队
哈德逊湾	正装，加拿大奥运代表队
爱马仕	法国奥运马术代表队
李宁	礼仪服装，瑞典，中国奥运代表队；篮球队：阿根廷和西班牙；羽毛球队：澳大利亚、新西兰和新加坡；田径：厄立特里亚和津巴布韦
Next	礼仪服装，英国队
耐克	巴西、加拿大、中国、爱沙尼亚、德国、俄罗斯、卡尔、乌克兰、美国奥运代表队；美国男子篮球队；美国和俄罗斯的田径队
普拉达	意大利国家帆船队
拉尔夫·劳伦	美国队
Stella McCartney 和 Adidas 合作款	英国队

1.10.1.4　体育参与

体育运动参与度会影响运动服装的销售。据美国体育与健身产业协会（Sports and Fitness Industry Association）2013 年的数据显示，体育参与度最高的是跑步、篮球和游泳。从增速来看，截至 2012 年，跑步和慢跑人数在 5 年内增长了 4.7%。英国的情况则有所不同，奥运会影响体育参与度的增长。根据 *Sport England*（2014），2013 年至 2014 年，有 1560 万成年人每周至少进行一项体育运动，这比 2005 年至 2006 年增加了 170 万人。

1.10.2　名人代言与体育赞助

名人代言是一种营销传播形式，是一种将名人的专业性、知名度和个性融入品牌的方式。名人是品牌大使，他或她的行为、语言和形象都代表着品牌及其个性。如今，名人代言代表的不仅仅是品牌，从更深层次的意义来说，名人和品牌必须有内在的联系。对于 Nike、Adidas 和 Puma 这些全球品牌来说，它们的品牌已经超越了国籍和文化的界限。在国家层面的体育运动中，体育人士和运动员以及品牌的联系对一个品牌的发展来说是非常重要的，这种关系可以帮助该品牌进入目标市场并占据市场主导地位。

一个品牌要想成功地利用体育赞助和名人合作的优势，该名人首先必须在特定的运动项目中小有成就，能够对品牌产生积极的影响，但这在当今是远远不够的。名人必须具备独特的人格魅力，或持之以恒的品质，又或者是拥有出类拔萃的能力；同时，他的生活方式能反映和代表该品牌调性，因此，这个名人需要得到目标受众的信任。从本质上来说具备以上这几点就足够了。然而，一个名人要想真正代表该品牌成为代言人，就必须在品牌与名人之间树立意义迁移，这代表的是品牌和代言人的匹配性，从而使品牌最终成为代言人的同义词。从身份、个性和地位方面来说，品牌几乎成为代言人的一个组成部分。同样重要的还有，增强体育明星与目标受众的联系，使名人代言能够有效地发挥作用。

代言人应该拥有信誉，在他或她的领域掌握着专业知识，是一个值得令人信赖同时充满魅力的成功人士。代言人应该有较高的知名度，也需要具备品牌亲和力。其目的是促进消费者对该代言人和品牌树立正面积极的态度。

找到与品牌完美契合的名人并非易事，然而，即使二者之间没有完美的匹配度，我们可以关注到几点可能起到作用的因素。Wayne Rooney 和 Nike 的赞助关系有时颇受争议，然而，正如 2006 年世界杯广告宣传的那样，他带着对运动的热情，已经成为一个非常成功的品牌大使。在这则备受争议的广告中，Rooney 全身涂满红油漆，这一行为强有力地表达了 Rooney 对成功的渴望，与他的个性产生了强烈的共鸣。

名人代言的预算高达数百万美元。Usain Bolt 与 Puma 合作，博尔特每年能够获得 860 万美元的赞助费。Puma 不仅赞助博尔特，还邀请 Cedella Marley 为牙买加队设计 2012 年奥运会的队服。

一旦顶级运动员成为体育名人，他们就能完成时尚和运动的融合。此外，代言人还可以参与时装设计，比如 Serena Williams 和 David Beckham。

而有时，体育明星的表现并不符合品牌预期，更糟糕的是，他或她生活中的负面问题可能会影响品牌吸引力。Lance Armstrong, Oscar Pistorius 和 Tiger Woods 都对 Nike 产生了负面影响，损害了 Nike 的品牌形象。在这种情况下，品牌会解除赞助关系，并与该体育名人保持适当距离。

然而，赞助仍然是体育品牌运营的重要手段。因为它们的服装上带有品牌标识，虽然没有文字，但也隐含着品牌与该名人之间的联系。2014 年，国际赛事集团（IEG）在北美的体育赞助支出为 143.5 亿美元，占该地区总赞助金额的 70%。据 IEG 估计，在全球范围内，2014 年的赞助产业价值超过 550 亿美元。显然，体育赞助很重要，它是品牌销售的刺激因素。然而，体育品牌提供的赞助方式似乎也出现了变化。它们不再仅仅赞助运动员个人，而是转向赞助团队和赛事。

Nike 的年度市场营销预算约为 27 亿美元，资金用于为橄榄球联盟的 32 支球队提供制服。Nike 是英超联赛、英格兰足总杯和巴西国家足球队、英国、美国、荷兰、法国和葡萄牙等队的官方足球的赞助商。此外，它还赞助曼彻斯特联队（Manchester United）、巴黎圣日耳曼队（Paris St. Germain）、波尔图队（Porto）和国际米兰队（Inter Milan）等主要足球队。在伦敦奥运会期间，该公司的“活出你的伟大（Find Your great）”广告营销聚焦于普通运动员。这也让越来越多的人认为，比起赞助个人，赞助一支球队能够给赞助商带来更大的效益。Nike 也在积极争取被 Adidas 冠名赞助的球队。Nike 宣布，从 2017 年开始，它将成为英国国家田径队的赞助商。这对于 Mo Farah 等英国运动员来说少了很多麻烦。2012 年伦敦奥运会中 Farah 在夺冠时穿着 Nike 的鞋子,但衣服却来自 Adidas。

1.10.3 技术

运动服装不仅在面料和设计上发生了变化,所使用的生产技术也在不断发展。运动服装变得更轻盈、更透气,而且服装的吸汗能力、柔韧性、合身度和强度等多方面都得到了明显改善,但这只是科学技术发展的一些方面。除此之外,服装设计还有性能驱动设计发展的趋势。这种设计考虑到潮流趋势——以至于在时尚主流中可以频繁看到运动服装和时尚元素的融合。与其说这是一种演化,不如说是运动服装在穿着与其所代表的含义上的变革。

1.10.4 时尚性和功能性的结合

随着运动服装设计理念的不断发展和普及,时尚与运动的联系更加紧密。从功能性运动服装到休闲运动服装,时尚与运动浑然一体,运动服装出现在各大高级定制、高级成衣以及大众市场的时装系列中。也可以说是由于现在人们购买运动服装和运动鞋时,并没有考虑到这些产品的特定用途,日常生活中也会穿上它们,这也进一步模糊了时尚和运动服装之间的界限。在消费者和品牌的驱动下,时尚性和功能性有结合的趋势。从品牌的角度来看,运动和时尚的融合,不仅扩大了运动产品的使用率和购买率,进一步细分市场,也成为该品牌发展的新机遇。另外,消费者也看到了运动服装和它所代表的意义,运动服装代表着现代、健康和幸福,所有这些都有助于增强自尊心和时尚感。

运动服装时尚化的好处有很多,例如,增加购买频率,人们购买运动服装的目的不仅是当作旧运动服装的替换品,而是给衣柜添置一件新的单品。这也吸引了不喜欢锻炼的人参与体育运动中来,从而促进了市场增长,刺激销售,提高了品牌形象,也让品牌在竞争中脱颖而出。不管是去健身房锻炼、出门跑步还是参加竞技比赛,人们对于时尚运动服装的需求越来越大,可以彰显出个人的时尚感。在某种程度上,无论是名人效应,还是在公共场合打扮得漂亮得体的需求都在推动运动服装时尚化。此外,人们的生活方式也发生了变化,一部分人下班后会直接去健身房锻炼。瑜伽裤可以搭配靴子去上班,也可以搭配运动鞋去健身房,正是这种双重功用推动着运动服装时尚化。另外,时尚也从运动服装的性能设计和技术理念中汲取灵感。Yohji Yamamoto 与 Adidas 合作的 Y-3 系列达 10 年之久,这是 Yohji Yamamoto 前卫设计与 Adidas 背后的创新和技术的结合。

1.10.5 大规模定制

十多年来,Nike 和 Adidas 一直在提供大规模定制服务。然而,大规模定制带来的真正发展是网站功能的进步——允许消费者在线定制产品,并以图形化的方式直观地让他们看到自己设计的产品。传统上,Nike 和 Adidas 有一个垂直一体化的鞋类战略。因此,该结构是为了促进这一点。消费者可以在网站上定制自己的鞋子,这使得销售更加方便和灵活。此外,顾客还可以自主设计以获得他们想要的外观形式。终端消费者和品牌的紧密接触,是 Nike 和 Adidas 的重要战略方向,两大品牌战略性地创建了直接销售业务来拉近与消费者间的距离,而批发销售渠道难以做到与终端消费者建立直接联系。从客户的角度来看,除非产品本身有问题,否则就不能退货,而交货周期平均约为 3 ~4 周,这对消费者来说具有一定困扰。另外,没有销售顾问为消费者提供咨询服务。尽管如此,大规模定制仍是大型企业的战略举措，目的是与客户直接接触，并建立直接业务关系。

1.11 总结

显然，运动服装市场的潜力才刚刚被挖掘，随着竞争对手争夺市场主导地位，在创新理论和实践中已经生产出了兼具时尚感和实用性的运动服装。本章讨论了运动服装当前遇到的问题以及未来发展方向。

为了应对各大商业街零售商日益激烈的竞争，运动品牌聚焦于创新实体店销售形式以及线上营销，直接向消费者销售产品，以提供更好的客户体验。此外，运动品牌善于通过赞助、与设计师合作的方式来与相关人物建立强大的共生关系。

尽管 Adidas 和 Nike 的巨大规模和强势的主导地位令其他品牌黯然失色，但随着全球化的发展和中国市场的增长，安踏和李宁等亚洲品牌也逐渐崭露头角。这些品牌是否有机会在迅速发展的亚洲市场争取到更大的份额，甚至于是否有更大动力进军西方市场，尚有存疑。

02　运动服装纤维

2.1 介绍

纤维具有波浪形的起伏结构,对功能性服装和运动装的性能有重要意义。运动装有多种属性。例如,它提供功能性支持,提高性能,保护运动员免受疲劳或受伤,促进体育活动等,更重要的是,为穿着者提供舒适的感受。纤维或细丝对穿着舒适性最大的贡献是湿度和热平衡,因为它在皮肤附近形成适宜的环境。O'Mahony 和 Braddock 强调,在英国,"运动装"通常指的是为体育活动设计和生产的服装。然而,在美国它还包括休闲服装。在本章中,运动装指的是为职业运动员而设计的服装。

纤维影响穿着者的整体舒适度,其主要作用是在热量损失和身体出汗之间提供平衡。近年来,新型纤维为了迎合快速增长的运动服装和功能性服装市场在不断进行开发研究。人们对运动服装性能的需求推动着纤维和织物的创新。

尼龙是第一种合成纤维(1935 年由 e. i. DuPont de Nemours, Wilmington, Delaware 制造),从那时起,许多纤维开始被生产出来。尼龙最初用于牙刷的刷毛,第一个被认可的尼龙纺织产品是尼龙袜,取代了丝袜。1938 年,市场上出现了商用尼龙袜。聚酯纤维自 20 世纪 70 年代以来就被用于运动服装中,因为它的动态性能使织物具有弹性、尺寸稳定、易于护理、耐用、阳光和耐磨的特点。这些特性使其成为运动服装应用的理想选择。与天然纤维相比,合成纤维的性能得到了极大提高,因此,在运动服装中得到了广泛的青睐。为达到最佳性能,设计者通常将天然纤维与合成纤维混纺。例如,在服装中使用棉花,因为它可以吸收汗水,但这很快使它达到饱和,造成织物黏附而引起不适。因此,棉和聚酯纤维经常混纺,从而达到舒适且不黏着的效果。

如今,高功能性纤维、微纤维、纳米纤维和智能纤维已经被用于功能性服装中。许多要求已被提出,特别是湿度管理、温度调节和性能监测属性。用于运动服装和功能性服装的纤维是多维度的,除了要具有制作纱线的长宽比以外,还需要一些其他特性。在纤维工业中,影响性能的参数是纤维细度、纤维形状、分子结构和添加整理剂。运动服装纤维的典型特性包括耐久性、吸水性、高回潮率、重量轻、可伸缩、不褪色、稳定性好和耐水洗。例如,在本章中讨论过的一样,相变材料是很受运动员欢迎的热调节材料。因此,纺织纤维有助于湿度控制、热调节和透气、冷却,具有柔软、拉伸和防紫外线的特性。与天然纤维相比,合成纤维由于机械性和化学特性,在服装和功能性服装中有着更多的应用。

有数据表明,运动服装和运动产品的创新数量是有限的,而休闲服和与运动相关的时尚服装的使用量正在增加,这推动了大众市场的发展,并增加了纤维的消费。无论是从大众市场覆盖量的角度,还是从大规模定制究竟是运动服装的跟随者还是推动者的角度来看,都是值得商榷的。Rigby 描述了一个量与性能的金字塔,它指出了当面料、服装性能以及服装价格发生变化时,市场量是如何变化的。然而,与运动相关的低性能大众服装的生产量仍然较高,而高性能运动服装的生产量在下降,但价格在上涨。创新通常与产品品牌联系在一起,而与产量无关。世界领先的纤维素纤维制造商 Lenzing 报告称,2012 年,全球生产了 8400 万吨纤维。根据欧洲人造纤维协会(CIRFS),对世界棉花、羊毛和人造纤维产量(1991—

2012）的审查表明，棉花和羊毛产量有所下降。棉花产量从1992年的46%下降到2012年的31%，羊毛产量从1992年的5%下降到2012年的1%。然而，人造纤维的生产有上升的趋势，1992年就达到49%，近年来持续增加。这表明全球人造纤维的消耗量正在增加。

在本章中，重点介绍了广泛应用的纤维类型，并对它们的特点做了评价。还解释了介绍纤维性能的各种技术术语。在剧烈运动时，人体会产生热量和汗水，在体育活动的背景下理解这些生理变化变得至关重要。运动服装的要求不同于时装服装，纤维常常混纺，以利用两种或三种纤维的组合效果（典型的例子是羊毛、聚酯和弹性纤维混纺）。同时还讨论了混纺纤维种类对织物性能的影响。介绍了 Trinomax AQ©、Outlast©、Nilit© Breeze、Trevira©和TENCEL©等纤维领域的新发展。新型纤维和智能纤维的市场呈现不断上升的趋势，在运动装和功能性服装的背景下尤其突出。文中讨论了用于湿度管理、吸汗和热调节领域的纤维，并从广泛的资源中提出了证据，这些证据也同样运用于其他服装中，如贴身层服装、压缩背心和裤子、保暖内衣和弹力连裤袜。这里提供的资料对于有效设计和开发运动服装，特别是运动服装必不可少。

2.2 纤维性能和改性

纤维具有波浪起伏的物理性质，被称为卷曲，它会影响织物的保暖性和弹性。Gupta 和 Kothari 将纺织纤维描述为一种细长的，具有极高细度和杰出的柔韧性的材料。此外，他们补充说，纤维应该有良好的尺寸、热稳定性和延展性，可接受一定强度的外力作用。纤维大致可分为天然纤维、再生纤维和人造纤维。羊毛纤维具有天然的三维卷曲效果。就合成纤维而言，变形工艺可使人造纤维或纱线发生卷曲。由卷曲的纱线或纤维制成的织物往往更有弹性，并具有更大的体积、黏结性和保暖性。内聚性是指纤维黏合在一起的能力，在纺纱中起着重要作用。纤维弹性是指材料在被折皱、扭曲后弹回原本形状的能力。厚纤维具有更大的弹性，因为它有更大的质量来吸收应力。此外，纤维的弹性还受纤维形状的影响。

美国英威达（Invista）推出了 Coolmax©面料，英威达是一个很受运动员欢迎的品牌，因为此品牌所采用的面料能够吸收表皮上的水分，通过吸收和扩散水分，来提高皮肤干燥的速度，保持穿着者身体的凉爽。它是由轻量亲水聚酯制成的，像管道一样。在纤维（四六通道）的毛细作用下，汗液会从皮肤排出。

2.3 用于评定纤维性能的术语

为了了解纤维的特性和性能，有必要熟悉以下技术术语：

吸湿性：吸湿能力（表示吸湿回潮），即在21°C 和65%相对湿度的标准条件下，干燥纤维从空气中吸收的水量。表2.1列出了一些广泛使用的纤维及其回潮率。

表 2.1 纤维回潮率

纤维类型	回潮率(%)
醋酸	6.5
丙烯酸	1.5
棉花	7.0
尼龙	4.5
聚酯	0.4
人造丝	11.0
橡胶	0
氨纶	1.3
羊毛	13.6

吸收:液体在通过纤维的结构时,被纤维完全吸收的过程,这在亲水性纤维中很常见(图 2.1)。

吸附:液体在纤维表面而不是在纤维内部被吸收的过程。

吸汗:织物将吸附在纤维上的水分从一个部分转移到另一个部分的能力。当灯芯发挥作用时,液体会被纤维吸收。光滑的表面会减弱灯芯的作用。棉纤维(亲水)和烯烃纤维(疏水)都具有良好的吸汗作用。带有通道的细纤维可以输送液体(例如四通道 INVISTA Coolmax 织物)。

回潮率:物料中水分的质量与烘箱干燥质量的比率,通常用百分数表示。干燥的纤维放在潮湿的环境中会吸收环境中的水分。

亲水性:具有高回潮率(吸水率)的纤维,吸水性也被称为"亲水性"。

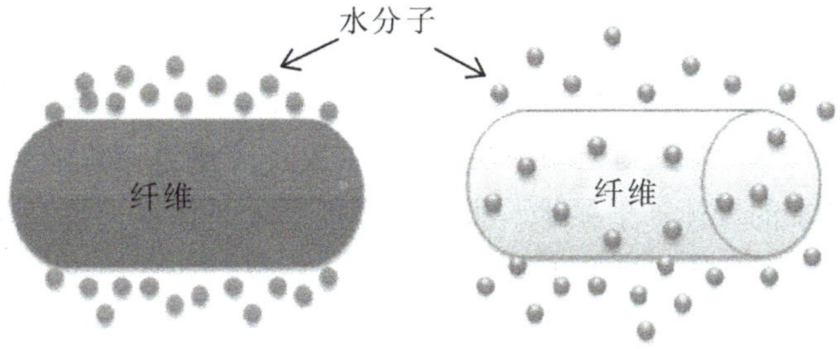

图 2.1 水的吸附机理

疏水性:不吸水的纤维,也被称为"厌水"。在水中尺寸稳定性方面,疏水性纤维在水洗时收缩比亲水性纤维小。在去除污渍方面,亲水纤维上的污渍更容易被去除,因为水和洗涤剂会被纤维吸收。

纤维吸收的情况影响穿着者的整体舒适度,以下是相关术语的含义。

皮肤不适:吸汗效果不好,导致织物有潮湿的感觉。

静电荷堆积:由于纤维表面没有水分可以驱散堆积在纤维上的电荷(灰尘也会附着在纤维表面),导致织物黏在身体上或疏水性纤维织物上而产生火花。

防水:纤维能抵抗水的渗透或潮湿,但不是完全防水。不吸水纤维(聚酯纤维、丙烯酸纤维)有助于防水。防水纤维(使用含氟化学物质)在织物上很受欢迎。

抗皱恢复:在水洗时,疏水纤维具有很好的抗皱恢复能力,因为它们不会吸水导致膨胀。

吸湿性纤维:吸收水分而不会让穿着者感到潮湿的纤维。

热生理学:与热量损失和身体产生热量有关。这取决于人体代谢、热调节机制和个人健康状况。功能性服装和运动性服装纤维的两个重要特性是弹性和柔韧性。

纤维弹性:在张力的作用下增加长度的能力,当张力释放后,可以恢复到原来的长度。纤维或织物的弹性和回弹性能够使服装更加舒适,减少接缝应力。完全恢复可以防止织物(膝盖、肘部)的松弛,这一点可以在做拉伸运动和穿着贴身服装时被注意到。弹性纤维的伸长率为100%,典型的例子是氨纶、elasterell-p、lastol 和橡胶。

纤维柔韧性:纤维反复弯曲而不会断裂的能力。醋酸纤维是一种用于服装的柔性纤维;玻璃纤维是一种广泛应用于工业纺织品的硬质纤维。

因此,为了解纤维的性能以及它们的特征和属性——在功能性服装和运动服装的设计和开发中,需要熟悉诸多行业中使用的技术术语,并在沟通中利用它们。

2.4 生理参数

在本节中,我们将讨论影响运动服装设计的三个重要因素,即运动员的身体出汗模式、热效应模式和伸展与恢复的要求。Smith 和 Havenith 绘制出了运动员出汗模式的身体图谱:对 13 名受过有氧训练的女性和 9 名受过有氧训练的男性的区域出汗率(RSR)进行了比较。女性受试者区域出汗率最低的部位在上背部中部、脚跟和足部以及乳房之间;男性受试者区域出汗率最低的部位是胸部、中背部和下背部。研究人员进一步补充说,尽管在分布上存在一些差异,但两种性别的区域出汗率在背部中部最高,在四肢最低。因此,在设计不同面料的服装时,必须考虑身体的汗液模式。例如,运动文胸有必要使用细丝或纤维制成的织物,这种面料可以吸走身体的汗水并帮助透气,同时,防止织物黏在身体表面和抑制自由运动。

因为设计功能性服装(尤其是运动服装)需要掌握身体热量模式的知识,设计师可以使用 W. L. Gore 协会开发的人体映射技术。人体映射提供了身体不同部位热量和水分形成的信息。根据人体映射技术,男性的排汗部位(前半身)在躯干和肩膀中部最高,其次是四肢。中背、下背、手臂和肩膀更容易形成汗液。男性的发热区是颈、肩、胸、肋骨、下肢和大腿,背部则是上背部、肩部、下背部、大腿后部和四肢。对于女性来说,前方的热区包括肩部、颈部、腰部、下肢和手臂,对于后部来说,肩膀、中央背部、大腿和下肢都会受到影响。因此,在为运动员设计服装时,应考虑到男、女运动员的不同需求,同时,在服装中使用适当的纤维或面料来平衡热生理并达到舒适的感觉。

Swerev 认为舒适不是一种主观感觉,因为它是人体在热量的产生和损失之间试图取得平衡的一个生理过程。然而,大多数研究人员对服装舒适度有不同的定义。例如,热生理舒适性是在活动时布料可以帮助人体保持热平衡的一种属性,皮肤穿着舒适性指的是布料与皮肤进行机械接触时的感受。Ravandi 和 Valizadeh 补充说,服装的舒适性也会受到纤维、长丝、纱线和织物的物理和化学性质等成分的影响。

2.4.1 人体排汗与体温调节机制

人体出汗的两种形式：没有感觉的(以蒸汽形式)和有感觉的(液态)，而且，在一个舒适的状态下，穿在身上的运动服装应该允许这两种类型的传输，将汗液从皮肤传输到外表面。格里森报告说，在剧烈活动期间，身体产生的热量超过 1000 瓦。这些热量中的一部分会被消耗掉，剩下的热量会提高身体的核心温度。当皮肤的温度感受器感觉到体温上升时，会产生汗液来冷却身体。汗液蒸发和皮肤血流动是人体散热的两种机制(图 2.2)。不合适的衣服可能会影响身体散热的能力。

Swerev 报道说，为了使人获得舒适的热生理学感觉，在热量的产生和损失之间必须达到平衡，否则身体的核心温度会发生变化。人体大约 10% 的热量损失是由于呼吸，大部分的热量通过皮肤散失。这可以以“干热传导”的形式发生——辐射和吸收，以及由于汗液蒸发而产生的“湿热流”。在这两种方法中，热量都是通过衣服散失的。Swerev 进一步补充说，散热的方式取决于纤维成分、纱线和织物构造以及服装的裁剪。此外，织物与皮肤之间的微气候可以促进循环(对流)使热量与周围空气进行交换(通风)。该技术分析了身体各部位皮肤的温度，身体的核心温度是 37℃，皮肤温度介于 31℃～35℃，包括腹部(35℃)、头(34.4℃)、肩膀和大腿上部(34.3℃)、手腕(31.4℃)、手(31.6℃)、脚踝(30.8℃)和脚(30.8℃～31.6℃)。温度的小波动将导致不适并影响性能。因此，可以推断，能否设计出有效的湿热管理的功能服装取决于对体温和汗液模式的认识。

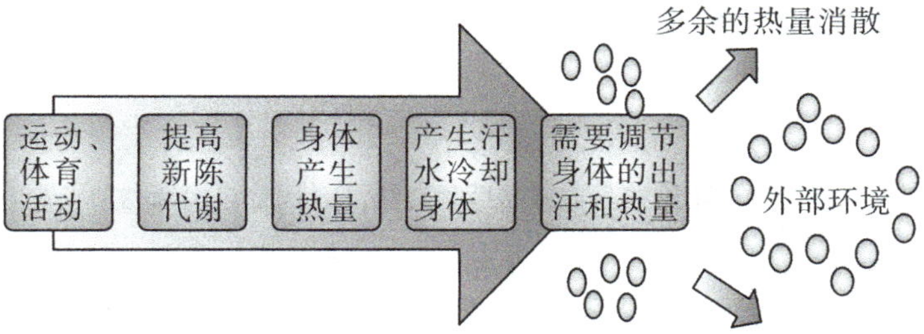

图 2.2 人体排汗机制与体温调节

Gavin 等人调查了在中等温度下运动(跑步和散步)时，穿着被认为能促进汗液蒸发的衣服(聚酯织物)与传统棉质服装，两者温度调节是否有所差异，但在运动期间和运动后均未观察到差异，但结果表明，运动时穿着不影响体温调节。然而，最近以色列的一家生产尼龙 6.6 纱线的生产商在 Nilit Breeze 报道上称，该公司推广的这款产品能够保持热平衡，这些细丝由一个可以快速传递身体热量的扁平截面制成，这种聚合物中含有无机颗粒，可以增加表面积并促进冷却。有纹理的长丝促进了通风，增加了透气性和膨胀性。生产商还补充说，在出汗的人体模型上进行测试时，Nilit Breeze 袖子比标准袖子的温度低了 1℃。因此，服装在调节体温方面有混合反应。

2.4.2 伸展和恢复

弹力面料已经成为运动服装的主要面料，因为高伸展纤维可以提供更大的舒适度和贴合性。Voyce、Dafniotis 和 Towlson 解释了一个人的皮肤是如何大幅度拉伸的，通过一些关键部位的拉伸包括膝盖和肘部。随着体育活动的增加，运动服装的拉伸性是使人体舒适的关键。虽然弹性织物可以被用来改善穿着的舒适性，但更紧的压缩服装在市场上却越来越受欢迎。正常的身体运动能使皮肤膨胀10%～50%,运动中产生的剧烈动作需要衣服产生最小的阻力和具有立即恢复的能力。服装的弹性和复原性取决于纤维成分(纹理、弹性、微纤维)、纱线构成(合股纱或芯纱)、织物结构(梭织或针织)和任何织物整理。弹性丝的特点是具有从拉伸中恢复的能力,常用于弹性织物中。图2.3说明了需要拉伸和支撑的各种身体姿势。

(a)　　　　(b)

图2.3　不同的身体伸展运动姿势:(a)男性,(b)女性

BISFA(国际化学纤维标准化局)将弹性纤维描述为“一种由至少85%质量的分段聚氨酯组成的纤维,如果将其拉伸到原长度的三倍,当拉伸被移除时,它会迅速恢复到原来的长度”,广泛使用的elastane Lycra©是由INVISTA开发的。INVISTA在最近的一份报告中表示,Lycra运动面料是专门为提高运动性能和舒适度而设计的。它进一步补充说明运动服装的特点,包括压缩性、运动自由和舒适性,此标准是所有高水平运动员和大多数运动员着装的必要条件,无论是世界上最快的短跑运动员、自行车运动员,还是游泳运动员、体操运动员或橄榄球运动员,都是必不可少的。INVISTA为运动员开发了一个三层使用性能标准:“Lycra运动面料”“Lycra运动美型面料”和“Lycra运动能量面料”。Lycra运动能量面料在两个方向上提供100%的拉伸,确保在穿着紧身衣时同样能保持运动自由。最小的回弹力是面料拉伸至40%和65%时,并且在拉伸和回弹过程中保持正常的滞后效应,以确保延展性和回弹的一致性。

弹性纱通常被另一种纤维或长丝覆盖,不能单独使用。这增大了体积和提高了耐磨性。纱线的最终用途主要是生产服装和其他重要的舒适和合身的产品。典型的例子有运动休闲服、泳衣、弹力面料和长筒袜。一般来说,休闲服装的设计会含有2%～5%的弹性以增加舒适度和弹性。然而,运动装(如连裤袜)含有高达10%的弹性,运用机械压力的压缩服装使用高达40%的弹性材料。因此,根据最终用途,可以通过改变弹性纤维的组成来决定所需的拉伸。

Senthilkumar 和 Anbumani 报道了用于运动装的弹性针织物在不同延伸水平下的动态弹性恢复(DER),方法是测定织物的应力或应变。他们研究了两种不同类型的纱线织物:氨纶包芯棉纱(SCCS)和氨纶背覆棉纱(SBPC)。两种织物的几何形状相同(每厘米直径、针密度、线圈长度等),在对其性能进行评估时,他们发现,在拉伸 20%～30% 时,织物回环可以发生变形,而弹性体的剩余能量没有变化;但伸长率在 40%～50% 时,织物会发生拉伸,在结构中会产生纱线打滑。他们的结论是,SBPC 织物比 SCCS 织物具有更高的弹性值(更大的应力),SBPC 织物具有良好的弹性恢复能力,能提高穿着者的舒适性,并支持肌肉恢复。由此可以推断,与休闲服或基本运动服装相比,用于剧烈运动的运动服装需要拉伸和恢复,尤其是紧贴皮肤的运动服装(如紧身衣)。周到地考虑这些参数的结果是设计出服装的重要条件。

2.5 运动服装纤维

本节讨论了功能性服装中使用的微纤维、中空纤维和双组分纤维的重要性,重点介绍了它们的特点和典型用途。

2.5.1 微纤维

微纤维柔软、耐用、可悬垂,具有很高的吸水性,可用于高性能的终端用途,特别是运动服装。它们是通过熔体纺丝和严格的工艺控制,从而得到均匀和高质量的聚合物。小于 0.5 旦的纤维不能承受熔融纺丝的拉伸力。市面上有尼龙、聚酯、丙烯酸和人造丝。超细纤维每丝小于 0.3 旦。微纤维是通过使用两种不混合的不同聚合物的双组分工艺制造的。一个典型的例子是在海洋岛屿中生成双组分纤维,然后在纤维的海洋部分溶解后留下微小的微纤维。

2.5.2 中空纤维

中空纤维是在 20 世纪 80 年代引入的,它们的横截面是中空的,有圆形、三叶形和方形。中空纤维弹性好,有更好的恢复率,体积大,通过吸附空气能提供更好的隔热效果。中空聚丙烯纤维重量轻,柔软,常用于保暖内衣,具有良好的隔热性能。超细纤维比精细的丝绸更精细,具有优良的悬垂性、奢华的手感、抗收缩性、高吸水性和强度,这些特性使它们能够被广泛地应用。

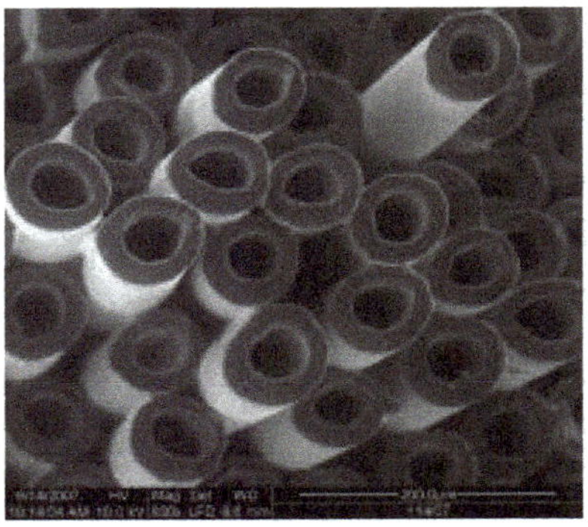

图 2.4　中空纤维

中空纤维是由纤维材料制成的护套，其中心有一个或多个中空空间（图 2.4）。它是用“C”型的喷丝孔生产的，熔融纤维在挤压后松弛，原本开放的“C”型结构闭合，从而形成中空纤维。还有一种喷丝头孔与实心聚合物在其周围流动并产生中空纤维。中空纤维提供了更高的吸收能力，可以作为肾脏透析的过滤器，也可以作为碳粒子的载体，用于安全服以应对有毒烟雾。

2.5.3 双组分纤维

表 2.2 不同类型的双组分纤维

名称	双组分纤维	特点和用途
同心鞘核心		用于熔体纤维，由低熔点聚合物制成的护套环绕高熔点芯。加热时，护套会融化，随之而来的冷却将束缚结构。它可用于不同熔点的纤维，例如，护套是由围绕在高熔点的芯周围的低熔点聚合物制成的
偏心套核心		如前所述，使用了两种聚合物，然而，核心是偏离中心的。由于聚合物的收缩比例不同，在放松状态下加热时，纤维会发生卷曲。可以提高卷曲度和增大体积
并排		这两种聚合物共享相同的部分纤维表面。纤维比偏心鞘或芯能产生更大的卷曲
楔形饼图		这是由 16 个相邻的扇形楔子组成的。每个扇形楔形聚合物的两侧都有另一种聚合物。微纤维（0.1～0.2 旦）是通过机械作用将其分裂而产生的，有可能在扇形楔的中间提供一个洞，以便更容易地分裂细丝
群岛/海		在这种类型中，一种聚合物（灰色）代表岛屿，另一种聚合物（黑色）代表大海。这种结构允许通过溶解后者来生产精细的微纤维，这比直接挤出细纤维更容易

双组分纤维用在工业纺织品中已经有一段时间了。纤维由化学或物理两种不同的聚合物组成。双组分纤维可以用同一类纤维的两种变体、两种尼龙、两种丙烯酸或两种不同类型的聚酯或尼龙、尼龙和弹性体纤维生产。Centexbel 总部位于比利时，拥有一家生产双组分纤维的挤出厂。根据最终用途生产不同类型的双组分纤维（见表 2.2）。双组分纤维由两种成分组成，分布在纤维的整个长度上，有短纤维、长丝和微纤维三种形式。通过将两种聚合物挤压在同一根纤维中，可以提取出两种聚合物的不同性能（图 2.5）。双组分纤维广泛应用于功能性产品中，包括运动服装。

Celliant 是一种由聚酯制成的双组分纤维，该纤维含有矿物质混合物和嵌入在纤维核心的专利成分。Celliant 技术吸收并储存身体发出的电磁能量（以红外光的形式），并将其释放，重新吸收到皮肤和组织中。Puma 则开发了包含 Celliant© 专利技术的运动服装，包括 T 恤衫、短裤和运动衫。

2.5.4 温度调节纤维

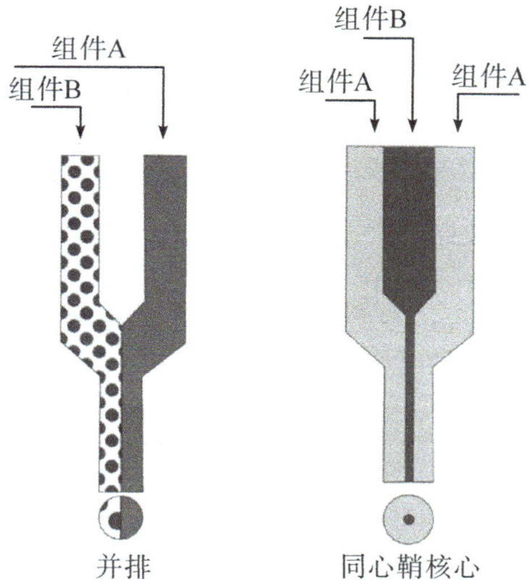

图 2.5 双组分长丝挤压

ADVANSAThermo℃ool©是一种纤维形状的组合——沟道纤维和中空纤维，它在纤维内部创造了额外的空间，使空气更好地流通，从而显著地提高了织物的蒸发能力。Outlast 科技公司的相变材料(PCMs)就采用了这种纤维。这些纤维被纺成纱，制成紧挨着皮肤穿的织物。Outlast 技术使用 PCMs，它吸收、储存和释放热量，以获得最佳的热舒适性。Outlast 技术具有持续调节皮肤微气候的能力。当皮肤变热时，热量被吸收，当皮肤冷却时，热量被释放。

如图 2.6 所示，Outlast 技术的工作原理是，由于外部环境恶劣或发生剧烈活动时，身体产生的多余热量被 Outlast 微热纤维吸收。储存的热量在需要时被释放回身体，维持体温。该公司声称，这种由耐久纤维制成的织物能在皮肤附近提供持续的微气候。图 2.7 阐述了温度调节的过程，突出显示了三个关键阶段。

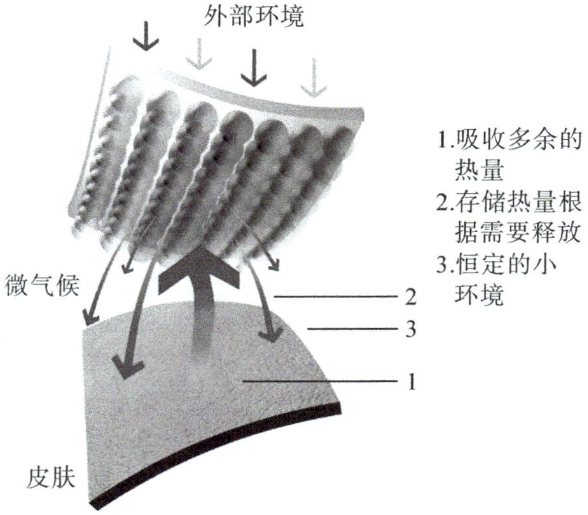

图 2.6 自适应舒适度 – Outlast 技术

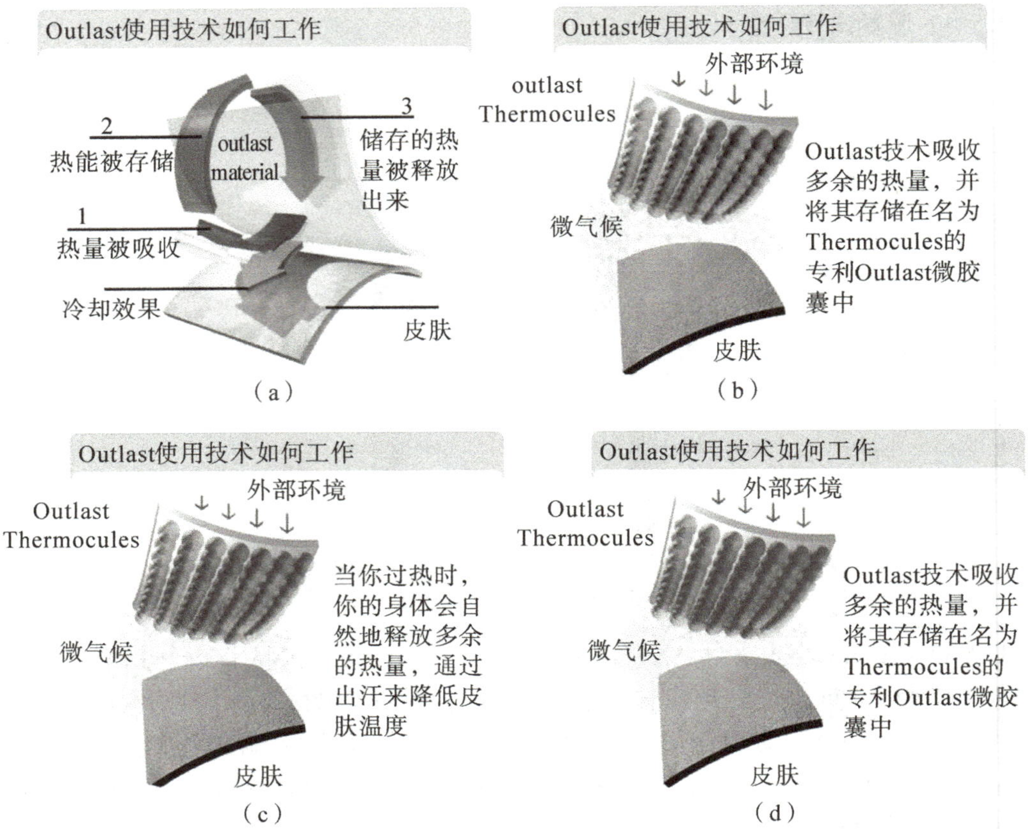

图 2.7　Outlast 技术温度调节过程

最近，美国服装制造商 Jockey©将 Outlast 开发的 PCMs 应用到其内衣系列中，以保持内衣良好的热舒适性，并通过平衡身体产生的热量，使穿戴者感到舒适。当周围的热量上升时，PCMs 熔化，然后储存剩余的热量。当体力活动减少时，身体会降温，PCMs 的 Thermocules 固化并释放储存的热量，这提高了穿戴者的舒适度。图 2.8 显示了含有 Thermocules 的聚酯纤维的截面，图 2.9 展示了含有 Thermocules 的 Outlast 技术丙烯酸纤维，图 2.10 展示了含有 Thermocules 的粘胶纤维，它们增强了内衣的耐用性，可以多次洗涤而不影响性能。

图 2.8　Outlast 科技公司的聚酯纤维截面带保温管

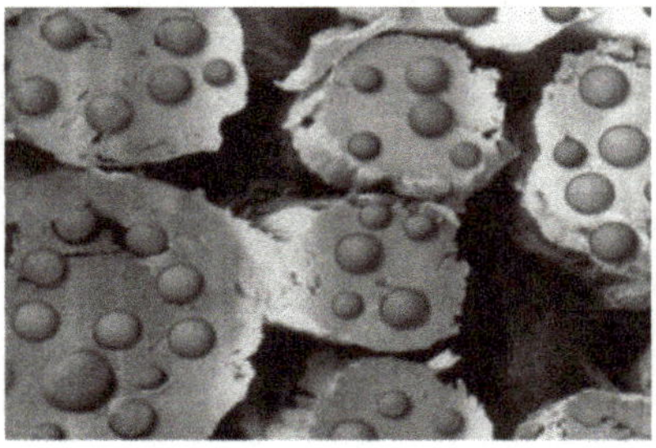

图 2.9　Outlast 科技公司的热丝丙烯酸纤维

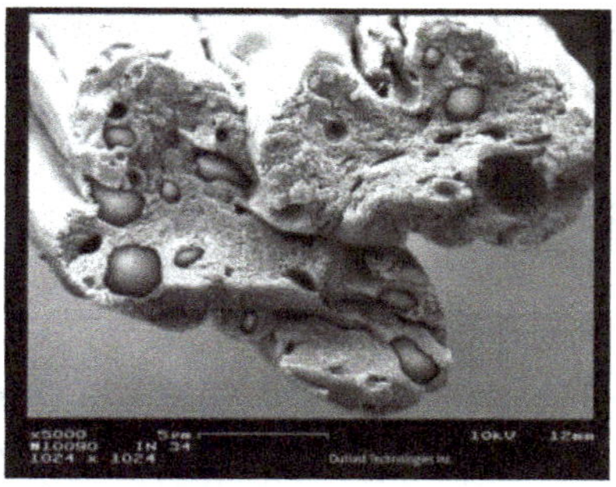

图 2.10 Outlast 科技公司的丙烯酸纤维展示了嵌入式恒温器

Outlast 技术利用相变材料(PCMs)吸收、储存和释放热量,以达到最佳的热舒适性。这在面板 a 中说明,它为皮肤提供了冷却效果。Outlast 技术具有持续调节皮肤微气候的能力,当皮肤变热时,热量被吸收,当皮肤冷却时,热量被释放。当皮肤暴露在温度变化下,会影响身体的微环境(b 组)。当身体因剧烈活动或暴露在环境中而过热时,身体会自然释放多余的热量和出汗来冷却皮肤(c 组);Outlast 科技吸收多余的热量,并将其储存在名为 Thermocules(面板 d)的 Outlast 微胶囊中。Outlast 科技主动管理热量,并在开始前控制湿度的产生。

Celliant 专利技术,吸收和存储人体排放的电磁能量,在人体以及它们回到身体的过程中被肌肉组织吸收,再通过使用纤维,将人体的自然能量(热量)转换成红外光(IR)然后发射到人体的组织和肌肉。其结果是一种经临床证明对人体有益的纺织品,利用矿物质和专利成分的混合物嵌入到纤维的核心。无论在哪里使用,这种能量都会使身体加强循环。Celliant 是 13 种热活性矿物的混合物,包括二氧化钛、二氧化硅和氧化铝。其他专利材料与聚酯纤维混合,形成各种短纤维、短纤、长丝纱线和织物混纺。总部位于美国的 Hologenix 公司表示,Celliant 技术已被证明可以增加人体组织中的氧气含量,减少身体疼痛。Celliant 技术利用人体的自然能量,并经临床验证(临床试验)可以提高组织氧气水平。

2.5.4.1 纤维素混合

一般情况下,纤维素织物的纤维结构会吸收水分,然后变重,需要更长的时间来干燥,这导致了织物的拉伸,使其紧贴皮肤。当剧烈的活动停止时,这种织物会让穿着者感到寒冷。然而,天丝(TENCEL)是一种合成纤维,由纤维素溶剂纺成,广泛用于湿度管理,改善美观,一般用在运动服装中。Firgo,Suchomel 和 Burrow(2006)报道,TENCEL 可以有效地使用在运动服装中,如果面料精心设计并使用双层面料,就有更好的吸湿能力,让湿气蔓延,以提高干燥速率,减少沾湿行为,更好地平衡水蒸气渗透性和热舒适。测试的双层面料策略是基于这样一个事实:面料是由一个与皮肤紧密接触的疏水性内层构成,其中的亲水性层是面料的外层(由天丝制成),它会将汗水渗透过面料。这种外层能够扩散(吸干)湿气和蒸发到周围环境。Firgo 等人还报告说,在研究了一些涤纶混纺织物后,30% 天丝和 70% 涤纶混纺织物在吸湿性、水分扩散、干燥率、良好的沾湿指数和中等的水蒸气渗透性方面表现更好。

2.5.5 纤维工业的新发展

Trinomax AQ©是最近由以色列尼龙 6.6 制造商 Nilit 和澳大利亚智能纱线和细丝开发商 LincSpun 联合开发的。Trinomax AQ©是由 Merino 羊毛、有纹理的 Nilit 尼龙 6.6 和安德三种纤维混合而成的。Aquarius 使用专有的 LincSpun 技术,制成的纱线重量轻、耐用、柔软,具有调节体温和吸湿的功能。该公司声称,通过反复清洗,其性能始终是耐用的,因此,用于一系列的产品中,如运动服装、袜子。

2.6 市场趋势及概况

根据 *Research and Markets Report* 报道,2012 年英国运动服装市场增长了 5.4%,其中服装市场价值占 71%,鞋类市场价值占 29%。在零售商店中,2012 年 JJB Sports 进入管理后,在 Pentland Group 和 Sports Direct 占据了大部分的市场份额。在运动品牌中,Nike 和 Adidas 引领市场。欧睿国际报告称,全球运动服装销售额从 2012 年的 2450 亿美元增长到了 2017 年的 3000 亿美元。

2.6.1 市场驱动

大型体育赛事吸引了各种运动品牌的关注,包括运动服装和鞋类公司,他们希望在接下来的赛事中占有市场份额,例如 2014 年的俄罗斯索契冬奥会;2014 年的巴西国际足联足球世界杯;2016 年的巴西里约热内卢夏季奥运会。这些活动还在体育迷、体育名人的支持者中推广运动服装和复制品。此外,市场还将受到巴西、中国、美国和印度不断增长的需求的推动。

2.7 广泛用于运动服装的纤维类型

在过去,棉花被广泛用于各种服装,直到合成纤维出现,例如聚酯、尼龙、聚丙烯、丙烯酸等。20 世纪 70 年代,聚酯纤维在运动服装中的使用占主导地位,并一直持续到 20 世纪八九十年代。涤纶是运动服装的首选面料,因为它重量轻、生产成本低、不褪色、耐用、易于保养、干燥快、疏水性好、有排汗功能。此外,涤纶长丝织物还可添加亲水涂层,聚酯纤维面料的疏水性和亲水性涂层可以吸走与皮肤接触的水分,使其远离表面和环境。聚酯纤维通常与其他天然纤维混纺,主要是为了利用其保持湿度管理和耐久性的优点。CIRFS 报告称,在人造纤维中,聚酯纤维占主导地位。许多运动服装品牌正在逐步转向可回收聚酯。阿迪达斯是通过研究聚酯对环境的影响来进行生命周期分析的公司之一。机械回收的聚酯纤维比化学回收的纤维具有更好的环保性能,然而,化学回收纤维在工业上有广泛的应用。

弹性纤维是另一种因其弹性(主要用于拉伸和恢复)而广受青睐的合成纤维。纤维的弹性本质是用于运动服装中去压迫肌肉,为身体运动提供伸展和支持,以此来缓解肌肉酸痛。许多的运动服装产品,如基础服装、泳装、贴身产品、紧身衣等都是采用了弹性材料。

Merino 羊毛广泛用于运动装,例如,超细 Merino 羊毛具有优良的透湿性和快干性。ADVANSA具有凉爽的特点,可以与 Merino 羊毛(50%/50% 或 70%/30%)混合,以获得更好的温度调节能力和舒适性。Merino 纤维可吸收高达 35% 的干重湿气。在剧烈运动或炎热的环境中,Merino 羊毛衣服能有效地将湿气从身体中转移出去。这会使皮肤上方的微气候变得不那么饱和,从而使穿戴者感到不那么潮湿,蒸汽在皮肤表面形成汗珠的可能性也降低了。最近,日本自行车和运动服装公司 Pearl Izumi 推出了自行车运动衫,采用澳大利亚 Wool Innovation 开发的 Merino 性能技术,使用 19.5 微米的羊毛,很好地提高了运动的舒适性和保暖性。

2.8 纤维类型和混纺物对服装性能的影响

织物的性能取决于所使用的组成纤维、纱线和整理剂的化学和物理性能。混合不同类型的纤维可以利用每种纤维的优点抵消其他纤维的缺点，然后提高织物的美观度、耐久性、舒适性、维护性、整体性能和降低成本。典型的混纺包括聚酯-棉、棉-Lycra、聚酯-粘胶、尼龙-Lycra、羊毛混纺、Merino 羊毛-腈纶等。

聚酯纤维和粘胶纤维经常混纺在服装中，因为聚酯纤维具有优异的耐久性和抗皱性，易于保养和维护。粘胶纤维吸水性好，但耐抗皱性差。Das 等人对涤纶和粘胶织物混纺进行了研究，证明了纤维混纺对衣物的潮湿和舒适性具有重要作用。织物的透水性和吸湿性随材料亲水性的增加而增加，但随着粘胶比例的增加而下降。亲水性较高的材料（粘胶）提供更好的吸附性，可是会导致水分积聚，产生粘黏的感觉。因此，如果运动员排了很多汗，较高比例的聚酯纤维和较低比例的粘胶会迅速吸收皮肤上的汗水，聚酯纤维将有助于将水分扩散到皮肤的表面。

Sampath 等人研究了最佳水平对 150 旦涤纶长丝针织面料的舒适性能的影响，其中包含 34、48、108、144 和 288 条长丝。织物进行了湿度管理，并对其润湿、排汗和水蒸气传递性进行了评估。研究人员发现，当灯丝细度增加时，排汗率会增加到一定程度。108 支丝线具有较高的导汗性能。细丝织物的水蒸气透过率比粗丝织物高。这项研究强调了一个事实，即纱线中的细丝数量和长丝细度应处于最佳水平，以促进水分传递。细丝细度和纱线中长丝的数量在决定细丝涤纶针织物的舒适性能方面起着至关重要的作用。

2.9 湿度管理

运动服装的主要要求之一是湿度管理，而在皮肤和服装之间的最佳微环境（包括温度和湿度）是运动员专注于运动的必要条件。为了便于湿度管理，运动服装应有调节透气性和身体温度的功能。透气性是指织物将皮肤上的水分或汗液输送到环境中的能力。然而，剧烈运动或体育活动会增加体温，人体会产生汗液来冷却皮肤表面。

图 2.11 说明了传统材料对人体产生热量的影响。在剧烈运动中，产生大量汗液，并在衣服中积累，导致不适。然而，outlast 技术是主动的，它能吸收身体产生的多余热量减少出汗来平衡体温，从而使运动装有更好的舒适性。一方面，如果体内多余的热量没有排出，可能导致运动员疲劳，他的成绩就会下降；在极端情况下，还可能产生热应激障碍或发生昏厥。另一方面，如果身体多余的汗液没有排出，织物就会粘在身体上，汗水浸透的衣服可能会摩擦皮肤，导致引发皮疹。

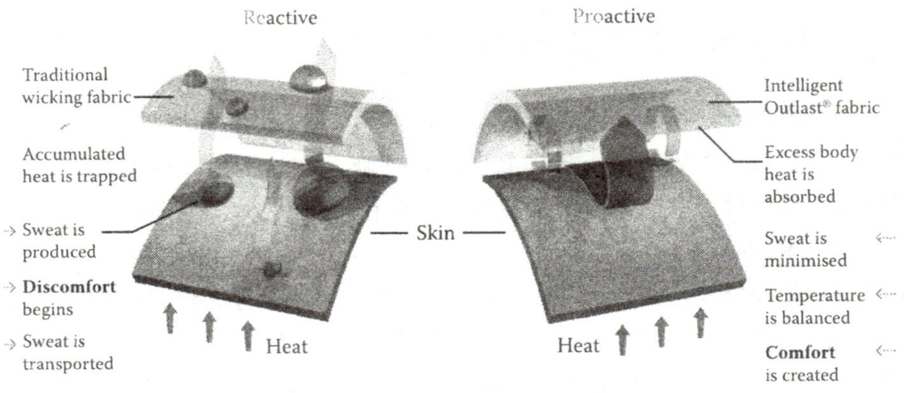

图 2.11　反应物料和主动物料之间的湿度管理

透气性是通过确定对蒸发热传递(RET)的阻力来测量的,RET 值越低,织物的透气性就越高。透气性也可以通过确定湿气透过率(MVTR)来评估,该速度是指织物允许湿气通过织物的速度,即确定以克为单位的湿气通过 1 平方米织物的湿度传递量。霍恩斯坦研究所(Hohenstein Institute)已得出 RET 值和人体生理舒适度作为穿戴舒适性评级的结果(表 2.3)。

表 2.3　蒸发传热阻力

RET 值	透气性	穿着舒适
≤60	高度透气	很好
>60 but ≤130	高度透气	好
>130 but ≤200	透气的	满意
>200 but ≤300	略微透气	不满意
>300	不透气	不满意

裸体者的 RET 值为零,并且随着衣物的增加而增加,而且降低了织物的整体透气性。通常在设计用作户外运动服装的分层时,必须了解材料的透气性。

2.9.1　湿度管理纤维

总部位于德国的纤维公司 Trevira 开发了具有出色湿度管理性能的 Trevira Perform Moisture Control。这种纤维制成的织物适合用于工作服和运动服装。此纤维具有双通道系统(图 2.12),可加速凝结分子从内层到外层的传输。水分迅速扩散到织物表面,然后在织物表面迅速扩散和蒸发。由 100% Trevira 制成的织物的内侧与皮肤接触时可保持湿度控制,从而保持干燥并防止发冷。该公司声称其产品具有的一些特性:很好的湿度管理;水分快速分散和蒸发;快速干燥;良好的抗起球特性;易于打理;可水洗,牢度好;手感舒适;良好的抗静电性能;耐紫外线和氯气。

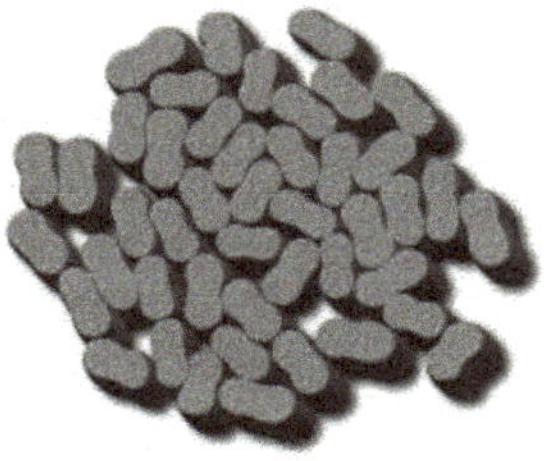

图 2.12　执行防潮纤维

机织织物的干燥时间－空气条件:22℃,相对湿度56%。

Trevira 轮廓丝 PES 100%

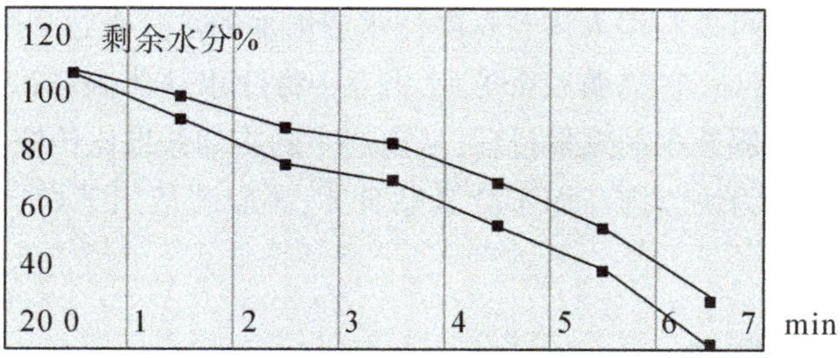

图 2.13 型材的干燥时间

Trevira Perform 湿度控制,带有哑铃形的双通道系统加快了汗液从皮肤到织物表面的转移,并迅速蒸发,使织物的内表面保持干燥。图 2.13 中的曲线说明了 Trevira Perform Moisture 控制纤维和100%聚酯长丝制成的机织织物(在22℃和56%相对湿度下)的干燥时间。该图显示,由 Trevira Perform 湿度控制制成的织物的干燥时间比由100%聚酯长丝纱线制成的服装的干燥时间更长。最近报道了利用仿生松锥效应进行湿度管理,当纤维吸收湿度时会变得多孔,在干燥条件下,结构会像松锥一样打开,降低了透气性并提高了隔热性能。Teijin 有限公司最近报道了其聚酯纤维的开发情况,该聚酯纤维提高了其吸湿性和快干能力,可防止运动后的发冷和粘汗,已被推荐用于运动服装中。Teijin 纤维制成的织物由三层结构组成,该结构具有疏水性接触层,疏水性接触层含有疏水性的聚酯纤维,有吸湿性的中间层和外部湿气扩散层。

2.9.2 运动服装中的灯芯材料

芯吸是指液体在毛细作用下通过纺织品的传输。芯吸或液体输送性能取决于纤维类型、纱线结构、织物结构、纱线的密度和结构、整理处理、黏度、大气相对湿度和环境温度。纤维空间中的毛细通道和孔的大小极大地决定了芯吸作用。芯吸过程涉及的各个阶段包括:

1. 从皮肤表面吸收水分。
2. 去除皮肤上的水分,并通过织物表面运输。
3. 湿度在织物结构内的扩散。
4. 在合适的纤维中吸收水分:通常是“动态”织物。
5. 包含亲水纤维外层,以吸收和储存汗液,使之远离皮肤表面。
6. 织物表面的水分蒸发。

在过去的十年左右的时间里,纤维的尺寸和形状不断发展,特别是在细丝中引入了通道,例如六通道和四通道(例如 Coolmax),其中毛细作用增强了芯吸作用。

2.9.3 维持体温

运动服装的最终性能在于在皮肤附近提供最佳的微气候,这适用于贴近身体的那些服装,例如:运动背心、短裤、内衣、保暖服、袜子等。德国独立实验室 Hohenstein 研究所(2014)的 Beringer 最近报道了位于新罕布什尔州朴次茅斯的 CoolCore LLC 公司的创新技术,该技术可为纺织品提供降温效果,与相变材料或潜热存储不同,CoolCore Technologies 利用人体自身的汗液来实现冷却,并且不含化学物质。在传统材料中,整理剂或化学物质会因长时间使用劣化。但是,CoolCore利用人体自身的热量来实现冷却。CoolCore报告了温度调节纤维,这些纤维经过精心设计,可以利用人体自身的汗水或增加的水分来达到降温效果。CoolCore技术可延长服装的使用寿命,它遵循三个原则:排湿(将汗水从体内排出),水分输送(避免饱和并加速干燥)和调节服装中的蒸发过程,从而产生的冷却效果比传统材料中的要好。此外,该公司声称该服装因为快速排汗而不会紧贴身体,该服装适用于如自行车、跑步等密集运动。

2.10 讨论与总结

本章强调了纤维在功能性服装(特别是运动服装)产品设计开发中的重要性。纤维是服装的基本组成部分,服装性能取决于选择的材料成分,因此,需要在这一领域的发展中与时俱进。在过去的十年左右的时间里,全球人造纤维的产量从1992年的49%增长到2012年的68%,功能性服装需求增长的这一趋势必将持续,这是因为:与天然纤维相比,人造纤维是为了满足客户特定的需求而设计的,人造纤维的性质和特性因形成纤维的物质的不同而不同,因此,了解工业中使用的各种技术术语是很重要的,这些术语已经通过示例进行了简要介绍。可以认为,在纤维工业的各种发展中,纤维的形状和细度在改变织物性能方面起着举足轻重的作用,例如,影响着织物的湿度管理、弹性、膨胀度、保暖性和穿着者的整体舒适度。

在选择运动服装的纤维类型时,必须考虑到生理参数,尤其是汗液模式,热调节以及身体部位的伸展和恢复。这一点通过对相关证据的批判性评审得到了强调,并为运动服装的发展提供新的见解。例如,对汗液模式和对人体映射技术的了解将使设计师能够选择最合适的服装设计。与其他身体部位相比,运动员的后部中央出汗最多,这将激发设计者在服装后部中央使用网状织物面板,从而有助于快速排汗和蒸发身体出汗。此外,体育科学从业者、生理学家,纺织工程师和服装设计师之间的跨学科合作将能更好地开发适合该目的的产品。

人体排汗和体温调节的机理已经被阐明了,大部分热量是通过衣服散失的。人体的目标是在热量产生和热量散失之间取得平衡,任何不平衡都会导致不适。因此,对运动服装的体温调节必须仔细考虑,体温升高会诱使人体产生汗液,从而使人体皮肤感到凉爽。服装应具有透气性,并能快速地将水分从皮肤转移到环境中。

运动员在运动中需要伸展和恢复,伸展运动使运动员能够不受限制地自由运动,并为肌肉和关节提供支撑,防止组织受到压力。弹性纤维可以提供100%拉伸力,在对肌肉施加压力并防止软组织损伤方面起着重要作用。细微纤维,中空纤维和双组分纤维为混合两种不同聚合物的不同特性并改变形状、细度和尺寸提供了多种可能性,以满足最终用户的需求。

使用长丝中的热敏元件来提供最佳温度调节的潜热存储(相变材料)产品,是在吸收人体热量并在需要时释放热量的技术上的突破。它们为设计师提供了根据运动员的特定需求来量身定制产品的可能性。新开发的纤维天丝同样是提供的新技术,尤其是在湿度管理,外观和织物手感方面,主要凭借其性能,被广泛使用的纤维类型(例如聚酯,氨纶和羊毛混纺)将继续被用于运动表演服。纤维和长丝的混纺已经成为满足功能性服装不断增长的需求的一种实践。纤维的混纺可以提高性能、耐用性和维护性，并降低产品的整体成本。

具有双重通道纤维，可以排出汗液，并避免凝结，加速干燥和利用体热维持温度的纤维将被用于各种运动服装上，例如背心、内衣、贴身衣物和紧身衣等。因此，对于服装设计师、运动服装领域的技术人员和各种利益相关者来说，根据最终用途和要求选择不同的纤维类型变得至关重要。运动员在各自领域中更上一层楼的动力不断推动着纤维技术的提高。利用身体在运动过程中产生能量的最新技术已经通过测试，并影响了智能产品的寿命和性能。预计未来几年，运动服装所使用的纺织纤维将会取得长足的进步和智能发展，这将鼓励运动员去穿着能够满足其特定需求并提高其性能和外观要求的智能服装。

03 织物特性及其特点

3.1 介绍

对织物性能和特性的充分理解对于功能性服装的设计和开发至关重要,例如,由100%聚酯纤维制成的经编网眼织物,旨在将水分从皮肤上吸走,并具有速干能力,使其成为日常穿着的理想之选,并在极端性能要求中成为首选。乔其纱是一种平衡的平纹织物,通常由100%的聚酯纤维和高捻度的纱线制成,从而使织物不那么光滑。纺织材料已经开始发展,并且面料在运动服装行业的发展中起着重要作用。实际上,材料反映了品牌的质量及其地位。本章的重点是介绍适用于性能服装(尤其是运动服装)的基本和理想性能。讨论了各种运动服装的应用,使读者能够理解每个参数的基本原理。通常,时尚服装必须具有耐用性、强度、色牢度、美观性等特征,这些属性对于日常使用和维护时尚服装是必需的。但是,对于功能性服装,要求是特定于应用程序的属性,例如透湿性、热阻、芯吸、防水和阻燃性。要求具有此类特性的原因是:功能性服装的最终用途范围很广,从而会使服装受到内部因素(纤维、纱线细度、经/纬向运动、织物密度、厚度、织物支数)和外部因素(在阳光、风、雨、寒冷天气条件下以及使用过程中的接触)的影响。这些因素会影响本节中带有示例的功能服装的性能和行为。

此外,人体与服装之间的相互作用非常重要。这对于像紧身衣这样的贴身服装来说正好,因为温度调节在运动员的表现中起着至关重要的作用。运动服装用的织物是机织的或针织的,通常与合成纤维和天然纤维混合,具有不同的线密度,以提供最佳性能。用于外套的重量级织物是多层的(涂层的或层压的),其性能不同于轻质织物。本章重点介绍了这些织物因结构差异而产生的参数,并着重介绍了功能性服装。织物的性能将受到其组成的影响,并通过示例进行介绍。本章可以使读者了解各种性能应用中的织物特性,以及这些参数如何影响服装的整体性能。

3.2 织物特性及其对产品性能的影响

许多织物用于产品性能提升和运动服装,包括智能织物,它可以智能地处理身体或环境温度较高的情况。材料温度越热,湿度管理系统的运行速度就越快。智能织物技术采用微囊化的相变材料吸收和释放热量,以增强舒适性。

以下列出了适用于运动服装的各种类型的织物:轻巧、可拉伸且柔软的防水或透气织物,由具有透气性的超细微纤维制成;黏合和层压的软壳或三层织物,由经编织物或机织织物制成,用于防风处理或防水;含有合成纤维或天然纤维混纺以及高达30%弹性纤维的针织物,可进行拉伸和恢复;由合成纤维制成的羊毛和拉绒针织物,具有自然的手感,有弹性和光滑的表面;由不同重量的织物制成的机织衬衫(160至400 g/m^2);环保织物,包括再生聚酯;花式织物,包括坚固耐用的表面、耐切割、阻燃、耐磨性、反光面料等。图3.1展示了时尚服装所用的织物类型,其中包括机织、针织织物、黏合织物和毛毡等。需要注意的是,机织和针织织物由于其结构变化其性能会有所不同,表3.1总结了这一点。功能服装是由机织和针织面料组合而成,以适应各种应用。

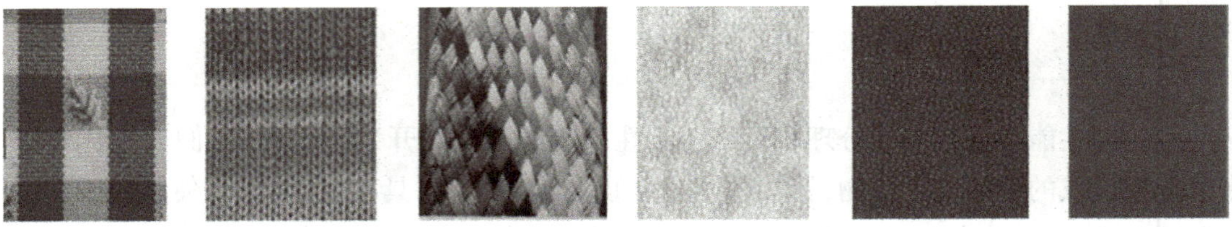

图 3.1　时尚服装常用织物类型

表 3.1　面料特征

针织面料	机织织物
用一组或多组纱线制成的一系列相互连接的线圈	两套或更多组交织的纱线形成织物结构,纱线呈直角交错
可以从上到下弄乱,机编不能拆开	可以从任何切割边缘松开,可能弯曲或歪斜
织物可能会被划伤或脱落,弯曲或倾斜;因为使用了更多的纱线,通常较重	因为使用的纱线较少,通常重量较轻
具有伸展性和弹性,可适应身体运动	具有有限的伸展性和对身体运动的适应性
良好的恢复性、透气性	蓬松度和褶皱的恢复取决于编织结构
在纱线之间和松散的地方有空隙	耐压力稳定,透气性差,特别是对于密实的织物
多孔且不透明	提供最大的遮盖力
使用和维护中稳定性较差	使用和维护更稳定
除非热定型,否则收缩率更高	收缩幅度小于 2%

为了了解运动服装的织物特性,有必要探索运动趋势:包括优选的运动类型,活动频率和经常购买的服装。在英国,一些体育活动是首选,其中包括游泳、跑步、骑自行车、打网球、打高尔夫和有氧运动。从事体育运动的人群通常是年龄在 16 ～ 24 岁的年轻人群,在各种体育运动中都可以看到这种趋势。但是,年龄在 25 ～ 34 岁和 35 ～ 44 岁的人群也很活跃,尤其是在游泳,使用健身房锻炼、跑步、骑自行车和打网球方面。在过去的 8 年中,参与体育活动的人数逐年增加(图 3.2)。这包括每月一次,每周一次或每周两次和三次的成年人。

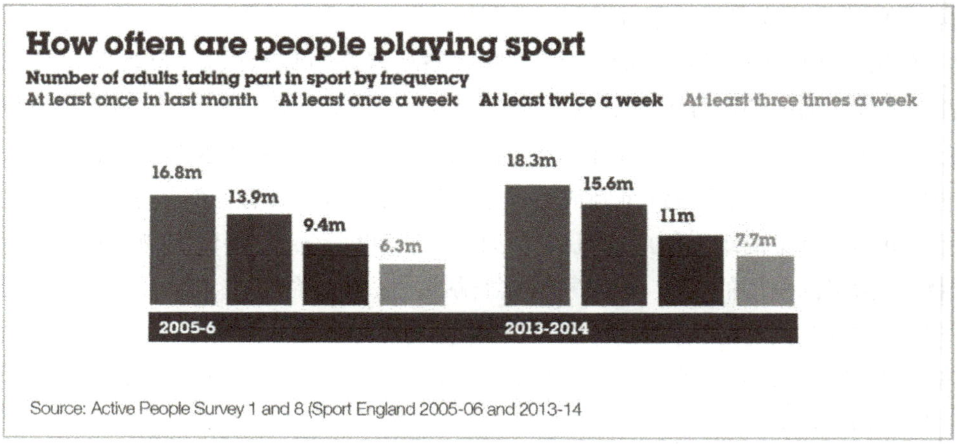

图 3.2　2005—2014 年参加体育运动的成年人数量

英格兰运动网对英国最常见的运动进行的一项调查显示，游泳通常被认为是一项可以保持身体健康的首选体育运动（图 3.3）；其次是田径运动、足球、骑自行车和高尔夫。在本章中，将特别关注那些用于这些体育活动的服装制造中使用的织物。

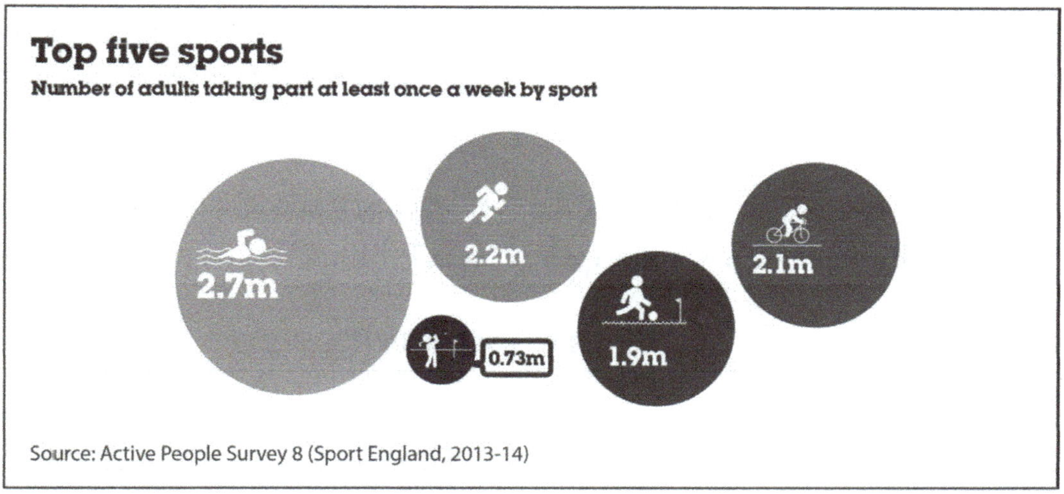

图 3.3　最受欢迎的五项运动

可以看到，大多数爱好运动的人群购买的服装的最终用途是休闲服或作为时尚服装，而不是用于体育活动。从运动鞋到摇粒绒的所有形式的服装都可以体现出这种趋势。应当指出的是，该调查是基于 16 岁以上的互联网用户（n = 2000）进行的，在这些消费者中，运动鞋、慢跑裤、T 恤衫、短裤、足球衫、运动衫和运动夹克都很受欢迎。此外，在低端市场中，它们同样也很受欢迎，例如，橄榄球衬衫、防水外套、羊毛、绑腿和背心（图 3.4）。敏特集团在 2011 年的报告中指出，33% 的消费者购买运动服装作为舒适的休闲服，21% 的消费者表示他们更喜欢品牌运动服装，46% 的消费者购买运动服装以保持身体活跃并提高运动能力。曼斯这一发现很有趣，因为运动服装市场具有良好的基础，尤其是在年轻人中，而且大多数人更喜欢保持健康和支持他们的服装。同样需要指出的是，从事体育运动的成年人更喜欢穿着功能性服装进行休闲活动。

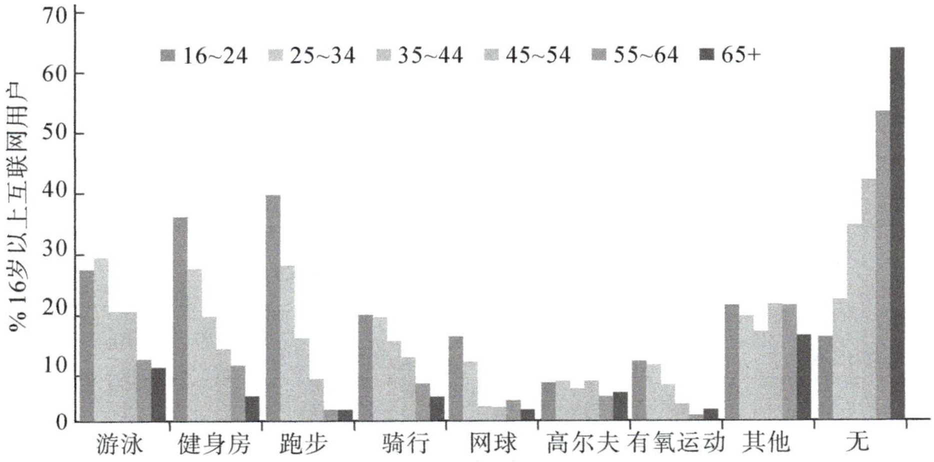

图 3.4　2010—2011 年期间在英国购买的运动服装

3.2.1 织物的基本特性和理想特性

织物性能是一种材料特性,材料必须具有这种特性才能令人满意地用于所需的应用中。换句话说,它也可以称为对纺织材料的要求。为了确定理想的和基本的属性,有必要了解特定运动的要求(表3.2)。基本属性是指由于规定或用户要求而对特定项目所必需的属性;理想属性是用户在美观和外观方面的偏好。应该注意的是,每种运动都有不同的要求,具体取决于它的性质和强度,但是,这是假定是在专业水平上,且包括用于休闲健身和体育活动的面料。

高性能服装所需的面料和服装的其他一些特性包括:容易吸收水分;外观;吸引力;反复弯曲而不断裂;隐蔽或保护;尺寸稳定;易于处置;易于维护;织物可自由悬挂;表面质地良好。

表3.2 所需的主要运动和面料参数

运动和服装类型	织物的基本特性	织物的理想特性
足球 典型的服装包括上衣、裤子、紧身衣、袜子、压缩上衣和短裤、软壳外套和护膝	水分(汗水)管理、透气、防粘、防静电、轻质面料、防臭、耐用、可水洗、耐褪色	美学、感官舒适性、亲肤柔软
高尔夫 衬衫、裤子、夹克、防水外套和袜子	舒适、水分管理、隔热、耐用	耐褪色、皮肤光滑、美学 - 折痕恢复和坚挺、耐污垢
自行车 短裤、运动鞋、短袖球衣、基础层背心、无指手套、袜子和帽子	伸展和恢复、吸汗、吸湿、压缩、透气、防风、防臭、防紫外线	持久合身、耐用(良好的破裂强度)、织物稳定性
游泳 泳衣、短裤、套头衫、赛车服、泳裤、紧身衣裤和软壳外套	耐氯织物、吸湿率低、上色快、快干、弹性增强、防拖拉、四向拉伸	对皮肤柔软、保形、舒适度、支持服装合身、抗菌、防紫外线
田径 紧身衣、上衣、T恤衫、短裤、田径服、紧身连衣裤、运动内衣	轻便、保持凉爽、汗水管理(排汗)、透气、可持续(天然纤维)、防水(夹克)、隔热(羊毛)、压缩力(基层)	抗划伤性、美学、耐色牢度、防水

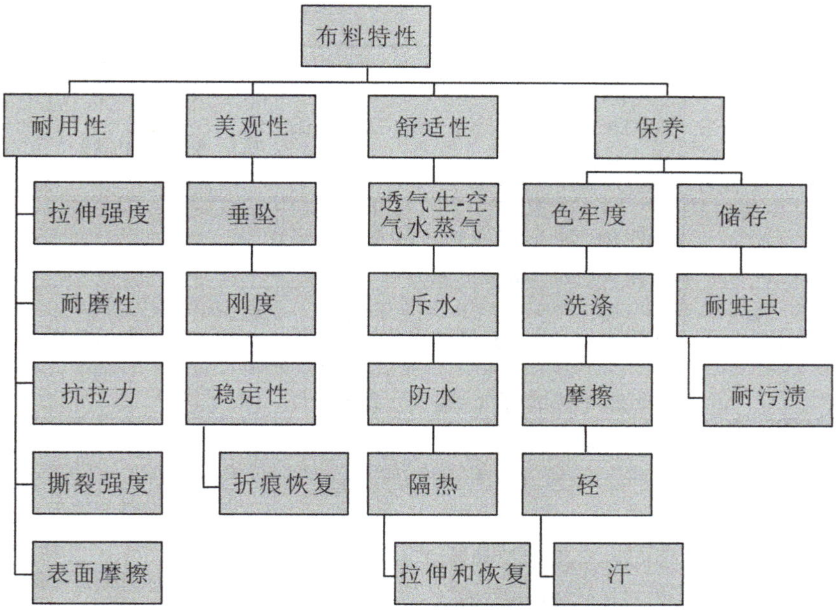

图 3.5　织物特性

图 3.5 展示了织物的性能，分为四个部分：耐用性、美观性、舒适性和保养。表 3.3 列出了各种织物特性的术语以及具体应用。

表 3.3　织物特性及其应用

类别	纺织品	参数定义	适用性
耐用性	断裂强度	当织物在张力下断裂所需的压力	机织织物
	撕裂强度	继续在织物中开始撕裂所需的压力	机织织物
	破裂强度	破裂织物所需的压力	针织物、毛毡、无纺布、花边
	耐磨性	当与另一种材料摩擦时，不会磨损材料的任何部分	所有织物和应用
	防起球性	织物表面起球或起毛	劣质纱线的疏水性纤维和织物
	表面摩擦	织物抵抗摩擦力或滑动作用的能力	每英寸低纱线的织物
美学性	织物悬垂性	织物悬垂的能力	机织、针织织物
	织物刚度（织物手感）	织物的弯曲长度或织物在自重下以指定角度弯曲的能力	双向无纺布褶皱
	恢复性织物	抗皱的能力	羊毛和丝绸抗皱性高，纤维素纤维抗性差

续表

类别	纺织品	参数定义	适用性
舒适性	尺寸稳定性	织物在洗涤后尺寸不变的情况下保持稳定的能力	机织和针织面料
	透气性	织物在一定时间内允许空气在指定压差下通过其表面的能力	密织布
	透湿性	织物允许水汽通过其结构的能力	织物表面处理后具有一定的透水性
	导热系数	织物的导热能力(W/m. K),表示单位时间内通过特定区域和厚度的热量	户外服装
	薄膜/膜涂层织物	防水	织物抗水渗透的能力
	伸展和恢复	织物在变形下拉伸并在去除变形后恢复其原始位置的能力	具有氨纶成分的针织物
保养	耐洗色牢度	这是在洗涤过程中颜色在织物上保持多久的量度	浅至深色、阴影机织、针织面料
	耐摩擦色牢度	色牢度在干湿摩擦中的作用	针织物亮色或深色的机织和针织物
	耐光色牢度	在连续暴露于光源期间色牢度的影响	明亮或深色的机织和针织面料(户外/泳装)
	耐汗渍色牢度	纺织品对汗液的抵抗力	鲜艳或深色的梭织和针织面料(袜子,紧身衣等)
存储	耐飞蛾/昆虫	织物在储存过程中抵抗飞蛾和昆虫的能力	具有动物纤维成分的织物
	机织/针织面料	耐污渍	织物在长期储存过程中的防污能力

案例研究:对循环运动爱好者的面料要求。

有一越野自行车骑手,他每月进行两次自行车训练,每次都可能需要进行5～7小时的密集骑行。骑手使用的服装包括围兜短裤和上衣,此外,肘部支撑和胫骨保护也是套件的一部分。骑手更喜欢的一些服装特点是:轻便;经济;耐用;可洗;易穿;柔软且紧贴皮肤;透气;吸收汗水;实用(适合特定用途)。

可以注意到,专业的自行车骑手希望将其作为一项娱乐活动。骑手非常注意服装装备,穿戴这些装备可以自由活动,同时也能保护自己不受伤害。

3.3 影响织物性能的因素

功能性服装会受到广泛用途的影响,例如,服装会受到内部因素(纤维,纱线细度,经/纬或横/纬向运动,织物密度,厚度,织物支数)和外部因素(暴露于阳光,风,雨,寒冷的天气条件，织物/人体相互作用）的影响。这些因素会影响功能服装的性能和行为，我们将在下面的章节举例讨论这些因素。

3.3.1 影响织物性能的内部因素

织物要么与一组或多组纱线交织在一起，要么与由纤维和长丝组成的纱线圈相互连接，这是织物的基本要素。在性能服装中，尼龙、聚酯、氨纶、丙烯酸等合成长丝被广泛应用。纤维混纺及其纤度会影响织物的性能。类似地，纱线质量（支数）对于产生均匀的织物质地至关重要，一些纱线质量参数（例如纱线捻度，折叠数和纱线支数）会影响织物特性，例如，由细旦尼尔长丝制成的优质纱线将具有柔软且柔韧性低的悬垂系数的织物，粗纱将产生具有高悬垂性的硬质织物。纤维类型，纱线质量和织物属性会影响织物性能。McGregor nd Naebe（2013）报告了81种不同纤维、纱线和织物特性的单面针织面料的舒适性其中研究了27种纤维混纺，16种纱线和30种不同面料的羊毛针织面料的舒适性。作者报告说，较紧的织物不那么舒适，而羊绒与羊毛的不断混纺逐渐增加了舒适度评估。采用羊毛舒适度计（WCM）对触觉舒适度进行了评估。他们进一步补充说，织物的厚度、纱线的伸长率和纱线的质量（粗细的地方）都会影响织物的舒适性（图3.6）。

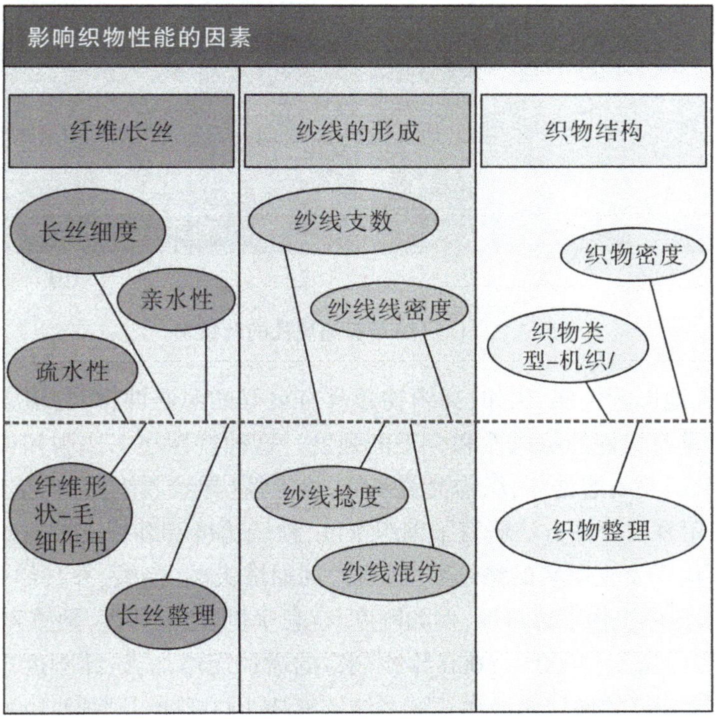

图3.6 影响织物性能的内在因素

还应注意，细纤维（线密度）会影响织物的性能，特别是在运动服装中。当织物由细度小于1分特的细丝制成时，它被称为微织物。“微旦尼尔纤维”一词在亚洲和美国被广泛使用，具有出色的柔韧性微旦纤维可以使纱线的规则性更好。该参数使纱线能够被编织，从而使织物柔软而柔韧。另外，具有微旦尼尔纤维的针织物具有更好的尺寸稳定性，并且可以吸湿水分，从而带来更好的舒适度。这使得微织物成为运动服装的理想选择。斯里瓦尼桑等人

(2005)研究了聚酯微旦针织物与普通聚酯相比的性能。研究报告说,超细纤维织物具有出色的悬垂性,透湿性和芯吸性,并且尺寸稳定。这些特性使其非常适合用于运动服装面料(图3.7)。此外,纤维的细度和纱线质量也会影响织物的性能,尤其是舒适性 - 芯吸和透湿性。该参数对于维持运动员穿着基础层的舒适度至关重要。Sampath, Mani 和 Nalankilli (2011)研究了细丝细度对由150旦涤纶长丝(包含34、48、108、144和288根长丝)制成的针织面料的舒适性的影响。对织物进行湿气控制整理,并评估其润湿性,芯吸性和湿气透过性。这些研究人员报告说,当细丝细度增加时,芯吸率会增加到一定水平。108根长丝制成的纱线具有更高排汗性。细丝织物的透湿率比粗丝织物的透湿率高。这项研究强调了一个事实,即纱线中的细丝数量和细丝细度应处于一个最佳水平,以促进水分传递。纱线中的细丝细度和细丝数量是决定细丝涤纶针织物舒适性的关键因素。Mori 和 Matsudaira (2000)调查指出,织物密度是决定羊毛织物手感的重要因素。

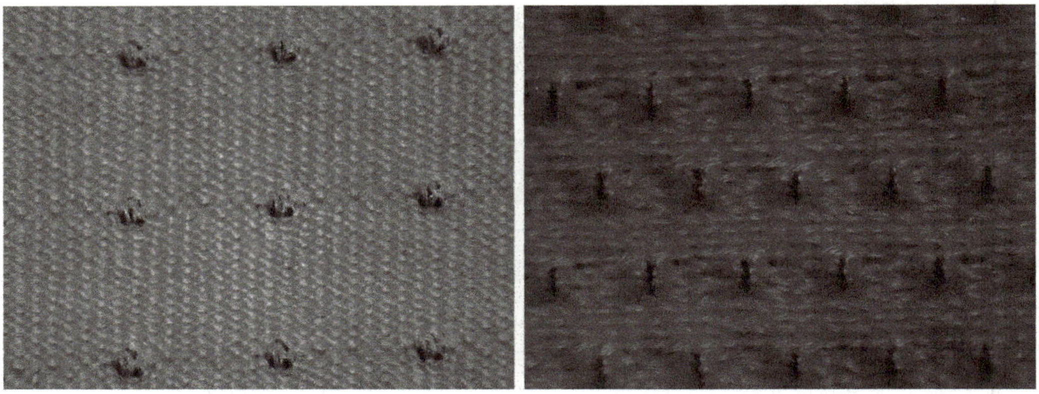

(a)　　(b)

图3.7　(a)(b)带有通风孔的针织物

织物密度极大地影响性能,例如,高织物数具有良好的耐磨性,织物覆盖性和尺寸稳定性。另外,该织物具有极好的抗风性和合理的强度。这种特性在工作服和长裤中得到了广泛的青睐。低支数织物耐磨性差,织物覆盖率低,稳定性(导致收缩)和低抗风性低。Matsudaira 等(2009)使用客观评估方法研究了编织密度,纱线捻度和纱线支数对聚酯机纺织物手感的影响,选择了用于女士服装的涤纶平纹织物,例如塔夫绸、绉缎、乔其纱1、绸绢、绉布和乔其纱2。研究了各种织物手感特性,例如刚度、抗悬垂挺度、松脆性、硬感和柔韧性,所有织物的刚度都随着纬纱密度(2000～5000纬纱/米)的增加而增加;防纬刚度也随着纬纱密度(2000～5000纬纱/米)的增加而增加。随着纬密度从2000纬纱增加到5000纬纱/米,织物的柔软感降低。因此,纬密度与织物的柔软感成反比,丰满度和柔软度不随纬纱密度的变化而变化,需要更大的纬密度才能产生较低的硬挺感。随着纬密度的增加,织物的手感没有差别。在绉纱和绉布织物中发现了捻纱带来的影响,如果是绉纱下降刚度和抗悬垂刚度随纱线捻度而降低;然而,以绉布织物为例,所有参数测定者的变化不大。指出了纱线支数对塔夫绸和乔其纱的影响,其硬度和抗悬垂刚度随纱线支数的增加而降低。

Prakash 和 Ramakrishnan (2013)研究了纤维混纺比,织物环圈长度和纱线密度对单面针织面料热舒适性的影响。以棉竹纤维混纺为原料,生产了三种纱线支数质量(20s,25s,30s;

Ne)。研究人员发现,随着竹纤维比例的增加,导热系数会降低,100% bamboo 纱线的导热系数最低。对于某一特定组成的织物,透气度随着线圈长度的增加而增加。此外,100% 竹纤维的透气度是纯棉纤维的 200%。竹混纱纺织物的厚度和织物密度均低于棉织物,其水蒸气和透气性随竹纤维的含量的增加而提高。水蒸气的渗透性,即水蒸气通过织物从皮肤扩散和吸收-解吸过程传递到外部表面,决定了服装材料的透气性。随着纱线密度的增加,热导率降低,因此纤维捕获了更多的空气。最后,随着纱线密度的增加,水蒸气渗透率也随之增加,特别是对于竹混纺织物而言。研究人员指出,水蒸气渗透率的提高可归因于较低的织物密度和厚度。当纱线支数较粗时,织物密度和厚度有所增加,从而导致较低的水蒸气渗透性。Karahan, Oktem, Ve Seventekin 指出,天然竹纤维具有出色的吸湿性、快速蒸发性和抗菌性,因此具有功能性。这表明,纤维、纱线和织物结构等内部因素都会影响织物的特性,设计师/服装开发人员在选择合适的织物时应特别注意。在下一节中,将列举有关外部因素影响织物性能的案例。

3.3.2 影响织物性能的外部因素

高性能服装会暴露在各种各样的外部条件下,包括日光、雨水、风和冷/暖天气条件,或在与人体进行激烈的身体活动时。一般来说,面料符合一般要求,如强度和耐久性,但是,具有特殊性能的织物被要求用于高性能服装的特殊应用中。典型的运动服装的性能包括穿衣服的层次和各种面料的要求概述如图 3.8 所示。

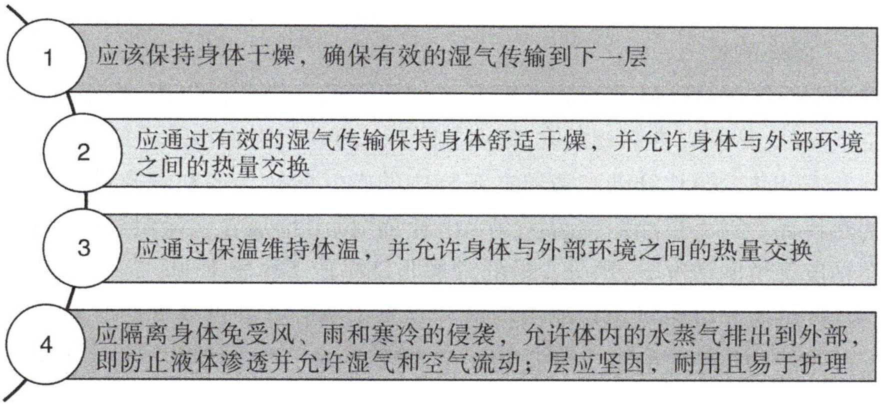

图 3.8 穿衣层次及其面料要求

Wang 等(2007)报道了一个穿戴者使用服装层(四种结构)的试验。他们报道了织物的湿度管理性能,当穿着者暴露于维持在 -15℃ 的室温环境中时,会严重影响寒冷防护服系统中的水分扩散和温度分布,并影响热湿感觉。

研究人员 Long 和 Wu(2011)报告说,棉织物上覆盖有由二氧化钛和氮的化合物制成的纳米颗粒,当暴露于光线下时,可以分解灰尘并杀死微生物。在过去,这项发明只适用于织物暴露在一定的紫外线下,但是研究人员报告称,他们打算研发能够在普通阳光下使用的织物。织物可在光照下去除橙色染料污渍。织物涂层经久耐用,经过多次洗涤和干燥后仍可以保持原样。讨论了影响穿戴者的一些其他外部因素,特别是当长时间暴露于阳光下时,紫外线不仅会损坏纺织品,而且会造成急性皮肤损伤。应该注意的是,地球大气层吸收有害的波长,只有5%到达地球表面。研究人员 Sundaresan 等(2011)最近研究了使用纳米 TiO_2 的紫外线防护以及棉织物的抗微生物和自清洁特性。经 12 nm 颗粒处理的织物的紫外线防护因子值(UPF)高于用 7 nm 颗粒处理的织物。所赋予功能的耐久性在 32 ~ 36 次清洗范围内,具有抗菌活性和紫外线防护性能。在自清洁活性的情况下,与较大的纳米溶胶 TiO_2 纳米颗粒相比,使用溶胶 - 凝胶技术衍生的较小纳米尺寸的 TiO_2 能表现出更好的自清洁活性。当衣物潮湿时,舒适度会受到影响,这取决于其热性能、防潮性以及衣服内部累积的潮气百分比。因此,在潮湿条件下,生理舒适性取决于潮湿状态下的热阻和由皮肤通过衣服蒸发产生的水分和织物表面汗液的直接蒸发所产生的主动冷却。

Onofrei, Rocha and Catarino(2011)公布了用具有温度调节作用的功能性纱线(酷美适©和奥莱特©)生产的弹性针织面料的热舒适性;在干燥和湿润状态下进行测量,并评估织物和湿皮肤之间的水分传递;公布了热阻,热导率和吸收率等热参数;评价了两种针织物:聚酯(Coolmax)/弹性纤维(Creora)和粘胶纤维(Outlast)/棉/氨纶(Creora)。

3.3.2.1　干燥状态测量

聚酯织物的透气性低于粘胶纤维织物,主要是因为聚酯织物的厚度较大,纤维的较高表面积增加了对气流的阻力,从而导致较低的透气性。织物的导热性代表织物传递热量和结果的能力,这是纤维的导热性和织物的结构特征的结合而产生的。在干燥状态下,与粘胶纤维织物相比,聚酯织物具有较高的热阻,较低的导热系数和热吸收率。耐用的针织面料表现出更高的热吸收率值,在接触皮肤时给人一种凉爽的感觉。

3.3.2.2　湿态测量

空气通过湿织物的速度随着织物温度的增加而降低。作者报告说,由于纤维溶胀并用湿气代替空气空间,粘胶纤维织物的孔隙率降低了。两种织物在湿态下的热导率均高于干态。水的热导率和热容量比纤维和滞留在织物中的空气的热导率和热容量高得多,这就导致了更高的热传导。对于聚酯织物而言,在"出汗感"以上增加含水量对导热性和电阻性影响不大。在粘胶纤维的情况下,水分含量的增加明显提高了热导率,并降低了热阻。研究人员报告说,吸潮,粘胶纤维织物比聚酯织物更容易发生热性能的显著变化。此外,含水量的60%是粘胶纤维织物热性能的重大变化的阈值。因此,应注意湿气的变化会影响穿着者的热生理舒适性,适用于具有温度调节作用的功能性纱线。粘胶纤维是一种热活性材料(相变材料),具有粘胶纤维结构和增热效果,调节作用取决于 PCM 的吸热和散热。由于纤维的形状(多通道),聚酯的温度调节取决于湿度管理,同时也取决于毛细管理论 - 从皮肤吸收汗水和水分并将其输送到织物表面,从而导致蒸发。

3.3.2.3　商业示例 - 外用织物

表 3.4 概述了具有特定性能的织物的最新进展,这些特定性能可防止或保护穿戴者免受极端天气条件的影响。

表 3.4 具有特定性能的织物

特定织物特性	描述
日光防护阳光反射 – 防紫外线来自 Schoeller 的 Solar + 和 coldblack	具有特殊表面处理的 coldblack，可以减少热射线的吸收，并提供至少 30 UPF 的保护，而不会影响外观和感觉
防雨/雨水 Schoeller 户外 Ecorepel 生态防水技术	Ecorepel 是可生物降解的，提供自然保护免受污渍和水的侵蚀。这种织物透气、柔软、由长石蜡链纤维制成，像螺旋状缠绕在细丝周围，降低了水滴的表面张力，甚至减少了泥土径流
防水性和保温性 Primaloft 纤维—保温和防水	Primaloft 纤维能够吸收其自身重量 100% ～ 250% 的水分，并在潮湿条件下隔热。它们抗风，可压缩。这种纤维可以捕集大量空气，从而具有出色的热性能
极端寒冷的天气极端寒冷的条件 – 高密度抓毛绒	织物由三层组成：透气的保护性外层，中间的蓬松层（可阻挡空气）和光滑的内衬织物。它可以快速干燥以最大限度地减少热量损失，即使在潮湿时也可以隔热。它适合作为中间层或外层的各种活动，并且防风和可机洗

3.3.3 织物与人体的相互作用

服装生理学是指在各种环境下服装与人体的相互作用。用于性能服装的织物应该具有合理的面料手感，以方便穿着。织物/衣服与皮肤的相互作用被该领域的专家认为是一个舒适因素，人体在 37℃ ±0.5℃的温度下仍保持舒适，在正常条件下会不断产生热量。进行体育锻炼（运动）可能会使身体核心温度升高 3℃，而暴露在寒冷环境中可能会使身体温度降低 1℃，超出此范围，人体就容易遭受体温过低的困扰，皮肤或血液被冷却到足以降低体温，减慢新陈代谢和生理过程，降低心率和血压，从而导致失去意识甚至危及生命。

通常，当核心温度升高到高于分散温度时，身体就会通过产生汗液来进行反应，汗液的蒸发产生冷却效果。在温暖的环境中，人体外表和核心的温度保持在 35℃，但是，在寒冷的环境中，最内层核心的体温仍保持在 36℃。核心温度的边界缩小以保留大脑、胸部和腹部的热量；肢体温度下降，尤其是远端区域。Smith 和 Havenith（2011）研究了九名男性白种人运动员在温暖条件下运动时的出汗模式。他们报告说，除了脚和脚踝以外，所有部位的出汗率都随着运动强度的增加而增加。腰部（躯干后部）始终显示出汗率最高。出汗率最高的部位出现在背部中部和下部（躯干后部）以及前额，而最低的部位出现在四肢。这些出汗模式数据将有助于设计温度调节服装（特别是针对运动员），通过适当的通风，汗液吸收和水分蒸发来提供一个舒适的微气候。当周围温度低于核心温度时，身体可能会散失热量，通过穿着具有良好隔热性能的服装（可以捕集空气并防止热量散失），可防止热量散失，从而抵消这种热量损失。

衣物通常被称为“第二皮肤”，它会与身体相互作用，研究人员研究了许多其与物理、心理和触觉有关的参数。其中包括织物的柔软度,织物与皮肤的摩擦性能以及触感性能和次要针织织物的主观测量。织物的柔软度通常取决于细丝的细度,涂在织物上的整理剂以及纤维/细丝将水分从皮肤上输送或芯吸的能力。Mahar 等(2013)对大约 50 种接近皮肤的织物手感的描述符进行了调查针织面料,识别出以下双极性描述符来描述织物手感:

(1)光滑 - 粗糙(表面性质);

(2)柔软 - 硬/硬(弯曲性质);

(3)重/浓 - 轻/薄(质量/体积性质);

(4)清洁 - 多毛(表面性质);

(5)冷 - 暖(感知温度)。

Yao 等(2011)进行了一项研究,研究了在轻度寒冷条件下使用四种棉/涤纶睡衣(内衣)对皮肤和衣服的相互作用,对此进行了为期三周的调查。穿着者测试了服装织物的皮肤生理参数,主观感觉反应,压力水平和织物的物理性质。对织物进行了亲水或疏水处理,对六种感觉(潮湿,寒冷,发痒,柔软,透气和整体舒适)进行问卷调查,通过问卷中获得主观感觉。同时,建立了一个框架,研究人员报告说织物特性影响皮肤的生理,感觉和心理反应。他们进一步补充说,从整体舒适感,睡眠质量和压力产生的生理效应上来看,也会影响皮肤的 pH 值和皮脂状况。他们解释了织物,皮肤生理学和心理之间的关系(图 3.9)。

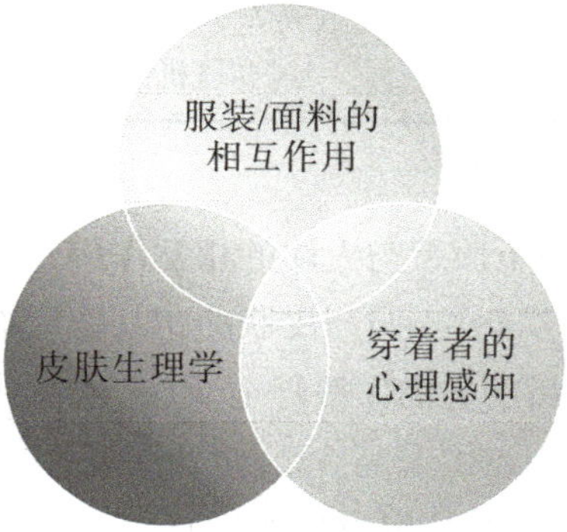

图 3.9　织物与人体的相互作用

衣服在为穿着者提供身体舒适方面起着至关重要的作用,并在皮肤和衣服之间提供了一个微气候空气垫。当衣服表面不均匀时,皮肤和衣服之间持续摩擦的恶劣条件可能会导致发痒或起水泡。Pan 等(2005)提出了一个模拟模型,用于皮肤和织物之间的物理和心理相互作用,包括接触和摩擦,以及在运动中(如步行或跑步)。

他们报告指出,影响穿着者舒适度和幸福感的主要因素包括织物摩擦、织物密度、皮肤与织物之间的空间以及织物的弹性模量。Qian 和 Fan(2006)报告了在不同的气候条件和步行速度下,出汗/不出汗的人体模型的表面热湿传递的相互作用。热人体模型可模拟人体温度,人体运动并保持皮肤的多孔性,让水分得以渗透。抽水模拟人体出汗。研究人员报告说,表面隔热不受水分传递的影响。在风速小于 2.0 m / sec 的情况下,等温条件下的表面湿气阻力大于非等温条件下的。

在寒冷条件下穿着运动服装时,由于凝结或吸收而在运动服装中产生的水分积累是一个问题。因此,在构造服装的多层组件时,有必要了解水分累积的根本原因,这可以最大限度地提高水分传递功能,并使衣物所保留的凝结和水分最小化,因为这会由于寒冷而引起穿着者的不适感。Wu 和 Fan(2008)建立了织物多层组装的热量和水分传递的理论模型。研究了两种多层织物组件:(1)GORE - TEX© 内层面料 + 多层羊毛棉絮 + 多层聚酯棉絮 + GORE - TEX 外层面料 + (2)GORE - TEX 内部织物 + 多层聚酯棉絮 + 多层羊毛棉絮 + GORE - TEX 外层面料。据报道,服装组件在靠近身体的内部区域具有棉絮,而在外部区域(远离身体)具有聚酯棉絮,这减少了服装组件内部的水分积累和总热量损失。研究结果对寒冷天气下多层衬垫护套的设计具有重要的参考价值。

3.4 织物的结构和特性

织物的结构变化会影响织物的性能,特别是在促进人体的体温调节方面。这些因素包括纱线质量,织物设计,织物层及其表面涂层。Özdil, Marmarali 和 Kretzschmar(2007)强调指出,不同纱线支数(线密度),纱线捻度和纤维的加工(复合/梳理)制成的针织物会影响 1×1罗纹织物的热性能。这些罗纹针织面料是由较细的纱线(纱线支数)制成的,具有较低的热导率和较高的透气性,并具有较暖的手感。随着纱线捻度的增加,热吸收率和水蒸气渗透率也随之增加。产生冷却效果。但是,热阻值随着纱线的捻系数的增加而减小。精梳棉纱针织物的热阻值低于粗梳棉纱针织物的热阻值。据报道,精梳纱针织物的热吸收率较高,是因为该纱的毛羽较少并且手感较凉。

3.4.1 结构对性能的影响

相变材料能在一定温度范围内改变其状态,用于宇航员的太空服,以提供针对极端气候波动的热保护。相变材料在加热过程中随着相变的发生而吸收能量,或在反向冷却过程中,该能量可以转移到相变范围内的环境中。含有相变材料的纺织品会对环境的变化做出反应;当温度升高时,PCM 微囊通过吸收热量并将这种能力储存在液态中。当温度下降时,微囊释放出储存的热能,相变材料转化为固态。相变材料用于性能服装的温度调节,在该温度下挤出含有脉冲编码调制微胶囊的合成纤维。微胶囊的熔点为 28℃。脉冲编码调制也以层压,涂层,双组分纤维或泡沫的形式结合。Wang 等研究人员(2006)报道了使用仿生皮肤模型将相变材料(PCMs)和导电织物综合应用于服装的效果。服装装备由各种厚度组成:

1. 无纺布加上不加热的导电布。
2. 无纺布涂有相变材料(PCMs)再加上不加热的导电织物。
3. 无纺布加上加热的导电织物。
4. 有相变材料(PCMs)的无纺布和加热的导电织物。

导电织物以第二层(2)的温度低于 27℃时接通的方式进行控制。当温度达到 29℃以上时,它将关闭。研究人员报告说,在使用涂有相变材料(PCMs)的衣服组件时,使用导电织物可以防止衣服的热损失,从而可以增强衣服的隔热性能,并使穿着者感到温暖。

3.4.2 特殊的多层防护织物

表 3.5 着重指出,在不同的天气条件下,不同类型的织物形成不同的反应和结果[图 3.10(a) ~ (d)]。

表 3.5　具有特定织物特性的防水透气织物

密织面料	使用疏水性和非吸收性纤维/纱线制成的织物具有较高的编织密度，纱线间的空间应较小，以防风/雨	机翼，微纤维织物
微孔膜和涂层	微孔膜的孔径（2 ~ 3μm）比雨滴（100μm）和水蒸气（40 × 10 ~ 6μm）的孔径小得多。涂层的织物是复合材料，可在织物表面施加聚合物涂层 – 聚氨酯，聚四氟乙烯（PTFE），丙烯酸，聚氨基酸，其孔径范围为 0.1 ~ 50μm。聚氨酯涂料因其柔韧性、耐用性和薄膜的能力而受到广泛的青睐，以适用各种终端用途	GORE – TEX，SympaTex
亲水膜和涂料	这是基于水分子和无孔薄膜之间的化学链反应。通过在涂层材料中掺入亲水性骨架获得该性能，从而增加了聚合物对水分子的亲和力并具有良好的透气性	耐用，具有良好的强度，耐化学腐蚀，可设计成比微孔材料（例如 SympaTex 薄膜）更高的透气性
仿生	模仿具有打开和关闭其结构能力的叶片气孔的特性，在打开状态下水蒸气透过率增加，而在关闭状态下水蒸气透过率降低	StomaTex 与 SympaTex 结合使用以形成防水保温屏障
	StomaTex 是一种由氯丁橡胶制成的封闭泡沫，带有一系列凸形圆顶，其顶部有一个小孔。穹顶类似于叶片，模仿蒸腾过程，提供了水蒸气的受控释放，增强了舒适感	

上表重点介绍了 Frizza 集团的部分涂层/复合面料，它们适用于工作服和外层夹克。例如，锦纶弹性织花面料是一种轻质织物，具有干膜 Teflon 层压材料，并具有拉伸性，从而增加了舒适度。过胶尼龙 1100 是具有聚四氟乙烯层压的机织防水织物，适用于工作服（图 3.11a ~ c）。Venti Bi – stretch – dry film S + Teflon 72gsm；65% 的尼龙，11% 的氨纶和 24% 的聚氨酯。过胶尼龙 1100 – 干膜黏合到具有 Teflon 涂层的机织织物上 – 410 gsm；80% 聚酰胺（尼龙）和 20% 聚氨酯。多向拉伸 – 聚四氟乙烯涂层 346 gsm 的微绒织物；85% 的聚酯纤维，14% 的聚氨酯和 1% 的弹性纤维（图 3.11d）。ASPEN – 干膜 + Teflon – 245 gsm，82% 尼龙，7% 氨纶和 11% 聚氨酯。

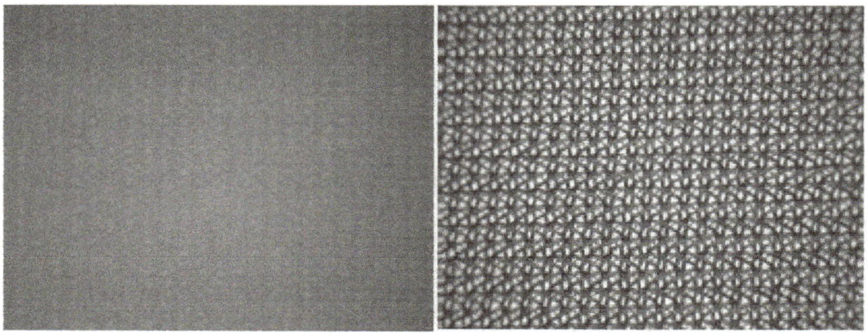

(a)　　　　(b)

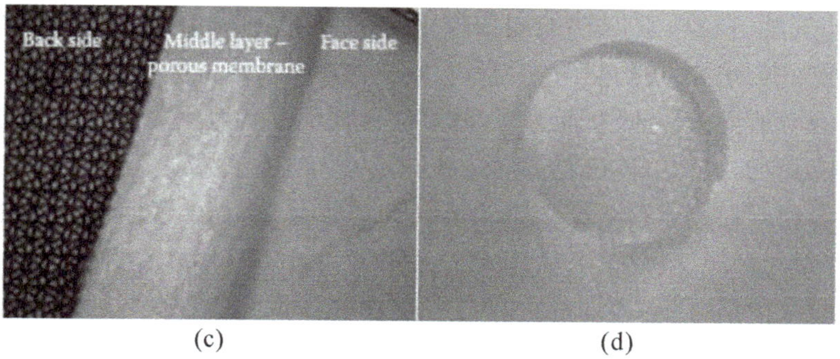

图 3.10 微孔膜 – GORE – TEX

(a)GORE – TEX 织物的正面;(b)织物的背面;(c)GORE – TEX 分层;(d)织物表面有水滴

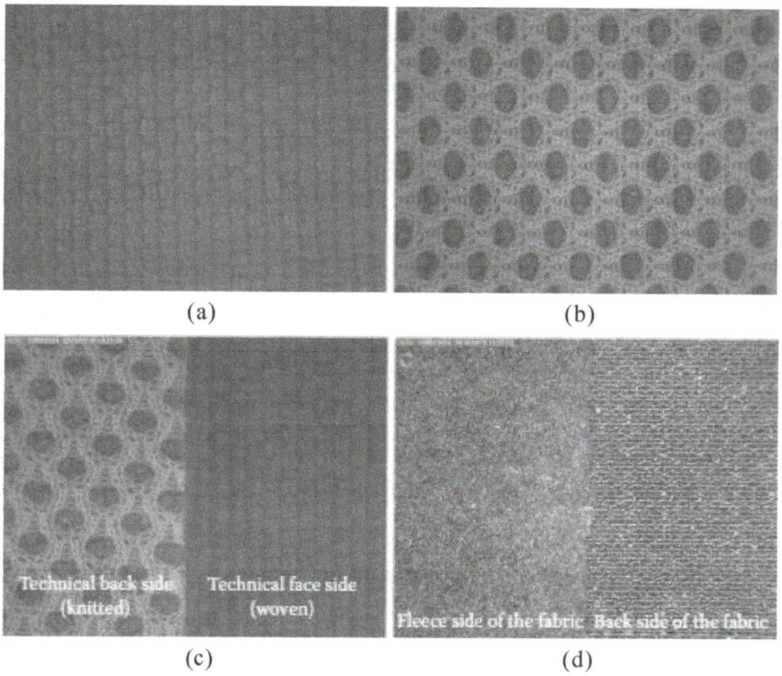

图 3.11 (a) ~ (c) 多层织物;(d) 聚四氟乙烯涂层的涤纶微绒织物

3.5 织物组成及其对运动服装性能的影响

织物的性能和特性受织物组成的影响。影响织物热生理舒适度的主要有透气性、吸湿性、芯吸性和透气性等。纤维的亲水性也会影响水分的吸收和传输(芯吸)。以下部分介绍了一些最新发现以及天然和合成纤维混纺的商业示例。

3.5.1 织物组成在运动服装中的重要性

Troynikov 和 Wardiningsih(2011)研究了由不同比例的混合纤维(羊毛/聚酯纤维和羊毛/竹纤维)制成的针织面料的液体湿度管理性能,这些混合纤维用于基础运动服装。研究人员报告说,与 100% 羊毛和 100% 竹纤维相比,羊毛与涤纶或羊毛与竹纤维混纺织物的水分管理性能得到了改善。

通常,在服装中混合纤维可在耐用性和舒适性之间达到最佳平衡。Das 等人(2009)探讨了纤维混纺(聚酯/粘胶)对八种不同平纹织物水分流动的影响(改变聚酯/粘胶的混纺比)。测量了透气度,水蒸气透过率,回潮率,吸收能力以及水平和垂直芯吸。他们报告说,随着粘胶比例的增加,材料的吸收能力线性增加,这与回潮的效果相似。他们进一步补充说明,由于测试样品中的织物结构(遮盖系数,孔隙率)相似,因此吸湿率增加,并且恢复可归因于亲水性纤维量的增加。所有测试织物的透气性均相似,这正好证实织物的结构相似。也有报道称,在芯吸的情况下,由于毛细管流动,织物中一小部分的聚酯纤维(疏水性 - 纤维不与水分子的吸收基团结合)会增加垂直芯吸。在100%的粘胶织物中,这种织物本质上是亲水性的(与水具有良好的亲和力;当水分子接触到面料时,会与纤维分子中的吸水基团形成化学键),其排湿性较差。这是因为纤维在吸湿后膨胀,导致沿纤维表面或纤维之间的毛细流动受到抑制,这就减少了织物表面的水分流动。

这证实了以下事实:当纤维的亲水性比例增加时,织物能够更快速地从皮肤吸收水分。但是,它的亲水性会导致排汗能力差,这就导致了水分的积累,从而导致皮肤周围出现潮湿感。因此,对于流汗较多的运动服装来说,较高比例的聚酯纤维会芯吸水分,使穿着者保持干燥,少部分会促进皮肤的快速吸收(典型的织物成分为80%聚酯纤维和20%粘胶纤维)。

3.5.2 天然纤维及其对织物性能的影响

羊毛纤维以其保暖、舒适的手感和卓越的性能等优点被广泛应用于户外服装。Merino羊毛的一些优点包括皱纹恢复、防水、抗静电、耐用和弹性。Südwolle集团最近公布了由欧洲领先的纤维生产商ADVANSA提供的高性能纤维Thermo℃ool©。他们补充说,对于高强度的运动,穿着者可以从其采用Merino羊毛的双重调节纤维技术中受益。

Thermo℃ool与Merino羊毛的结合提供了轻便、透气、特别柔软的面料,并具有温暖、自然、豪华的感觉和良好的舒适性。ADVANSA美国电热是由智能纤维截面制成的。这种混纺的面料吸收的水分不如纯Merino羊毛那么多,非常适合有氧运动。ADVANSA Thermo℃ool与Merino羊毛的混纺适用于温暖和寒冷的环境,是分层服装,袜子和中层羊毛的理想选择。当汗液含量高时,羊毛纤维还可以提供自然的气味控制。与100%羊毛织物相比,织物(ADVANSAThermo℃ool)可以将皮肤上的水分排走并迅速干燥,从而使穿着者感到舒适。在激烈的活动中,ADVANSA Thermo℃ool能够比其他材料更快地蒸发水分,并增强空气流通,将能量集中在蒸发过程上。在活动量低的情况下,ADVANSA Thermo℃ool起到缓冲作用,可保护佩戴者免受外界温度变化的影响。这可以为穿着者提供运动后冷却的支持并允许多余的热量散发到空气中。

Thermo℃ool具有通道纤维横截面和中空纤维的混合物,可形成纤维间空间,从而使空气更好地流通,而通道细丝则将皮肤上的水分排走。改善后的透气性允许蒸气进入外部,防止凝结,凝结影响蒸发冷却,并避免多余的热量。

3.5.3 用于运动服装的合成纤维和智能纤维

Dyneema©(DSM)是一种具有超高分子量取向的聚乙烯纤维,具有很高的断裂强度,据报道,其强度是钢的15倍(按重量计算),抗切割,重量轻,抗撕裂。

图3.12显示,Dyneema的抗撕裂性是过胶尼龙(高强度尼龙)的8倍,是Kevlar(对位芳纶)的3倍。

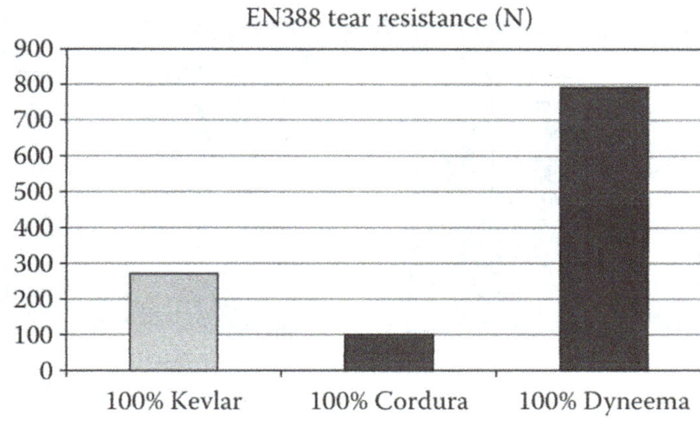

图 3.12　由 100% Dyneema 制成的织物的抗撕裂性

EN388,安全手套测试要求的欧洲标准

图 3.13 显示了 Kevlar 和 Dyneema 在不同摩擦周期下的耐磨性结果。与 Kevlar 相比,迪尼玛织物在 8000 次循环时织物表面变形较小,而 Kevlar 织物在 180 次循环时显示断线。图 3.14 中的插图显示 Dyneema 面料具有防水性。

最后,图 3.15 揭示了由 Dyneema 制成的织物具有更好的热传导性和舒适性,如果在织物中使用更高比例的 Dyneema,则有助于保持身体凉爽。因此,由 Dyneema 制成的织物是由一种合成纤维制成的高性能材料,具有抗撕裂,轻巧,耐磨,柔软和柔韧的特性。

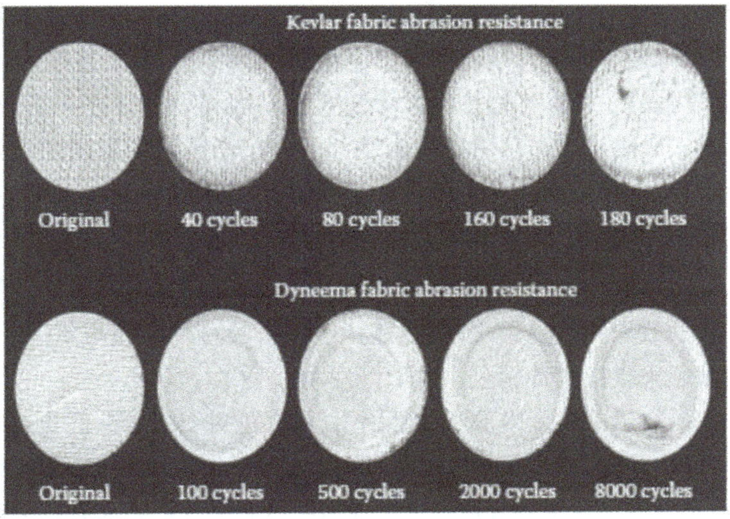

图 3.13　Dyneema 耐磨性

图 3.14　Dyneema 是疏水的

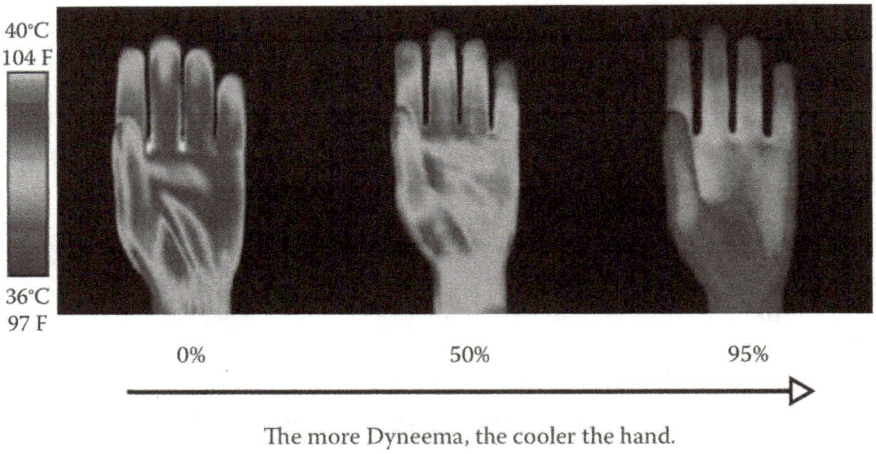

图 3.15 带有 Dyneema 的手套:高导热率

3.6 讨论

本章强调了织物特性在性能服装(尤其是运动服装)设计和开发中的重要性。

技术的最新发展影响了高性能纤维/织物的发展。性能服装的面料包括防水或透气面料、多层面料、针织面料、摇粒绒或拉绒针织面料,智能面料和环保耐磨的工作服面料。在使用和制造的过程中,织物的性能各不相同。应该注意的是,从用户的角度来看,使用高性能服装有很多要求,并且不可能包含所有的需求。在这种情况下,本章重点介绍了除所需参数外,还应满足的基本参数。选择了在英国广泛开展的运动,并提出了各种必要的和可取的性能。案例研究还揭示了骑行服装的多维性和功能性。正如英敏特集团的报告所强调的,在过去的几年中,参与体育运动的成年人数量有所增加,运动服装的市场趋势正在上升。参与人数增加的背后原因有很多,但其中许多是因为健康益处。例如,英格兰体育协会(Sport England)指出,经常运动的成年人罹患慢性疾病(如心脏病、糖尿病或肌肉骨骼疾病)的风险较低。人们最喜欢的五大运动项目是游泳、跑步、足球、骑自行车和高尔夫。这些运动大多数都需要特定的服装来支持其性能。

通过证据和案例突出了许多内部和外部因素,以促进对织物参数的更好理解,并介绍了纤维类型,混纺,纤度,纱线质量,织物密度,厚度和结构等内部因素。需要强调的是,在羊毛混纺针织物中,较紧的针织物不太舒适。由合成微纤维制成的织物非常适合运动服装,因为它们具有出色的透湿性,芯吸性和尺寸稳定性。此外,超细纤维织物具有优良的织物手感,非常柔软。细丝的细度影响了芯吸和湿气传输。在机织织物的情况下,纱线密度(纬线)的增加会增加织物的刚度,并且织物不光滑。织物刚度随着纱线细度的增加而降低,还强调了用竹纱制成的织物的热导率低。含竹纤维的针织物的透气性明显优于棉纤维的针织物。因此,可以推断,织物结构影响其性能,特别是在与湿气和/或热相关的舒适性方面。

同时,强调了各种外部因素,包括暴露于严寒条件下、连续日光下以及在潮湿和干燥状态下的性能测量。当暴露于寒冷条件下时,织物的性能会有所不同,尤其是热湿感觉。还介绍了具有 TiO_2 纳米涂层的耐用织物,该织物具有自清洁能力并具有防紫外线功能,适用于高性能户外服装,例如,用于登山或越野自行车的服装。有趣的是,在潮湿和干燥状态下的舒适度测量也有所不同。在湿润状态下,织物孔隙率降低,导致透气性降低。在防紫外线,防水和隔热方面也提出了许多商业示例。

在功能性服装(尤其是运动服装)的设计和开发过程中,应考虑织物和人体相互作用的影响。研究表明,服装应该能吸收汗水(特别是从中部和后背),将水分从皮肤上吸走,使水分蒸发,防止身体散发过多的热量,避免冷凝。水分和身体热量的积聚,可在皮肤和衣服之间提供最佳的微气候,最重要的是,为穿着者提供触觉舒适。还强调了织物特性影响穿着者的心理健康和触觉。这些织物特性对于选择合适的面料至关重要,要考虑到纤维混纺、质量、纱线结构、织物密度、织物结构和复合或涂层技术,以优化穿着者的温度调节舒适度。

文中还介绍了各种织物结构在运动服装中的应用,并附有商业示例和插图。诸如 PCM、仿生材料、微孔涂层和膜之类的材料在对专业服装感兴趣的人中越来越受欢迎。纤维混纺织物成分的组成也会影响舒适性,例如回潮率,透气性和吸汗性。织物吸湿率受亲水纤维与疏水纤维混合的比例的影响。据报道,诸如 Merino 羊毛之类的天然纤维具有适合运动服装的性能。纯 Merino 羊毛已与各种纤维横截面混合在一起,可调节吸收、排汗、空气流通和保温,并提高其舒适度。插图还重点介绍了具有超高分子定向性能和优异性能(高断裂强度,轻质,耐磨性,抗撕裂性)的合成纤维,并介绍了它们的应用。

3.7 总结和结论

织物特性指的是一种材料为特定用途所需具备的各项要求。面料知识对性能服装的选择、设计和开发至关重要,本章通过案例和插图突出介绍面料知识。织物的特性和特征因其质地、图案、设计和结构而异。与织物相关的知识对于那些从事纺织品设计、服装制造、时装设计、产品开发、时装采购、销售、质量控制、织物供销的人员而言非常重要,所以它也成为一种独特的卖点,用于营销和推广新技术的各种主张。服装制造涉及多种工序,例如,在缝制时,必须进行各种设置以防止接缝变形或起皱。织物特性也会影响织物的裁切、层叠和在处理细旦或超细纤维织物时产生的滑移。了解织物的性能和特征将使设计师设计出既符合特定目的又具有所需美学的服装。

因此,如果公司/设计师更喜欢设计基础层服装,则面料的选择将基于本章重点介绍的一些因素:内部和外部因素、织物结构、纤维混纺比率、织物组成、以及服装和皮肤之间的相互作用。典型的织物选择是轻便的,由超细纤维制成,纱线质量统一,该织物具有从皮肤上吸走水分、允许空气透过的能力,同时,可防止身体多余热量散失。但是,对于户外服装,织物的选择是重量级的,有涂层的或层状的或多层的机织/针织织物(有时是缝的)和可能的 PCM,后者具有抗风,防水和防潮的能力。同时,允许湿气的蒸汽传播。此外,设计师还应该评估在动态条件(跑步,步行)和气候条件(风/极冷/暖)下织物与皮肤之间的相互作用,以验证其适用性。因此,设计师必须对本章所强调的面料的性能和特性有更广泛的了解,这样才能生产出理想的功能性服装。

04 高性能服装面料

4.1 介绍

本章旨在概述机织结构和针织结构的区别及其在运动服装中的应用。此外，本章还将向读者提供基本的术语和结构细节及其相关属性，以一些知名运动品牌为例，进一步说明机织结构和针织结构的应用。关于Speedo©的案例研究解释了泳衣的发展以及奥运会游泳运动员 Michael Phelps 所穿的最具创新性和争议性的泳衣。最后，本章将继续讨论高性能织物在纤维和织物开发领域的未来发展。

4.2 织物面料及其在功能服装中的应用

织物的构造方法有很多种，一般而言，织物可分为三种基本结构：机织、针织和非织造。每种结构都有其自身的特点和不足，需要仔细选择，以确保使用者最终能获得织物的最佳性能。在运动和高性能服装领域，机织物在早期的发展中占主导地位，因为所用的纱线是天然的，因此，纱线的支数相对较粗。丝绸、棉织品和羊毛制品都很受欢迎，因为它们在不同程度上都提供了保护性和性能特征以及理想的触觉特性。然而，它们并非没有缺点，许多局限性也是显而易见的。因为天然纤维容易吸收水分，导致衣服迅速下垂和变形，因此，泳衣的生产尤其困难。

在第二次世界大战前后，合成纤维已经发展到可以进入大众市场的程度。由于大多数合成纤维具有相对较高的耐用性和较低的成本，使其对消费者而言成为一个有吸引力的选择。尽管大多数广泛使用的合成纤维由于其透气性和手感较差而在运动服装中缺乏吸引力，但有一种人造纤维对运动服装面料产生了重大影响。因其新发现的弹性特性，Lycra©的诞生彻底改变了机织面料，也见证了机织贴身服装新时代的曙光。到 1972 年慕尼黑奥运会时，泳装的开发已采用含莱卡的针织面料，这在整个运动服装行业中引发了一种广泛使用弹性增强针织面料的趋势。

随着技术的发展和合成纤维市场的日益发达，生产极细合成纤维的能力促进了针织技术的进步。随着合成纤维在提高舒适性方面的进步，针织面料成为许多运动服装应用的热门选择。针织被认为是继机织和非织造结构之后的第三大织物结构。近年来，随着织物制造技术的进步，以及创新纱线和纤维的使用，人们的兴趣重新集中在机织物上，运动服装市场也正在探索许多新的应用。

4.3 面料基本结构及其对运动服装性能的影响

4.3.1 常规机织结构

传统的机织物是由两组纱线以直角交织在一起形成薄片结构，从而构成：经纱（垂直）组和纬纱（水平）组。纱线交织的规律性决定了术语的命名法则，并影响了织物的一些基本特性。最基本的机织结构是平纹组织，包括交替经纱和交织纬纱，如图 4.1 所示。

图 4.1　平纹针织结构

这种结构虽然是最基本的，但由于其相对较低的成本、较高的生产速度和易于制造以及其多功能性，成了服装中最常见的编织结构。平纹织物的衍生物斜纹织物和缎纹织物在服装中也有应用，用于赋予织物丝光处理和织物耐用性（斜纹）和悬垂性（缎纹）等特殊性能。可以认为，机织物结构本身不必为了实现织物的高性能而变得复杂。通过巧妙地选择纤维、纱线和整理技术，就可以将采用基本编织结构制成的织物最终设计成具有多种用途的产品。Ventile 防水面料因其能保护人的身体免受风和湿气的影响而闻名，是最早的平纹机织物。这种织物拥有 100% 长、短纤维棉，密集编织篮子编织结构（平纹织物的一个版本）。当它与水接触时，其棉纤维膨胀，将编织结构中的所有缝隙闭合到一定程度，以使得液体渗透到皮肤所需要相对较高的压力。这便赋予了织物一定程度的防水性，且无须任何化学操作。这些间隙仍然足以让水蒸气从身体表面进入到外部环境，从而使身体可以“呼吸”并感到舒适。

斜纹和缎纹等机织结构已被开发用于特定的运动服装应用。例如，赛车服装由碳纤维、聚酯纤维和棉纤维混合而成。然而，研究表明，组织结构的选择比纤维的选择更为重要。在这种情况下，碳纤维和优异的耐热性比起编织结构更具备所需要的特殊性能。

同样，就高性能泳衣而言，组织结构的重要性居于次位，因为研究发现高比例的弹性纤维可以改变身体的形状，而不是编织结构本身。

4.4　常规针织结构

体育发展包括通过研究人体运动学和工程服装来提升运动员的表现。纺织业依靠创新纤维和织物面料技术，现已支持开发功能服装来提高运动员的表现水平。早期的奢侈品牌是想采用针织结构打造紧身衣。20 世纪 80 年代初期，针织品被引入运动服装市场，已生产的许多织物有助于提升运动服装市场上服装的功能特性，它们均使用高质量的纤维，纱线和复杂的结构。近年来，尽管许多精心设计的服装都选择了针织结构，但针织结构和机织结构还是出现在同一件衣服上。

4.4.1　针织物的分类

机织物可定义为通过纱线交织形成的结构织物，而针织物与机织物不同，它是由纱线交织而成的织物。圆形和平板针织机使用针将纱线扭曲成环，然后相互交错以形成针织结构。

由于相对的不稳定性，针织结构曾一度被认为不如机织物。然而，纱线和机器技术的革新使针织材料在某些情况下具有远远超过机织结构所提供的性能。当今全球市场上的许多品牌由于针织先进的性能而采用针织结构。针织面料在运动服装应用中的兴起和普及为休闲活动和极限运动提供了便利。针织物分为经编和纬编两大类，由一根纱线或多根纱线沿纬纱或经纱的方向编织而成。

4.4.1.1 纬编

这种编织形式通常与手工编织有关。纬编是一种用一根纱线排成一排线圈的方法。如图 4.2 所示，将交织纱线水平输送，形成一排排的线圈。纬编结构可以使用多根纱线来创作复杂的图案。一般来说，纬编针织物的特性是柔软且柔韧，并且具有良好的手感和悬垂性。这种材料往往会在解开的过程中逐渐散开，且弹性极强。纬编针织布料一般会用在袜子、T恤衫、毛衣、开衫和外衣上，所生产的大多数材料都是管状的。

(a) (b)

图 4.2 纬编组织结构

(a)正面；(b)反面

4.4.1.2 经编

在经编过程中，纱线附着在机器的顶部，垂直运行以在纵向上形成针织环，从而将纱线交织成一列圈。在每种经编结构中，线圈的形成和性能有很大的不同。经编材料的弹性很小，也不太容易散开。经编结构比纬编结构更牢固、更稳定。这种结构的最终用途是技术应用、运动服装和内衣。大多数经编材料都是扁平或宽幅形式的。

4.4.2 经纬编织物的性能

针织物经纬结构的性能很大程度上取决于纤维、纱线类型和结构细节。由于纬编结构中线圈的流动性，它们的热性能十分优越。许多服装，特别是运动服装，要求织物能自由弯曲和伸展。这些都是需要通过构造细节实现的。(见表 4.1,4.2)

表 4.1　纬编的结构及其应用

由于纬编其不稳定的结构使它们的外观受到限制，并且在不恰当洗涤和存放的情况下会下垂，但是它提供了足够的运动性和柔韧性。基本的纬编结构有纬平针织、罗纹针织、双反面针织和双罗纹针织。这些结构构成了如今服装市场上的诸多面料	
纬编结构	特性及应用
纬平针织	纬平针织物是最经济的织物生产结构。这些结构可以制成由轻到重的织物。这种结构使得织物能够横向和纵向拉伸（横向拉伸更为明显），并具有良好的悬垂性。在运动服装中，这种结构通常与马球衫、短裤、裙子和夹克联系在一起
罗纹针织	这种织物的构造细节十分复杂，因此其生产速度要比平纹单面针织物慢。该织物的特性包括弹性和延展性（在横向上相当大），这些都是时装的重要特征。在运动服装中，这种结构通常与衣领、袖口、领口、短裤和袜子相联系
双反面针织	由于它们需要耗费更多的生产时间，双反面针织物被认为是基本针织物制造中最昂贵的。双反面针织物具有良好的拉伸性能，然而，由于弹性较好，这种织物很容易变形。同时这种织物很有装饰性，也被大量用于童装
双罗纹针织	这是一种具有有限的横向拉伸的稳定织物结构。如今，这种结构已很少用于时尚服装，但它已经在技术纺织品中占据一席之地。这种结构也用于运动服装、短裤和上衣

表 4.2　经编的结构及其应用

特里科特经编机和拉赛尔机是纺织工业中两种大量生产经编结构布料的针织机。如表所示，许多织物与这两台机器相对应。特里科特经编机与平面紧密结构有关，而拉赛尔机则适合开放式、提花和花式结构编织	
经编结构	特性及应用
特里科特针织品	由特里科特经编机编织出的面料占经编结构面料的绝大部分。这些结构必须使用高质量、均匀的长丝纱线来制造。这种结构的特性是重量和外观相统一，外观表现为一种紧密编织的结构。特里科特面料的弹性很小
拉赛尔针织品	拉赛尔织物与特里科特织物相似，但拉赛尔织物支持多种图案和纹理设计。这种结构允许使用粗纱，并形成开放式结构

注：在运动服装中，这些结构通常与运动服装、运动服装（无缝）、运动鞋、泳衣、内衣和紧身衣相联系。

由于针织结构具有出色的弹性、舒适性和吸收能力，经编结构通常比纬编的结构更稳定。但是，由于在洗涤过程中施加的机械应力会使织物变形，纬编结构经常遇到尺寸稳定性问题。相反地，在织物表面使用涂饰剂可以最大限度地减少这种现象。表 4.1 和表 4.2 解释了针织结构。

4.5　机织品与针织品的比较——案例研究：Speedo 的故事

Speedo 是一家游泳服装制造商和经销商，总部位于英国诺丁汉。这家公司一直是泳装行业强有力的创新者，并赞助了多支国家游泳队。它在泳装方面的创新始于 1932 年，专注于服装设计，推出了 Arne Borg 的工字背心泳衣。

Speedo 成为泳衣的代名词，新面料开发减少了阻力和湍流，并引入了连体泳衣。曾经的泳衣只遮住了身体很少一部分；现在的泳衣已经覆盖了整个身体。Speedo 创造了最激动人心的泳衣之一，被称为 Speedo 速游系列，旨在通过减少水中摩擦阻力的影响来提高游泳者的比赛表现。速游系列“基于鲨鱼皮设计”的面料是与 Fiona Fairhurs（前竞速游泳运动员）合作开发的，是一种针织基础结构，具有模仿鲨鱼皮的设计，可提高穿着者在水中的速度。它被称为“世界上最快的泳衣”，如图 4.3 所示。速游系列产品很成功，并见证了穿着者在比赛时间上的突破。该系列被认为是一款超轻的泳衣。Michael Phelps 就是穿着这件泳衣打破了自己的 200 米蝶泳世界纪录。同时，Speedo 开发团队也意识到，他们仍有继续改进的空间。

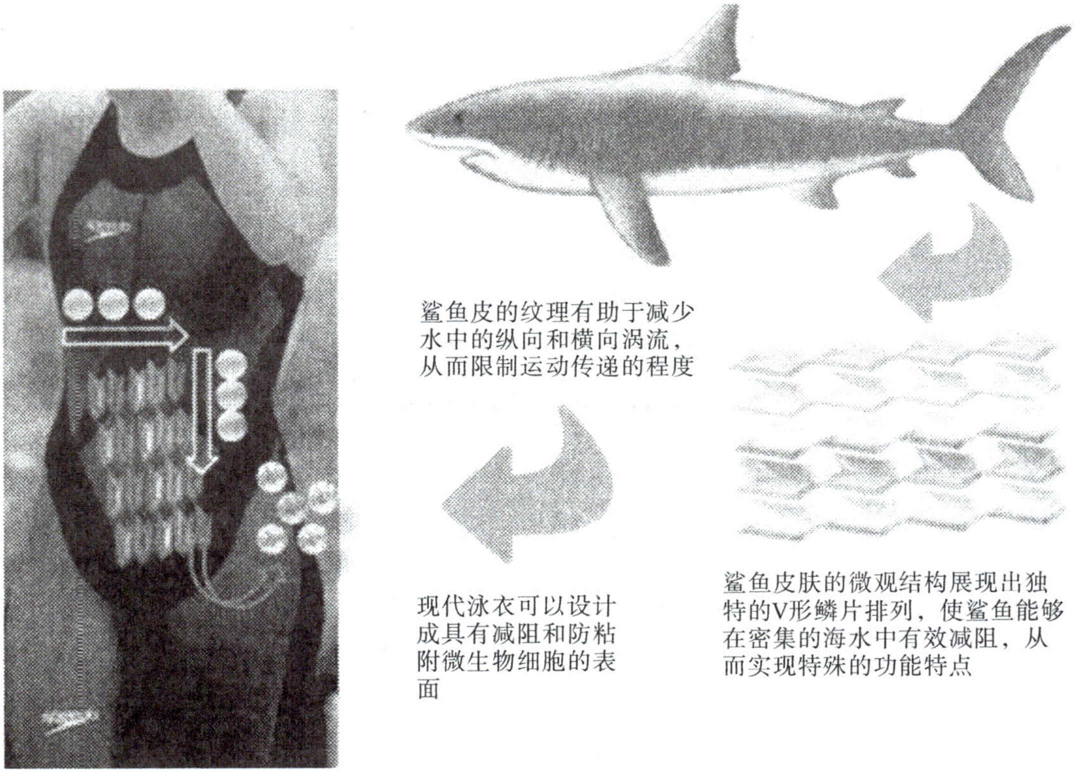

图 4.3　鲨鱼皮泳衣设计

机织面料“LZR Pulse”是 2008 年推出的一项创新产品。Speedo 称其为“世界上最轻的机织游泳面料。这种织物是一种密织的微纤维尼龙/弹性纤维混合物。它包含双向拉伸的功能，具有很高的压缩性，压缩区域集中在衣服的关键点，用来改变身体形态，并在水中形成流线型的形状。此外，织物采用纳米技术处理，用来提高其拒水性/吸水性，其增强的耐氯性意味着任何压缩或强度等性能的降解都会保持在最低限度。

有一些巧妙的服装工程技术，如黏合接缝和布料按照身体轮廓贴合，进一步提升了降低水阻的能力。但是，游泳者报告称这种泳衣的一个主要“缺点”是，由于合身的松紧度，穿衣时间需 20 分钟。在比赛中穿着 Speedo LZR Pulse 面料套装的游泳运动员共打破了 46 项世界纪录，在北京奥运会上，94% 的游泳比赛获奖是由穿着该面料制成的泳衣的选手赢得的。

这导致国际泳联(FINA)对“提高性能”的泳衣实施了一项具有争议的国际禁令。

4.6 织物结构在运动服装中的应用

现代运动服装兴起于20世纪80年代。在体育活动中,一种单一的纤维或简单的纤维/织物涂层可以为许多服装提供功能特性。随着时间的推移,创新纤维和复杂的结构使得各种各样的性能都能融入衣服中。由于人们对弹性、抗皱、贴身服装的需求增加,针织物在运动服装中的应用也越来越广泛。数字技术进步的同时,也为创造高效、实用的创新模式打开了市场。随着人们生活水平的提高,人们更注重健康,休闲活动也有所增加。将舒适性和健康效益结合在一起的多功能服装需求也正在增加。

在任何体育活动中,为达到最佳水平需要考虑许多因素。决定一项运动比赛的成败有三个主要因素:(1)运动员的能力;(2)设备和设施;(3)服装设计。根据 Feng 和 Liu(2012)和 Onofrei 等(2011),功能性服装最重要的特点是创造一个贴近皮肤的稳定微气候,用来支持人体在任何物理环境中的体温调节系统。触(手)感和美感(外观)被认为是服装的重要品质。了解纤维的性能及其对织物的影响是服装的基础。基于这些特点,通常首选针织面料。

一些著名的服装设计通过融合科学与技术,创造出了功能性运动服装。复杂结构与材料相互结合,满足了运动服装设计和性能的要求。这些特性的结构细节和布局使得体育用品公司专注于身体的不同方位。Nike(2013)推出了一系列经编服装,在其运动服装内可以提供透气和冷却区域。研究团队绘制了女性的透气区域分布图。生成的数据通过设计经纱网格结构将加热区域应用到了躯干的某些部位。

X-BIONIC©是另一家运动服装公司,其致力于将自然因素融入其最具创新性和功能性的服装系列中。在过去的12年里,X-BIONIC 彻底改变了功能性服装,制造的大多数服装都使用复杂的经编结构来控制肌肉,支撑组织,并产生局部压缩。例如,这些紧密编织的经纱结构的复杂映射沿着脊椎向大脑发送信号,使身体通过排汗实现降温。虽然这被认为是服装行业的一项突破性创新,但很少有研究或出版的文献来证实有关这种服装的说法。在运动服装中,机织结构被认为是“外壳”或保护性织物,而不是直接与皮肤接触的织物。事实证明,机织物在防风防雨方面特别有用,同时拥有透气性,可以提高穿着者的舒适度。然而,促使技术进步的是纤维、纱线和整理剂的发展,而不是机织结构本身。微纤维机织物通常用作体育活动中的“软壳”。“壳”是构成衣服最外层的面料,而“柔软”则归因于超细纤维织物的触感。微纤维的发展使得致密织物结构的原理得以进一步探索。英威达(2013)等公司的发展就是典型的例子:Coolmax ©是一种超细纤维聚酯,其横截面为“凹槽”,可让水汽从体表流走。THERMOLITE ©是另一种基于聚酯的超细纤维,具有中空横截面,可赋予机织结构隔热性能。微纤维本身触感舒适,而聚酯纤维赋予织物强度和耐用性。此外,细丝的细度使织物结构更加紧密,能够在不影响手感或透气性的情况下提供防风等性能。

4.7 机织物和针织物的未来发展

将机织和针织面料都集成到运动服装中,可提高服装的耐磨性、功能和设计美感。纺织工业一直在寻求改进服装的方法,以提高性能水平。通过将材料工程和服装相结合,科学帮助运动员的生理和生理健康。机织和针织面料的未来发展通常取决于其最基本的元素——纤维,然后再进一步发展为更复杂的复合材料。

4.7.1 织物中的纳米技术

运动服装的发展是研究和了解其核心材料——纤维。纤维的变化基于其尺寸(细度/长度)、形状和结构来增加运动市场所需的包括抗菌、调湿、舒适、透气、柔软和耐用等功能特性的要求,从而实现智能功能设计。根据 Nanostart(2013)的研究,纳米技术为可持续能源的新时代带来变革性变化。在分子水平(1 ~100 nm)下进行工程设计,对织物进行处理使其能防灰尘和油污。纳米技术正通过减少施加在身体上的压力或改善舒适度而更多地融入运动服装中。它可以通过制造一道屏障来防止灰尘、污垢和化学侵蚀,从而改善纺织品的性能。同时该技术在医疗和防护服领域也有应用。纳米增强材料已通过加入银离子来抑制细菌的生长和减少气味。最新颖的纳米技术纺织品之一是奥运会游泳运动员迈克尔菲尔普斯所穿的鲨鱼皮泳衣。这件泳衣包括一层纳米等离子体层,它能显著排斥水分子,增强游泳者在水中的滑行能力。最新一代的滑雪、水上活动和高尔夫运动服装中也加入了经过纳米优化的粒子。

4.7.2 织物发展

织物结构的变化可以改变编织的结构,可以采取复杂的编织结构形式,以实现在三维和间隔织物中更复杂的技术结构。三维编织被视为机织物结构发展的下一个重要步骤。三维编织可定义为"一种织物,其组成的纱线应以三个相互垂直的平面关系排列"。这可以被认为是各种结构中的任何一种,但人们普遍认为,这种结构不是通常与服装编织材料有关的"扁平"平面类型。

三维机织结构具有显著的"深度",实际它为织物增加了一种立体感。另一种可视化三维编织结构的方法是预制形状。这项技术主要用于高度工程化的功能,如空气箔、风扇叶片、甚至是汽车制造,它还用于弹道防护和防弹衣(图 4.4)。

许多运动服装产品的来源都与强大的工程背景有关,如汽车或航空工业。SpeedoLZR Pulse 材料的织物使用了汽车开发中更常见的技术来评估流体的摩擦阻力。因此,我们可以合理地认定三维面料在运动服装市场上具有足够的潜力。通过使用三维织物对弹道防护进行深入的探索,使得这很容易转化为防护用具,例如板球护腿板、自行车头盔或美式橄榄球使用的防护衣。Chen(2013)的报告中说,随着轻便高尔夫球杆的发展,甚至运动器材也使用三维机织面料进行探索。

图 4.4 经编军用网眼布

据谢 Sheikhzadeh 等(2010),间隔织物可以描述为由两层单丝纱线连接在一起的针织物。这种织物也可以称为三明治,第三层夹在另外两层之间。中间层的独特特征为采用管状、褶皱等设计形式。内置的口袋可以让这些区域形成空气层,起到保温和调节温度的作用。在运动服装行业,经纬面间隔织物可用于功能性服装、运动鞋、护肩和护膝、护肘。图4.5 所示为 Mayer & Cie 公司制造的间隔织物,这是一种非常稳定的双层针织物结构,已在鞋类制造中得到了应用。

图 4.5　经编间隔织物

"研究自然创造的新科学已经模仿或从这些设计中获得了灵感来解决人类问题"。仿生学是一门利用自然界来解决人类问题,创造创新产品的科学。通过观察大自然,我们可以在运动服装的设计中模仿其他生物。一个著名的例子,维可牢尼龙搭扣(维克罗)——灵感来自刺果的仿生例子。湿度控制在运动服装市场中极为重要。衣服上通风口的打开和关闭就模仿了松果的模式。耐克推出了融入松果效应的服装,就像 Maria Sharapova 和 Roger Federer wore 在 2006 年美国网球公开赛上所穿的那样。

复合织物使用不同纤维的组合或将不同织物的结构组合在一件衣服上。羊毛织物是高性能面料的领导者。许多服装涵盖两层蜂窝结构,每层都由天然纤维和合成纤维组成。干羊毛是 Cloverbrook 的最新开发面料之一,它结合了 Merino 羊毛和合成纤维,使身体干燥舒适。

4.8　总结

早期的运动服装主要是用天然纤维织成的具有一定性能的服装,如丝绸、棉花和羊毛。随着合成纤维的发展,使用针织技术的运动服装应运而生。舒适性的提高使针织成为一种流行的编织方法。然而,人们的兴趣已重新回到机织织物上,并且使用这两种结构,许多运动服装都提高了原有性能。

运动服装不仅要考虑运动员,还要考虑环境和体育活动。因此,机织和针织面料在该领域的应用效果很好。机织材料被分类为以直角交织的纱线,基本结构包括平纹、斜纹和缎纹。每种织物都有自己的优点和缺点。最新一代的高级服装采用先进的针织结构,能够控制肌肉组织和压缩,从而增加氧气和血液流量,并带来舒适感。与机织物类似,针织物在经纬方向也有基本结构。许多织物都经编而成,经过巧妙的设计,将不同程度的张力结合在一起,以提高运动员的最佳表现水平。市场上一些知名的运动服装设计来自领先的运动服装品牌,例如 Nike,Speedo 和 X - BIONIC。

技术和科学的发展使纤维和织物得到了进一步的发展,在纤维和织物中,自然因素的结合或复杂结构的结合使运动员的表现达到了最佳水平。机织和针织的结构既有优点也有它们的局限性,但将两者结合在一件衣服上,便成为运动服装行业最成功和最具创新性的成果:速游系列鲨鱼皮泳衣。未来体育发展的方向是设计出既能提高性能又能保持美观的服装。

05 复合面料在生产功能性服装上的应用

5.1 介绍

复合面料包含两种或更多种材料,这些材料结合在一起产生一种具有全新特性的结构。复合织物是由纺织品基料、高强度树脂、一种稳定填料和化学添加剂组成,这种结构使得复合织物功能特性可以得到补充或改善。将具备不同力学属性的材料组合在一起,可以达到最佳性能的效果。复合面料是使用涂层和层压的方法加工而成,例如表面涂层、浸渍工艺和层压法等。复合面料、层压面料和涂层面料被广泛运用于各种功能性和防护性服装中,人们通常把其简称为“产业用纺织品”。防护服装包括军用服装、个人防护设备(PPE)、个人防护系统(PPS)和运动服装,防护服装在产业用纺织品市场中占有很大的份额。

5.1.1 层压板和涂料

1976年,由聚四氟乙烯(PTFE)制作而成的一种微孔聚合物薄膜(GORE-TEX©)被引入市场,这是防水透气服装的一次重要发展。这个微孔薄膜可以作为阻隔水滴(雨水)的屏障,同时允许水蒸气通过薄膜进行扩散。为了生产出高性能材料,GORE-TEX膜既被用于两层结构(织物黏结织物的一侧),也被用于三层结构(织物黏结膜的两侧)。

由聚四氟乙烯层压板制成的微孔复合面料在户外服装市场上占有较大的份额。聚四氟乙烯层压板既可以防止雨水渗透织物,又允许水分由内向外转移。除了GORE-TEX膜之外,微孔型涂料(涂层织物)和亲水性膜(层压织物)也具有类似的功能。

根据Shishoo(2002)的研究,多功能涂层和层压织物的发展催生出新型创新(智能)纺织品,该纺织品可用于制作防护服,并且具有防水、透气、隔热和抗静电的功能,这些性能可以运用在消防服和军用服装中。舍勒纺织公司(Schoeller© Textiles)开发了纳米微囊,它可以使水和油从织物表面流出,并防止染色。纳米微囊是一种磨毛技术,模仿植物的自我清洁和拒水性,使得污垢无法黏附在织物的精细结构表面上。

5.1.2 微型胶囊

热舒适性对于飞行人员和登山者来说非常重要。户外服装和运动服装中所使用的相变材料(PCM)最初是由奥莱科技公司(Outlast© Technologies)为美国国家航空和宇宙航行局(NASA)开发的,将可以从固态变为液态的相变材料进行微囊化,并将其永久封装在聚合物壳中,可以将其涂覆到织物上或掺入聚氨酯泡沫体。当环境温度高于相变温度时,微胶囊化的相变材料吸收并储存热量;当环境温度低于相变材料时,材料释放储存的能量,以调节人体的微气候。相变材料适合运用于运动服装和工作服中,例如,人们在强体力活动后,从产生热量的体力消耗状态转变为休息状态,这会导致体温急速下降。运动服装使用到的其他微胶囊化材料包括抗菌、保湿和除臭化学品、香料和香薰油。此外,纳米复合材料的抗污性能也被大规模应用在运动服装和工作服上。微胶囊材料,如PCMs,该技术起初是用于宇航服设计中,现在也广泛运用于军用服装中。

5.2 复合面料的应用

5.2.1 弊害和生存所需要的复合面料

“防护服是指用来保护穿戴者的身体免受损伤甚至死亡的服装。”生存所需的技术纺织品的应用涉及生理保护，服装范围从各种复杂的军用服装到工作服，例如个人防护设备(PPE)，其中可能包括火焰、化学和生物防护。防护服可能让人感觉不舒服，体积大且笨重，甚至使人行动不便；然而，随着新复合材料的发展，这些问题已经明显改善，复合材料的开发使设计人员和产品开发人员能够满足消费者的各项需求，又能使用户感到舒适。穿着防护服的人可能有抵御极端和恶劣环境(冷热)、污染物、物理危害的需求，所以设计者必须保证原材料既能起到防护作用又让人感到舒适。

危害通常分为化学性危害、生物性危害、物理性危害/机械性危害、放射性危害和高温危害。这些危害分类是用于确立国家及国际标准以及相关性能规范。挑选符合要求的纺织品，对于使用和保养防护服和救生服都起到重要作用。人们对工作环境和功能要求以及对纺织品的了解，既有利于急救人员成功开发个人防护设备，对于应对服装的化学、生物、放射性、核和爆炸(CBRNE)的危害也起到了关键作用。

5.2.2 化学和生物防护

根据 Shaw(2005)提出的观点，用于化学保护的纺织品可以是机织或非织造，复合膜、涂覆、黏合或复合塑料薄膜或橡胶的。为了降低穿着者的风险，选择对化学污染物具有抵抗力的材料，来避免皮肤接触化学污染物。近年来，健康行业对于可以阻隔血液病原体(艾滋病毒和乙型肝炎)材料的需求有所增加。起防护作用的阻隔材料包括层压无纺布和层压在无纺布上的微孔聚四氟乙烯(PTFE)薄膜。

5.2.3 物理和机械防护

物理和机械危害包括刺伤、弹伤和磨损。防刺材料需要致密的结构，才可以抵抗锋利物体的刺穿。或者，可以将硬质颗粒的保护涂层(碳化硅)添加到织物中。这些硬质颗粒的目的是钝化锋利的物体，从而增加材料的抗穿透性。防磨损技术的最新进展包括圆状强酸树脂，把它们粘结在织物或衣服的外表面即可。X – BIONIC© 生产了用于公路赛车的服装，“Black Diamond”自行车公路赛车服以碳化硼为基料使用了相似技术。

防弹背心由多层织物组成；然而，一些服装利用复合板来减少体积。复合板的设计可扩大撞击区域并减少软组织损伤。复合材料板虽然能对穿着者起到保护作用，但却具有刚性且不可渗透，可能会影响穿着者的热负荷和舒适度。

5.2.4 火焰和高温防护

制作热防护服的材料需要具备阻燃性能。此外，也使用了多层结构，每一层都可以满足特定的要求。目前美国的消防员服装由三层层压而成：分别为芳纶外层，氯丁橡胶涂层芳纶的阻隔中间层或层压在尼龙上的 GORE – TEX 膜和隔热层。尽管事实证明分层服装能够起到一定作用，但防渗膜可能变质的情况引人担忧，而穿戴者则需要承担这样的风险。为了保护穿戴者的安全，保护层的耐用性显得至关重要，因为它可能影响产品的最终性能。军事和消防部门目前使用 FR 芳族聚酰胺或芳纶/ FR 粘胶混纺纱，因为它们既坚固又耐用，同时又具有防护服必需的阻燃性能。Shishoo(2002)认为，可以将不同纤维的特质结合在一起，例如利用高强度的对位芳纶和具备阻燃和耐热性的间位芳纶，从而制成极具抗压强度和耐高温性的防护服，该防护服可用于消防和军事。

5.2.5 高能见度

纺织涂料在个人防护设备上的其他应用,其中包括高能见度材料。两种类型的高能见度材料可以通过纺织品涂层来生产,或者将颜料掺入作为涂层应用的树脂中,或者使用预先准备的含有颜料的薄膜,层压在织物上。第三种类型是通过反射微棱镜产生的高能见度,反射微棱镜在薄膜中汇聚以反射光线。为了增强道路的安全性,减少事故的发生,紧急服务和急救人员、运动员和妇女等人身上的外套通常使用像 Scotchlite©一样的反光材料。

5.2.6 户外服装和运动服装

户外服装的复合面料需要考虑各种因素,其中最主要的是刮风和降水,因此有必要考虑穿戴者的热生理舒适性。运动服装中使用的复合面料应结合其性能特征来预防撞击等事故的发生。运动服装常用的复合纺织品是氯丁橡胶,其主要用于潜水服的制作。

5.3 人体对复合面料的生理反应和功能性需求

身体在运动过程中产生的热量与消耗的氧气大致相同。这是因为在肌肉收缩期间将化学能转化为机械能是一个低效的过程。即使在最佳条件下转换,也会有 75% 的能量以热量的形式释放出来,导致运动者体温开始上升。作为响应,大脑的下丘脑区域使血液改变方向流向皮肤,在那里热量可以通过传导、对流和辐射传递到周围环境。但是,这需要有适宜的热梯度和对流的存在,而衣服则可以抑制这些对流的传递。因此,人类热交换的主要方式是排汗。

蒸发是分子从液态变为气态的过程。这个过程需要热量来提高分子的动能并破坏连接它们的键。汗液汽化的潜热是从身体表面吸收的,可以起到明显降温的效果。低相对湿度和对流电流加速了蒸气从皮肤扩散的过程。因此,外套必须具备高气压和水蒸气渗透性。如果织物或设计忽略这点,汗水和水蒸气可能会在下面的衣服层中积聚,并会因为局部相对湿度的增加而限制了蒸发能力。热量和湿气堆积会给人造成不适,如闷热等。

衣物下摆的水分会取代衣物中可以起到隔热作用的空气。热量沿着水流从皮肤传导出去,这会降低热阻。因此,保温层热量的净减损与积水量有关。所以,外衣还必须防止雨雪进入衣服,保温效果也会因风力而减弱。热量被传导到较冷的空气中,并通过气体流动从身体转移出去。较低的空气温度和较高的风速会加剧对流冷却的速率。因此,衣服外层必须提供一个抵御风寒屏障。

5.4 复合面料在生产功能性外衣上的应用

复合面料经过精心设计,可保护衣物免受雨水和风的侵袭,同时允许汗液蒸发中的水蒸气扩散到外部环境中。过去的外套通常是平纹组织密纺织物,由纱线加工制成。由于现代复合材料改善了耐水性、可呼吸性、密度、重量、耐用性和通用性,因此几乎已经在市场上取代了原来的织物。

复合面料已经成为制作外套的主要材料,一件外套具备多种功能特征。对于户外运动而言,衣服能够防风保暖同时还能保持舒适感是至关重要的。最近市场研究表明,客户会为他们投资的运动项目设计专门的衣服,并准备在面料的创新上投入更多资金,提高衣服的舒适性和性能。据欧洲户外集团(2013)调查显示,2012 年欧洲户外用品的年营业额超过 100 亿欧元,其中 53%的销售额来自服装(不是鞋类和其他配饰)。此外,到 2016 年,专门用于防水透气面料的市场预计将以每年 5%的速度增长。

英国户外运动服装市场的产品可大致分为登山、徒步等快速轻便的活动所穿的衣服(例如山地自行车,山地跑运动和越野赛跑)和滑雪服。这些服装的主要功能是为了让穿着者保持适宜的体温。然而,它们的性能规格会根据环境以及在各类活动所产生的热量和水分的不同而变化。此外,服装的形状和设计也取决于活动类型。例如,用于登山的夹克通常具有极高的防水性和耐磨性,为了便于分层,夹克设计得相对会大一些。相比之下,山地跑时所穿的夹克更趋向于高度透气且修身,这样可以将衣物的重量保持在最小值。

在这些运动中,维持舒适性的常规方法是调整分层服装。这个方法需要一个贴身的底层设计,目的是迅速吸干皮肤上的水分;保温中间层设计用来截留空气及保持热量;最外层则对人体起保护作用。分层服装外层主要由复合材料组成。本章将在功能性服装的背景下,介绍复合面料的应用。同时,结合人类对户外运动的生理反应,聚焦五个户外运动者的回答,突出他们在运动过程中对于服装的一些特定要求。根据特定消费者的要求,对山地步行夹克进行深入分析,并针对服装的性能和功能性讨论出合适的生产技术。例如军事人员救生衣的案例,该案例研究设计开发了一种低负荷、高性能的救生衣,在寒冷天气下,军事飞行人员可以穿上该夹克,该夹克还关注到机组人员的特殊要求,这要求以消费者为中心的服装设计采用结构化方法,以确保满足消费者的需求并帮助他们克服严寒,完成自己的任务。

5.4.1 技术

复合织物是由一种背面粘有聚合物的底布制作而成。聚合物带有底布的性能特征,并可进行涂层或层压就位。涂层方法包括涂层刀具(直接涂布),可将液态聚合物从离型纸和旋筛上转移直接涂在底布上。在层压织物中,聚合物被并入薄膜或膜中,但必须在加热和加压条件下使用黏合剂将其与底布相连。

必须根据其耐用性选择底布的结构。在正常使用过程中,服装一定会因为运动中的重复弯曲,背包、背带以及粗糙表面对服装的摩擦而不断受损,也有被刺钩破等危险。因此,底布必须是强力纤维,尺寸稳定,抗腐烂,并且织物结构必须密实。

现代的防水和透气织物大致分为疏水性或亲水性两种。微孔织物包含由膨体聚四氟乙烯(ePTFE)或相对便宜的聚氨酯(PU)制造的聚合物。这两种织物增加了一个微孔和通道系统,微孔和通道可透过水蒸气,但不能透过液态水。

亲水性织物是使用聚氨酯或聚酯聚合物制造的。它们没有气孔,水蒸气是通过分子从内向外扩散。其微孔织物的表面可以添加非常薄的亲水层,来增强防水性和抗污染性,同时又不影响透气性。这通常被称为双组分的疏油涂层或膜。

5.4.2 功能注意事项

多项研究表明,防水透气织物可以根据其向周围环境传递水蒸气的能力进行排序。一般认为,首先膨体聚四氟乙烯(ePTFE)层压膜的渗透性最高,其次是亲水性和聚氨酯(PU)微孔层压材料,然后是聚氨酯涂层。层压织物提高了底布的灵活性(例如,可以将底布与弹力织物相结合),同时层压织物具备出众的手感和悬垂性。但因为涂层织物的生产成本较低,因此该织物占整个防水透气织物市场份额的80%。

从某种程度上来说,膜和涂层都是相对脆弱的,必须对它们加以保护,防止反复磨损和油污的污染。可以采取服装中增加衬里的形式,或将其他材料并入层压结构中,这种方法可以增强复合材料的功能(见表5.1)。

2层压板在滑雪、远足和时尚应用的中端市场上得到普遍使用。目前,两层层压板被重新定义为新"基本要素",也有可能将高性能与独特外观相结合。例如,可以将帆布、人字纹和牛仔布的设计和基础织物相结合。这些服装中必须添加宽松的衬里,并且这些衬里往往是经编的网眼结构,以促进空气流动。抓绒处理的衬里还可以增加保温性并改善触感。塔夫绸通常用于袖子和裤腿,以方便穿脱,同时在下摆和袖口处添加聚氨酯涂层可防止雨水渗入。

表5.1 层压复合面料的组成、功能及应用

分类	组成	功能	应用
2层压板	底布+膜	防水,防风和透气	中端市场远足,登山,滑雪和时尚
2.5层压板	底布+膜+印刷底布	轻巧,可压缩,防水,防风和透气	快速轻巧的高强度活动
3层压板	底布+膜+柔软的经编底布	高耐久性,灵活性	快速轻巧的高强度活动
软壳	底布+膜或涂层+软底布	防水,防风和透气	多功能和高强度活动
4层压板	底布+膜+保温性+柔软的经编底部	保温, 防水,防风和透气	徒步,滑雪登山和时尚
滴衬层	膜+衬里	防水,防风和透气	中端市场的徒步旅行,滑雪和时尚

2.5层压板:保护层压膜的另一种方法是将其印刷成浮雕花纹,用于阻隔皮肤或其他衣物(见图5.9)。这就是所谓的2.5层结构,该结构解决了外套一定需要宽松衬里的限制。因此,而后研发的服装更轻便,更易压缩,并且适用于快速和轻便的活动,例如山地跑和山地自行车运动。

3层压板:三层系统将膜夹在底布和柔软的梭织衬里之间。可以用于制造较重的织物,虽然减少了悬垂性,但增加了耐用性。同时也允许设计者加入一定程度的弹性设计,否则会因使用固定衬里而受到磨损。这些面料制作而成的功能性服装目前在户外运动服装市场上非常重要。

软壳服装:三层结构还包含另一类复合材料,称为"软壳"。这种材料综合了羊毛的保暖性、柔韧性和高透气性,并具有防风和防水性能。以密集构造的弹力材料作为底布,反面的材料选择导热或高灯芯材料。将膜涂层夹在中间,以达到防水效果。而更为耐用的防水(DWR)饰面则可以保持极高的透气性。在创新方面,软壳服装的设计采用了美利奴羊毛,有着良好的吸湿性和柔软的触感。此类服装通常既宽松、又贴近身体,能够最大限度地提升内表面的性能,软壳服装专为多功能和高强度活动而设计。4层压板:4层压板织物在软壳服装的基础上增加一层绝缘层。它们包括底布,防水透气膜,隔热垫和柔软的衬里。制造商称,该结构非常稳定,不需要传统的线缝,也不会移动或聚在一团。

滴衬层是具有防水透气膜的衬里织物。滴衬层与外层分离,可对其进行额外的外观设计和悬垂性的调整,很适合应用在注重时尚的服装设计中。衬里中的固定的膜可以对衣物起到保护作用。

5.4.3 测量技术和性能比较的水蒸气透过率

测量织物蒸汽渗透性的主要方法有直立杯法、倒立杯法和蒸发热板法。但是,蒸汽传输测试需要在不同的速率和特定的织物类型下进行,由于测试条件不同,因此数据之间不具备可比性。总的来说,必须一直坚持一种方法进行测试。

英国标准(BS 7209:1990)采用直立杯法。将需要测试的织物密封在一杯水中,测试在给定时间段内损失的质量是否等同于蒸汽通过织物扩散的程度。杯子在转盘上旋转,以保持良好的气压并不断通过织物进行扩散。反向法的前提是相似的。但是杯子上翘,导致水接触到了织物样本。这个现象模拟了潮湿衣服层,因此适合采用亲水性织物。热阻湿阻测试仪的原理不同,将饱水状态下的多孔板加热至皮肤温度以模仿出汗的人体。测量在水从表面蒸发并渗透到织物样本时将板保持在恒定温度所需的功率。该值用于计算蒸汽传递的阻力值。

5.4.4 性能比较

有趣的是,大多数制造商都会选择对自己更有利的蒸汽运输方式来测试其产品的性能。由于内部测试结果对外不具备可比性,因此很难评估不同品牌面料的效用。但值得注意的是,增加织物的耐水性会降低相应的水蒸气渗透性。

5.5 功能性外套在复合面料上的创新

膨体聚四氟乙烯:GORE - TEX 生产了第一种由聚四氟乙烯膜制成的复合面料。自1970 年代发布以来,该产品彻底改变了防水透气面料的性能,并不断创新产品范围,可提供2 层压板,2.5 层压板和 3 层压板几个选项。其最新产品——GORE - TEX© Pro 据说在透气性相较于从前提高 10%～28% 。

GORE - TEX 继续在高性能服装市场上占主导地位。但现在该织物的替代品也随处可见。例如,General Electric 制造的 eVent©也使用聚四氟乙烯膜构造。但是,该产品的单个聚四氟乙烯长丝用的是疏油涂层而不是薄膜,制造商声称 Direct Venting 可以将水分直接渗透到外部织物表面并具有出色的性能。

仿生面料:仿生面料是模仿生命系统的结构和工作原理的织物。对于开发织物以改善衣物微气候舒适性的研究人员而言,植物机制尤其重要。瑞士苏勒科技纺织公司开发出一种名为 c - change 的防水透气膜,该技术仿照了松果对于热量和湿度增加的自然反应。据称,炎热的环境或高活性时期会引起聚合物结构打开并加快水蒸气转移速率。相反,该结构将在气温较低的条件会断裂。该公司还生产出了 Ecorepel©防水涂层,据说该涂层模仿水禽产生油性分泌物以保持羽毛干燥的原理。

紫外线吸收和反射织物:许多制造商依据紫外线(UV)的辐射来研究,既能增温又不损害复合面料透气性的磨毛处理技术。但是，PolychromeLab（一款夹克衫）已经整合了这两种功能。这款夹克是一种可逆的三层防水透气织物，包括银色表面、薄膜和黑色表面。制造商声称，银色面可反射多达28%的辐射光，而黑色面可吸收约98%的辐射光，从而为织物提供缓冲效果。

热适应性面料：调节织物温度以适应环境温度变化，并对人体产生缓冲作用。然而，作用只是暂时的（大约可持续12.5～15分钟），因此该类面料最适合高强度训练之后，能量在短时间内爆发，之后需要休息一段时间来恢复精力地运动。市场领先者是被称为Outlast技术公司生产的有机相变材料（PMC），可以使用多种方法将其结合到防水透气织物中。

可持续性：通常在复合织物中，可以起到防水透气作用的涂层，薄膜和表面处理技术都含有对人体产生潜在致癌风险的含氟化合物。为消除这些致癌化合物，制造商已经更改了其成分，使用了危害较小的碳氟化合物。但这降低了防水透气性能功效的发挥。因此，消费者对于无氟性能的外套需求将推动该领域的创新。可持续性是产品设计的发展趋势，而负责任地采购安全面料的品牌才能获得高知名度的奖项。

5.6 案例研究：山地徒步夹克

山地徒步定义为在山峰中穿行的休闲活动，不太讲究技巧和装备。受山地徒步者欢迎的地区大多是高峰集中的国家公园，如凯恩戈姆斯洼地、洛蒙德湖、特罗萨克斯隘道、斯诺登尼亚山的湖区和山顶区。这些地区的地形多样，有突出的岩石和山脊、高地丘陵、泥炭沼泽、晕石南沼泽、林地、河谷、湖泊和肥沃的山谷。

这些公园的天气状况随季节变化。在冬季平均温度低于0℃，夏季平均温度在17℃左右。由于靠近大西洋，雨量和风速与的天气模式紧密相关。地形也会进一步影响日常天气状况。海拔每上升100米，环境温度就会降低0.6℃，并且当风在山顶和裸露的高地上加速前进时，它所携带的潮湿空气会冷却凝结成云和雨。即使在最佳条件下，肌肉收缩过程中化学能转化为机械能的效率不仅低，还会伴随热量的产生。向上爬坡需要靠肌肉发力，而穿越沼泽、泥炭沼地或高植被等柔软地形也会增加身体功能的工作量，因此必须改变步法和跨步姿势。

在山地徒步运动中需要消耗大量体力，因此，偶尔需要适当地休息并给自己补充能量。因为中途休息而迅速变化的气候条件给服装的调温系统提出了独特的挑战。

5.6.1 山地徒步夹克复合面料的性能

研究表明，聚四氟乙烯层压板具有极高的渗透性，它能在24小时内传输4400～5550 g/m的水蒸气。如果每个织物表面能够保持良好的蒸气压差，则可以改善这一点。但是，当与表5.2进行比较时发现，表5.2显示了出汗率与山地徒步运动相关，很明显，即使以最低的活动率，水蒸气也不会完全扩散。此外，雨水会降低渗透性，因为织物表面的蒸气压会增加。长时间处在湿润状态，织物可能会完全丧失透气功能，因为外部织物表面的细孔会被阻塞。不仅如此，在低温下可能会形成冷凝水，这也会阻塞微孔。因此，在英国进行徒步旅行的过程中，在需要雨衣的情况下，水分通过聚四氟乙烯复合织物的渗透力是有限的。

表 5.2 山地徒步大致相关的工作率、流汗率和水蒸气传输率

活动	工作率	流汗率	水蒸气传输率
携带轻包水平行走活动	400	15,200	6080
携带重包水平行走活动	500	19,000	7600
携带重包在山上行走活动	600～800	22,800～38,400	9120～15,360

5.6.2 消费者对山地徒步夹克的需求

根据山地徒步者、登山者、山地跑步者和山地救援组织成员几个焦点小组的定性数据来分析防水透气织物的性能局限性。内容分析中,客户的需求是关键,制造商应该满足这些需求以优化山地徒步夹克的功能。

5.6.2.1 消费者 1

夹克可以让布料保持干燥。除了山地跑步者以外,其他参加者都要担心雨水会淋湿他们的衣服。不论天气如何,登山应选择防水衣物。但是,大多数人最终对这些服装的水蒸气渗透率感到失望,并认为“自己湿得很彻底,这个衣服毫无用处”。山地跑步者证明了这种观点的极端性。他们选择穿防风的外套是因为他们认为身体产生的热量和衣服中的水分完全超出了防水服装的水分管理能力。一位山地跑步者描述了自己身着防水服装的经历:“你无法分辨水是来自外部还是内部。”

5.6.2.2 消费者 2

穿着者可以便捷地调整衣服的舒适度。夹克主要通过改进外套中部的拉链来调节温度,这可以描述为一种快速简单的通风系统,对温度具有一定的微调作用。穿着罩衫夹克的徒步者比穿着全拉链夹克的更热,因为全拉链夹克可以将拉链拉下透气。中间层和内层最好使用半拉链,以便在需要时脖子和上半身的皮肤可以直接接触凉爽的空气。

其他类型的压缩透气设计对于外套也有益处,但重要的是,这些设计应该简易有效。身体和拉链侧缝之间的网状通风口被认为是有用的:一位山地徒步者描述,当他感觉很热时,他就会拉开夹克侧缝,然后用背包的腰带撑开衣服下摆,让风灌进衣服里。一些徒步者会穿着可以打开衣服的腋窝区域(凹陷的拉链)的拉链夹克衫,但是,大多数人认为这两种办法难以操作。因此,他们倾向于使用胸前的拉链来通风透气。

放松和收紧袖口扣以及腰线和下摆绳上下调整防风帽,将袖子拉下盖住手臂,或者向上推把其他衣服层或皮肤置于凉爽的空气中,将上半身的衣服塞入裤子等方式也可以用于调整衣服,来增加热舒适性。穿着者了解衣服通风的好处,但很显然,这些方法并不能使他们在徒步时感到足够舒适。最终,大多数人会选择脱掉或穿上一件衣服。一位徒步者描述“在不下雨的情况下,如果太热,我会脱下夹克。如果脱完后还是很热,我会脱下另一件衣服”。

5.6.2.3 消费者 3

在英国,不同山路状况下徒步,夹克要满足不同的代谢需要。徒步者认为地形不同,徒步时产生的热量也不一样,这也对徒步夹克的舒适性提出了相当高的要求。据报道,爬山会产生大量的热量和汗液,但随后的山脊和下山路段对于体能的要求较小,这也会导致人体产生的热量减少,从而让徒步者感到凉爽,如以下对话所示:

到达山顶时,你一定汗流浃背。此时,你的体温也将开始下降。事实上,有几位徒步者

讲述了类似的经历,当时他们由于害怕患上感冒而没有停下休息。由于疲劳和长时间的改变行走节奏,导致他们产生了认知错误。实际上,他们走得越久,越容易感到寒冷。登山者建议,身体较弱的人需要更长、更频繁地休息,并说明这一情况发生在混合组,数据表明身体健康的人更容易感冒。

所有徒步者都穿着舒适的衣服。他们认为不同的运动会产生不同的热量,因此选择了一些轻质的芯吸和保温内搭,以及防水、防风的外套。徒步者习惯在中间多穿一件衣服,以防自己受凉。而这些衣服通常是高绝缘、轻便、可压缩的衣服,不仅如此,还可以遮蔽自己的身体(例如羊毛套头衫,摇粒绒马甲或羽绒服或合成纤维马甲或夹克)。他们认为自己所使用的这种衣物分层系统可以轻松调节体温。一位徒步者说:“汗流浃背我不怕,我只需要脱掉一件衣服就可以了。”

然而,实际上,似乎山地徒步者、山地跑者和登山者都不愿停下来换衣服,山地救援队更是没有机会换衣服。为了营造舒适的服装微气候,大家通常会做出妥协。一些男性参与者说,他们在山地训练会故意穿得比较少,这是为了防止自己感觉变热。专家评论说,“可以确定,即使在最初的5~10分钟内你是对的,那么在剩下的时间里,你肯定是错的。”

大多数挫败感与抗水衣物有关。一些参与者表示,他们宁愿穿着这些衣服去远足,因为他们不想在之后的过程中再做“无谓的奔忙”。其他人即使已经感觉很舒服,但在下雨时,他们还是会将夹克直接套在已有的衣服上。因为他们不希望再停下脚步,在脱掉保暖衣物后又湿又冷。但是,随后产生的热量和湿气将超过抗水衣物所能承受的湿气渗透性,如以下引文所述:

好吧,说实话,在透气性方面,这几款夹克比其他雨衣都要好。但是大多数时候,当你在努力登山或徒步时,你随身携带了很多工具包,停下来时,你会发现水从衣服上滴下来,而你也已经湿透了,所以这样的衣服没有任何意义。

一些制造商直到很晚才生产出防水衣物,甚至有些厂商根本做不出该类衣物。由于这种抗水衣物存在问题,因此一些参与者已经投资购买了柔软衣物,柔软衣物有单层、保暖、透气、防风层和防雨层的特点。但是,穿着柔软衣物的人还需要带上一件传统的防水外套,显然这增加了他们的装备数量。

5.6.2.4　消费者4

夹克可以抵挡强风的吹袭。所有徒步者都经历过寒风,他们明白,这是由于所处的地形造成的。一位山地徒步者解释说:“如果你走的地方海拔特别高,那么风速会非常快,而温度也会相对很低。”因此,防风外套被视为必不可少的装备,山地救援队的所有成员都会备上一件。不管山脚下是什么季节或天气状况,他们都会穿上防风外套。

5.6.2.5　消费者5

在英国山区,这种夹克让穿着者在一定温度范围内都可以保持舒适。英国天气的多变性令所有徒步者感到迷茫。他们很难选出在所有天气条件下都能保持热舒适的服装。夏天最成问题,他们通常需要带很多装备来应对刮风下雨带来的麻烦。

山地徒步者和山地救援人员经常在着装上做出错误的判断,例如,四名山地跑步者中有三名承认曾因为装备选择不当而遭遇危险。山地徒步者和登山者会更谨慎,他们会提前查看可靠的天气预报,考虑到所有可能遇到的天气情况再准备相应的衣服。以下引述表明了这些团体的不满情绪：

我很讨厌在夏天收拾行李，尤其是在苏格兰，你永远都不知道什么时候会下雨。好吧，我的意思是任何时间都可能下雨。所以我收拾完行装后，总想问自己："我为什么要带走所有这些东西？"这和我冬天带的一样多，但是，在某一刻你可能就是需要这些东西。

此外，徒步者怀疑夏季服装质量较差。他们一年四季都倾向于使用相同的防水外套，这就意味着在温度较高的几个月会很难受："我认为在夏天穿防水防风衣服是非常……不舒服的。"

5.6.3 山地徒步夹克的通风功能设计

显然，防水、透气的织物不能完全满足客户的需求。一种解决方案是通过增加对流热损失和降低相对湿度，以此来增加山地徒步夹克内的透气度并加快汗水的蒸发。隔膜泵是另一种可行的方法，它通过从外部环境中抽取空气来调整衣服内部微气候，这种方法还具有便宜、操作简单、稳定、没有多余重量和复杂性的活动零部件的优点。

图 5.1 中的示例有一些小型隔膜泵，它们在夹克背面内层中平行排列。隔膜泵结合背囊运动与臀部和肩膀的反向旋转的特点，压缩泵并驱动流体流动。这使得自主操作与步行速度成正比。阀门可防止气体回流并将外部空气引到外套的中央后部。当泵被背包压缩时，位于泵上方的通风孔可以直接穿过夹克外套将暖湿的空气排出。

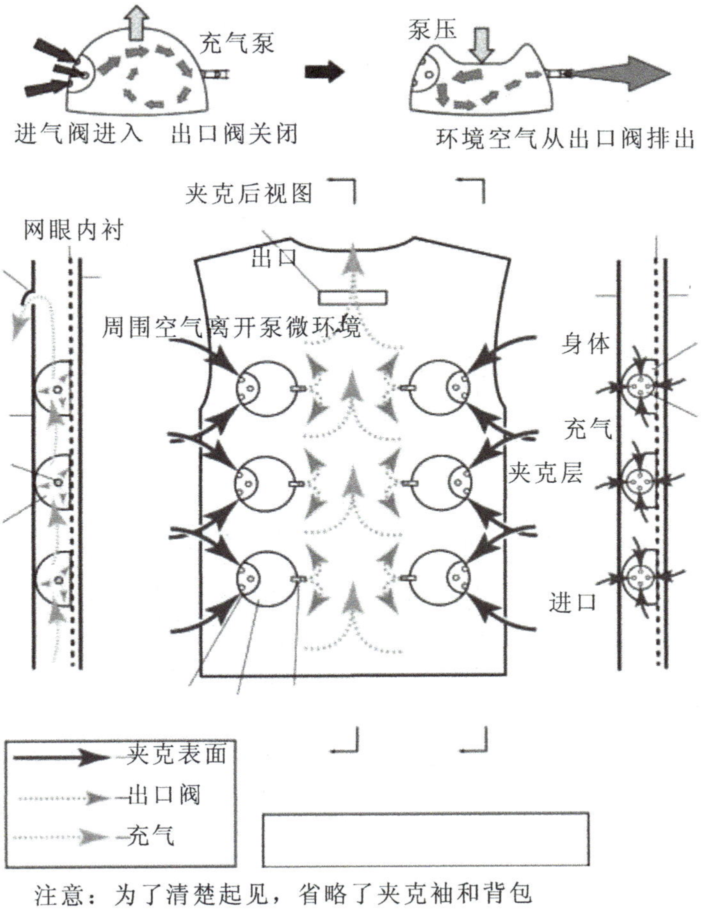

图 5.1　泵的操作流程以及标准山地行走夹克的整体模型

5.6.4 山地徒步夹克的评估标准

其他研究人员已经在控制实验室内建立框架，根据一种包含隔膜泵装置的丘陵步行夹克模型对穿戴者进行测试。在一项测试包括30分钟的适应期、35分钟的电动跑步机快走和10分钟的恢复期的实验方案中，测量了以下生理和微气候参数：

使用型号为SL54TH的温度数据记录仪来测量服装内部温度和相对湿度，记录仪的按钮悬挂在一个网袋中，固定在夹克衬里上。

使用位于胸部、腹部以及上背和下背部皮肤上的热敏电阻测量了平均皮肤温度。

根据实验前后衣物重量的差值，计算出衣物系统中残留的汗水。

在锻炼期间，使用了一个重约2千克，容量为20升的背包来运作泵。在实验中分析了两种防水透气复合面料：聚四氟乙烯层压板和聚氨酯涂层尼龙。这些都在有和没有泵的情况下进行了测试。六名男性参加了配戴试验，并依据不同的体质设置了重复测量设计。使用双向方差分析对受试者进行重复测量设计，以得到实验结果。

图5.2所示和表5.3所示的方差分析表明，泵在预热期间气温的上升速率明显下降。在运动过程中，衣服内部一直保持这样的运作系统——凉爽的空气进入衣服的微气候中。在徒步者休息时，衣服内部空气温度相对稳定。这段时间内衣服内部的相对湿度结果与该运作系统有密切关联(图5.3和表5.4)。这意味着泵内和泵外空气不仅增强了隔热性，也提高了夹克抵抗水蒸气传递的能力。图5.4和表5.5是上背部平均皮肤温度的。

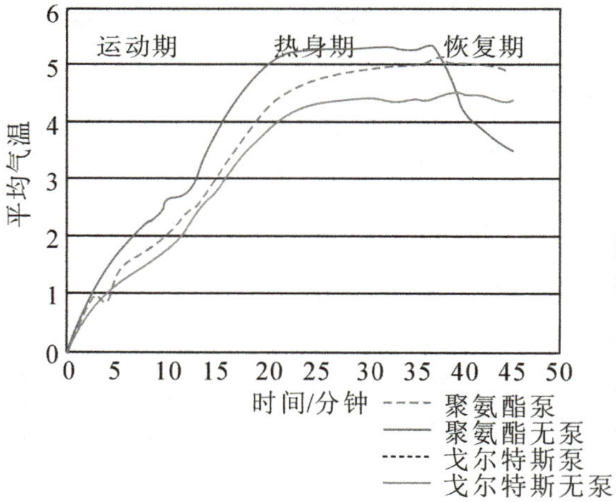

图5.2 所有夹克内测得的平均气温变化

表5.3 热身、运动和恢复期间，夹克内气温变化的方差分析

来源	类型三的平方和	自由度	平均方差	方差比率检验	显著值
热身期					
面料	0.936	1	0.936	0.490	0.515
错误(面料)	9.561	5	1.912		

续表

来源	类型三的平方和	自由度	平均方差	方差比率检验	显著值
泵	26.634	1	26.634	11.772	0.019
错误(泵)	11.312	5	2.262		
面料 * 泵	0.336	1	0.336	0.349	0.580
错误(面料 * 泵)	4.810	5	0.962		
运动期					
面料	6.059	1	6.059	0.885	0.390
错误(面料)	34.219	5	6.844		
泵	73.516	1	73.516	5.571	0.065
错误(泵)	65.977	5	13.195		
面料 * 泵	5.701	1	5.701	0.953	0.374
错误(面料 * 泵)	29.905	5	5.981		
恢复期					
面料	6.064	1	6.064	1.558	0.267
错误(面料)	19.457	5	3.891		
泵	65.867	1	65.867	12.273	0.017
错误(泵)	26.833	5	5.367		
面料 * 泵	51.959	1	51.959	11.521	0.019
错误(面料 * 泵)	22.549	5	4.510		

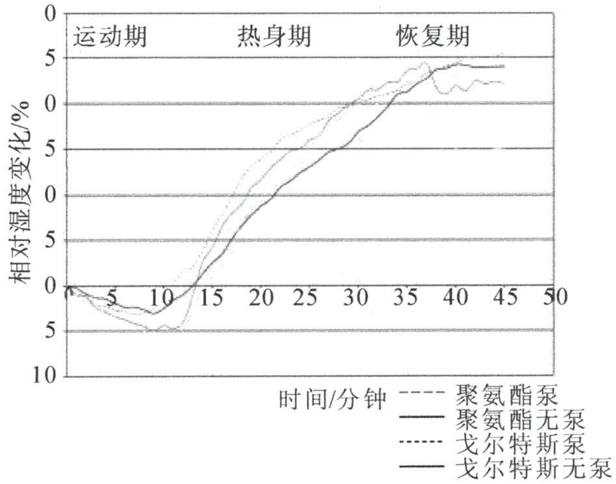

图 5.3 所有夹克内测得的相对湿度变化

表 5.4　热身、运动和恢复期间夹克内相对湿度变化的方差分析

来源	类型三的平方和	自由度	平均方差	方差比率检验	显著值
热身期					
面料	0.625	1	0.625	0.003	0.955
错误(面料)	906.920	5	181.384		
泵	343.826	1	343.826	5.249	0.071
错误(泵)	327.531	5	65.506		
面料*泵	45.753	1	45.753	0.417	0.547
错误(面料*泵)	548.358	5	109.672		
运动期					
面料	145.002	1	145.002	0.134	0.730
错误(面料)	5426.058	5	1085.212		
泵	8.835	1	8.835	0.010	0.926
错误(泵)	4571.221	5	914.244		
面料*泵	903.215	1	903.215	1.783	0.239
错误(面料*泵)	2533.019	5	506.604		
恢复期					
面料	398.713	1	398.713	1.377	0.293
错误(面料)	1447.466	5	289.493		
泵	1287.881	1	1287.881	5.966	0.058
错误(泵)	1079.376	5	215.875		
面料*泵	640.071	1	640.071	1.414	0.288
错误(面料*泵)	2263.090	5	452.618		

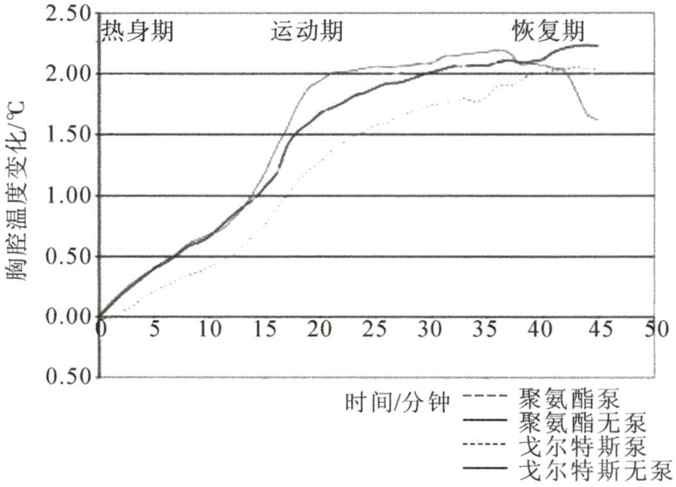

图 5.4　上背部测得的平均皮肤温度变化

表 5.5 热身、运动和恢复期间、上背部皮肤温度变化的变化分析

来源	类型三的平方和	自由度	平均方差	方差比率检验	显著值
热身期					
面料	2.862	1	2.862	3.843	0.107
错误(面料)	3.724	5	0.745		
泵	0.462	1	0.462	0.461	0.527
错误(泵)	5.016	5	1.003		
面料 * 泵	0.245	1	0.245	0.486	0.517
错误(面料 * 泵)	2.526	5	0.505		
运动期					
面料	6.268	1	6.268	1.787	0.239
错误(面料)	17.535	5	3.507		
泵	7.714	1	7.714	2.613	0.167
错误(泵)	14.758	5	2.952		
面料 * 泵	0.932	1	0.932	0.318	0.597
错误(面料 * 泵)	14.649	5	2.930		
恢复期					
面料	0.163	1	0.163	0.061	0.815
错误(面料)	13.375	5	2.675		
泵	0.257	1	0.257	0.083	0.784
错误(泵)	15.391	5	3.078		
面料 * 泵	0.776	1	0.776	0.260	0.632
错误(面料 * 泵)	14.948	5	2.990		

背带将夹克压在聚四氟乙烯服装中的胸部位置，温度上升的速度明显降低（图 5.5 和表 5.6）。这表明，通过夹克外套传递水蒸气的能力很强，且对于温度调节至关重要。尽管图 5.6 和表 5.7 表明泵确实对衣服内部升温速率的影响很小，但这种运作模式在腹部位置仍在继续。建议该泵能够刺激夹克下部的侧缝周围的气流流动，这将促进热交换以及随后的汗水蒸发，残留水分进入衣服下摆部分。

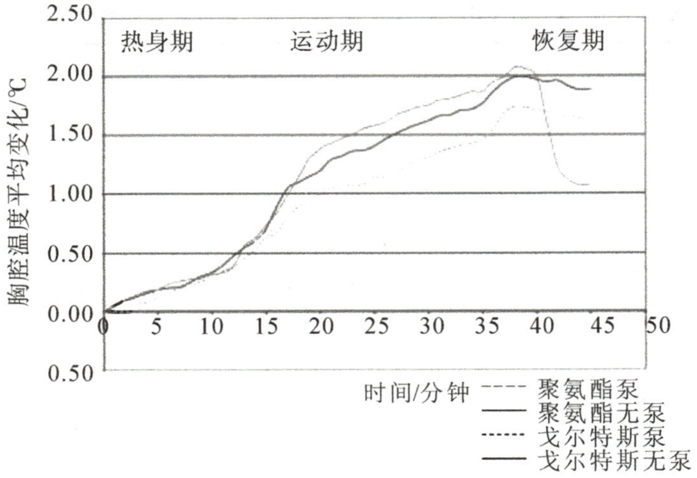

图 5.5 胸部测得的平均皮肤温度变化

表 5.6 热身、运动以及运动后期胸部皮肤温度变化的变化分析

来源	类型三的平方和	自由度	平均方差	方差比率检验	显著值
热身期					
面料	0.441	1	0.441	7.052	0.045
错误(面料)	0.313	5	0.063		
泵	0.004	1	0.004	0.016	0.905
错误(泵)	1.275	5	0.255		
面料 * 泵	0.011	1	0.011	0.016	0.904
错误(面料 * 泵)	3.429	5	0.686		
运动期					
面料	11.532	1	11.532	22.854	0.005
错误(面料)	2.523	5	0.505		
泵	0.945	1	0.945	0.539	0.496
错误(泵)	8.769	5	1.754		
面料 * 泵	0.133	1	0.133	0.164	0.702
错误(面料 * 泵)	4.072	5	0.814		
恢复期					
面料	0.858	1	0.858	0.298	0.609
错误(面料)	14.398	5	2.880		
泵	1.726	1	1.726	0.486	0.517
错误(泵)	17.766	5	3.553		
面料 * 泵	1.388	1	1.388	0.643	0.459
错误(面料 * 泵)	10.799	5	2.160		

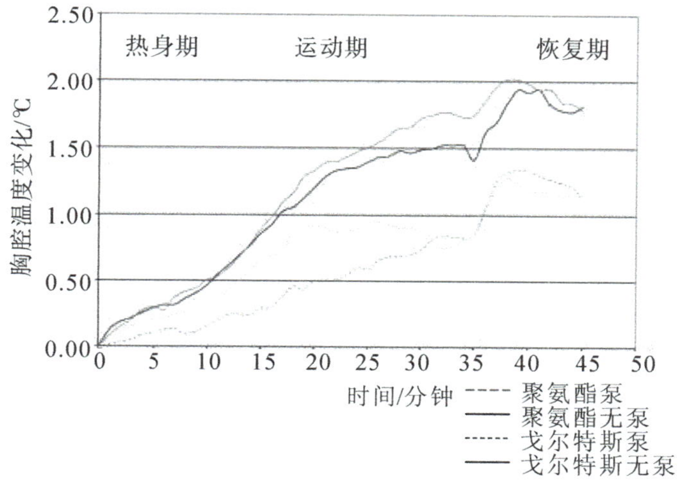

图 5.6 腹部测得的皮肤平均温度变化

表 5.7 热身、运动以及运动后期腹部皮肤温度变化的变化分析

来源	类型三的平方和	自由度	平均方差	方差比率检验	显著值
热身期					
面料	3.896	1	3.896	2.381	0.183
错误(面料)	8.182	5	1.636		
泵	0.621	1	0.621	0.684	0.446
错误(泵)	4.540	5	0.908		
面料 * 泵	0.556	1	0.556	0.713	0.437
错误(面料 * 泵)	3.901	5	0.780		
运动期					
面料	56.170	1	56.170	3.829	0.108
错误(面料)	73.354	5	14.671		
泵	4.563	1	4.563	0.904	0.385
错误(泵)	25.241	5	5.048		
面料 * 泵	0.176	1	0.176	0.059	0.818
错误(面料 * 泵)	14.927	5	2.985		
恢复期					
面料	26.129	1	26.129	3.921	0.105
错误(面料)	33.320	5	6.664		
泵	0.015	1	0.015	0.013	0.912
错误(泵)	5.564	5	1.113		
面料 * 泵	0.459	1	0.459	0.194	0.678
错误(布料 * 泵)	11.796	5	2.359		

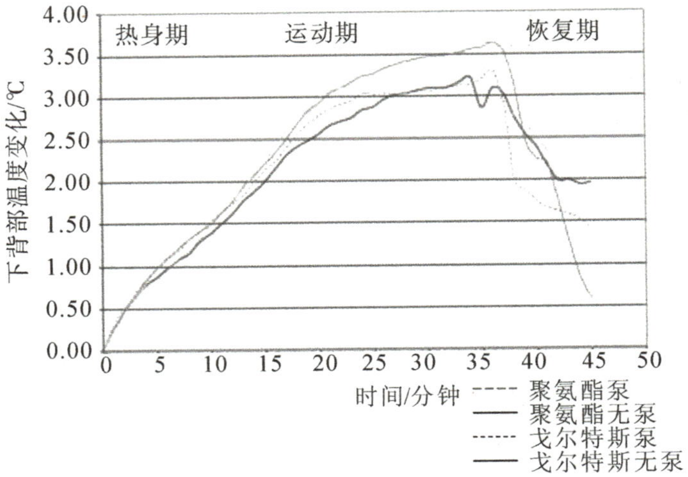

图 5.7　下背部测得的平均皮肤温度变化

表 5.8　热身、运动以及运动后期下背部皮肤温度的变化分析

来源	类型三的平方和	自由度	平均方差	方差比率检验	显著值
热身期					
面料	0.095	1	0.095	0.586	0.479
错误(面料)	0.812	5	0.162		
泵	0.163	1	0.163	0.226	0.655
错误(泵)	3.601	5	0.720		
面料 * 泵	0.452	1	0.452	0.935	0.378
错误(面料 * 泵)	2.416	5	0.483		
运动期					
面料	2.083E－5	1	2.083E－5	0.000	0.997
错误(面料)	5.648	5	1.130		
泵	9.075	1	9.075	9.452	0.028
错误(泵)	4.801	5	0.960		
面料 * 泵	1.055	1	1.055	0.248	0.640
错误(面料 * 泵)	21.305	5	4.261		
恢复期					
面料	0.117	1	0.117	0.050	0.832
错误(面料)	11.675	5	2.335		
泵	1.442	1	1.442	0.738	0.430
错误(泵)	9.765	5	1.953		
面料 * 泵	8.588	1	8.588	1.071	0.348
错误(面料 * 泵)	40.094	5	8.019		

在背部下方，气流不受限制(图5.7和表5.8)，这些泵明显降低了运动过程中体温上升的速度。宽松的外套区域不受背包的影响，松弛布料产生的波纹管效应可增强泵产生的气流。另外，靠近折边的位置有助于小气候和环境空气的随时交换，因此增强了干热交换，汗液蒸发和湿气从衣服系统中的转移。在运动后恢复期间，所有夹克的下背部皮肤温度均大幅下降，这与水分的快速蒸发有关，此表明没有足够的水分从所有衣服的背面转移，会导致传感器周围的汗液积聚。

图5.8所示的曲线图和表5.9所示的方差分析表明，用聚四氟乙烯复合材料制成的外套收集到的汗水明显减少，但是，这些泵在PU护套中的堆积平均减少了7.5%，在聚四氟乙烯护套中减少了10.7%，并确认了由泵产生的气流也促进了湿气从衣服中的转移。

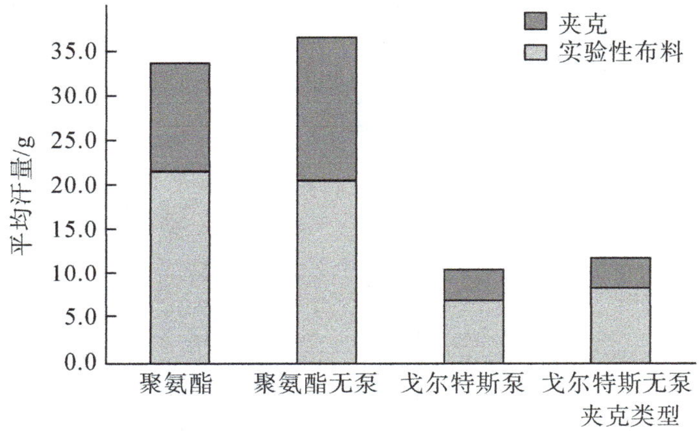

图5.8 实验方案完成后，衣物系统内累积的平均汗水量

表5.9 实验方案完成后，服装系统中累积的汗液质量方差分析

来源	类型三的平方和	自由度	平均方差	方差比率检验	显著值
面料	3468.251	1	3468.251	20.933	0.006
错误(面料)	828.417	5	165.683		
泵	23.860	1	23.860	0.890	0.389
错误(泵)	134.066	5	26.813		
面料 * 泵	3.383	1	3.383	0.118	0.745
错误(面料 * 泵)	143.185	5	28.637		

5.7 复合面料：服装设计和开发的考虑因素

功能性外套必须是防水的，且有助于汗液的蒸发和水蒸气的散布，以此确保穿着者的舒适度。商业解决方案的首选是高性能复合面料，但这些具有操作上的局限性，不能满足客户需求。

功能性外套中的泵可以改善微气候和用户舒适度，使空气可以自由流动。但是，显然服装或部件设计和适当的面料选择之间更好的整合是优化整个产品性能的关键。

5.7.1 设计特点

图 5.9 和表 5.10 表明了其他影响户外运动功能外套的重要设计特征。其中包括足够大的安全口袋，口袋里可以存放指南针、地图、哨子、帽子、手套和能量零食等必需品。口袋必须便于拿取和使用，同时不能太大。

固定或可拆卸罩两种设计均可。但是，它们必须精心制作和调整，以最大限度地覆盖头部，同时不能妨碍穿戴者视线。一些运动者在进行爬山和滑雪等活动时，也将要求兜帽适合头盔和护目镜。事实上，紧固件、通风口和口袋的位置必须考虑到客户可能使用的其他装备（如背包和登山背带）。

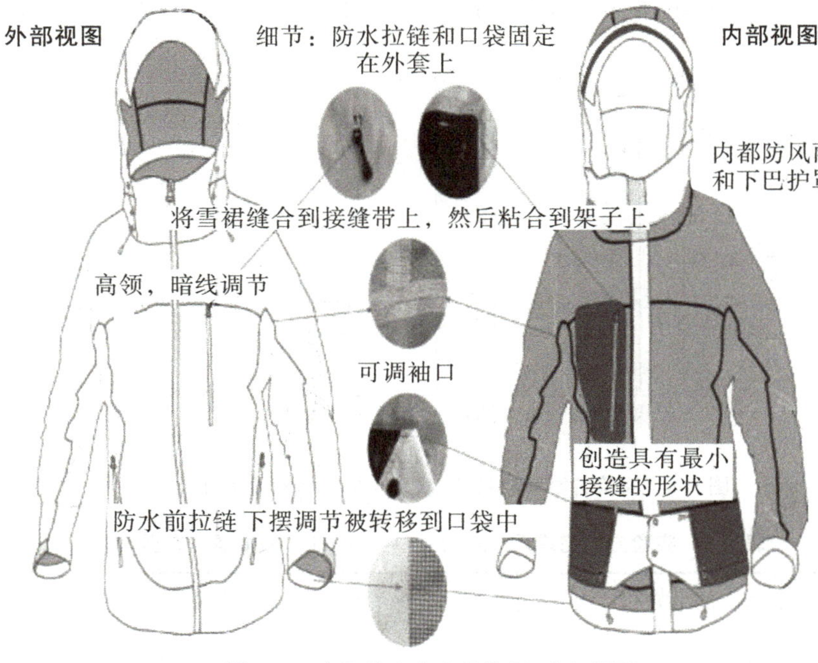

图 5.9 户外登山夹克的外部、内部视图

功能性外套的其他常见特征包括雪裙、高领、防风褶边和可调节袖口。重要的是，这些组件的设计本身是防水的，以防止无意间通过水分进入服装系统。一些复合面料品牌只有在整个服装组装经过实验室测试达到标准性能后才会对产品进行密封生产。

特殊的配件增加了性能和设计兴趣。防水拉链、绳塞、拉绳、孔眼和反光装饰有各种各样的颜色、图案和纹理。然而，这些必须在安全方面应用，确保它们不会阻碍视线或划伤穿戴者。

表 5.10 功能外套常见的设计特征

设计特点	位置	功能
口袋	外部和内部胸部，侧面臀部	储存地图、口哨、小吃、指南针等
头巾	头顶和脸部	保护头部免受风、雨和雪侵袭，并防止水从颈部开口进入夹克
通风功能	腋下、胸袋	控制进出外套的气流

续表

设计特点	位置	功能
雪裙	内部 - 密封在腰部和臀部	防止风和雪通过裙边进入夹克
高领	脖子和下巴周围	控制气流进出夹克衫并防止雨水通过领口进入夹克
袖口调整	袖口下摆(通常是自粘织物或带钩环固定件的模制橡胶接头)	控制气流进出夹克衫并防止雨水通过袖口进入夹克
下摆调整	夹克下摆(通常是弹性、孔眼和绳扣系统)	控制气流进出夹克衫并防止雨水通过下摆线进入夹克
内部防风雨板	内部、外部或组合 - 覆盖中央前拉链	为了防止雨水通过拉链带或拉齿进入夹克

5.7.2 技术集成

大多数的复合织物都很容易使用301锁缝线迹和叠缝结构缝制。因此,复杂的形状通常以可接受的成本纳入功能服装。搭接接缝也可以用于需要额外强度的直跑(例如肩缝)。

防水的聚酯或芯纺聚酯线在可缝纫性、强度和耐久性上相当突出,这些都与复合织物的预期寿命相匹配。螺纹还必须能够抵抗霉菌和霉变,因为使用和储存条件可能会引起问题。Coats Epic 线便是一个很好的例子;然而,对更高规格的需求也推动了该领域的创新,GORE－TEX 最近推出了一种由 ePTFE 纤维制造的创新线,名为 Tenara©。据称,这种材料能够高度抵抗紫外线和极端天气条件,延长了接缝的预期寿命,并有助于服装的持续性能。

针的直径应尽可能小,并带有尖锐的圆角,以确保最终的针孔尽可能窄,从而减少对织物的潜在损害。复合织物上的涂层或层压材料可能会粘在针上并产生摩擦。这将相对较快地钝化该点并产生毛边,毛边最终可能会损坏织物,从而造成较弱的接缝。使用防粘涂层(例如 Teflon©)和频繁更换针头可解决此问题。使用 Teflon 压脚还将减少摩擦并保持布料在缝纫机中的精确移动。

贴在接缝背面的防水胶带通过密封针孔来保持织物的防水性,该胶带通常包括两层或三层,并结合有黏合剂膜,防水透气膜和背衬层。图5.9中详细描述了印刷图案带以匹配2.5层层压织物。胶带是用热风封口机粘贴的,应放置在中央并超出接缝末端以防止泄漏。此外,所有线头必须被切成平齐,并避免折叠带或在织物上折叠,以防止形成通道,通道可能会使水进入衣服。接缝胶带还可用于连接设计特征,而无须穿过衣服的外壳进行缝合。例如,可以将雪裙和绑腿缝合到胶带上,然后将其黏结到位(见图5.9)。

近年来,在不降低复合织物的耐水性的前提下,可以促进复合织物的连接。热空气、热楔或超声波能量可以用来熔化织物内的热塑性元件,或添加热塑性薄膜。组件编制使用窄搭接或对接结构,然后施加压力,在给定的时间内焊接或结合接缝在一起。其效果是一个低轮廓的接缝,这也是灵活和轻量级提供性能优势。黏合拉链,口袋和面的例子显示在图5.9。

5.8 案例研究:军事飞行员的救生服

本节介绍了一种低负荷、高性能救生夹克的设计和开发,该夹克是军事飞行员在寒冷天气时服装系统的一部分。机组人员的需求是独特的,需要采用结构化的方式,以用户为中心进行服装设计,以确保服装不仅能满足用户的需求,还能帮助穿戴者的生存并使其继续执行主要任务。

5.8.1 当前服装的分析

当穿着救生服在温暖处穿着救生服时,热负荷成为一个相当大的问题,在较冷的区域中需要保温,并且机组人员需要进行更多的身体活动。当前寒冷天气的服装系统可能会略显笨重并长时间穿着可能引起不适,尤其是在坐在飞机的驾驶舱里并绑着安全带时。如先前来自奥利弗的信息所示,提供给机组人员的服装笨重,并且在运动中可能会受到限制。此外,当前的系统最多包括七层衣服,这大大增加了穿着者的热量负担。

5.8.2 设计简介

新的轻量化、高性能材料和技术正在出现,设计的目的是利用这些新技术开发改进的轻量化、寒冷天气服装系统,这将引入和整合"新市场"材料和制造技术到概念服装。

寒冷天气的衣服系统可以由单件衣服组成,或者由两件式衣服(上部和下部)组成。系统设计可能包含分层方法,其底层热防护服为优化其与系统内其他服装的界面而设计,以其具有灵活性来适应所有环境条件。

军用机组人员的飞行服是复杂的,飞行服必须与飞行设备和驾驶舱的范围一起考虑,如图 5.10 所示,额外的救生服,如"抗荷"裤和防弹衣携带系统,可以在系统内穿着。这对穿着者的热负荷和舒适性有重要影响。

当穿着者坐在飞机驾驶舱或飞机后部时,飞行服必须让飞行员感到舒适,并具有足够的耐用性以承受从飞机中弹出的可能,并在疏散后的恶劣环境中提供保护。另外,外层材料必须是阻燃的,下部的衣服必须是非熔融的,所有材料都必须是抗静电的,以避免产生爆炸性火花。考虑到人体的需求、环境的影响以及在飞行中和飞机外进行的活动的要求,建立了主要设计标准。

图 5.10 飞行服装示例

基于用户需求的军用机组关键排名标准的极端寒冷天气生存系统：

1. 最小/消除积水。
2. 最小/消除风的渗透。
3. 改善隔热性能，减轻重量损失。
4. 减小体积，提高机动性。
5. 引进重量更轻、透气、耐用的材料。
6. 阻燃外套。
7. 衣服的非熔融材料。
8. 抗静电材料避免爆炸性火花。
9. 分层系统可在提供保护的水平上实现灵活性。
10. 通过在服装系统中引入空气通道和通风，可降低体力活动期间的热应力和热负荷。
11. 人体工程学考虑因素 - 改善了活动性和舒适性。
12. 人机工程学考虑因素 - 主导姿势（长时间坐在一个位置）。
13. 易于穿脱。
14. 救生服与机组人员可能穿着的其他服装和设备结合使用。
15. 设置储存带。
16. 提供厕所 - 特别是在远程操作以及逃生和逃避场景中。
17. 男女机组人员均可使用。
18. 考虑立法和标准。

5.10 为飞行人员设计防寒服装系统的挑战

5.9.1 环境因素

军事行动需要其服装和设备的灵活性、可靠性和广泛的性能。机组人员必须穿着、使用和运输各种各样的服装，以适应各种恶劣的环境，从北极条件到山区、高海拔到炎热、干燥的沙漠。

热负荷对机组寒冷天气服装系统的设计提出了独特的挑战，例如不同类型的飞机[快速喷气机（FJ）和非快速喷气机（NFJ）]。快速喷气式飞机可能在炎热的环境条件下起飞，机组人员在飞行操作期间忍受寒冷的条件，在飞机被弹射后可能出现极端寒冷的天气，在陆地上生存；非快速喷气式飞机的飞行条件因机组人员而异。在飞行过程中，飞行员主要是久坐不动，而后方机组人员需要更多的机动性来进行操作活动。

此外，体力劳动和久坐不动之间（例如在运输途中就座）存在不断地变化；由于在飞行过程中，舱门是打开的，伴随着风寒以及旋翼的下降气流，使情况更加复杂。因此，设计师必须适应各种条件，包括从极热到极冷的条件，都必须经过材料和创新设计严格选择。

本质上，条件的操作范围可以包括：寒冷，潮湿的条件和风寒的影响；寒冷，干燥的条件和风寒的影响；寒冷，潮湿的环境 - 雨，雪和雨夹雪；极端的环境 - 从热到冷。

寒冷天气的生存服必须能够抵御极端环境的恶劣条件。环境方面的考虑必须包括抵御风寒、水的渗透和极冷，提供热保护、舒适性和移动性、伪装和隐蔽，以及具有低噪声特征。

弃机后逃生的其他考虑因素包括:在剧烈活动期间是否有能力排放衣物,以及便溺设施是否在最低落水的情况下提供。衣服必须快干,同时提供头部、手和脚的保护,以及足够的储存生存设备。

对设计者来说,进一步的挑战是通过相互冲突的实用性和性能要求提出的,例如,可能会减轻重量、体积和更大的绝缘。尽管近年来绝缘材料变得越来越轻薄,设计师必须寻求提供绝缘的创新方法,以尽量减少重量和体积。此外,穿戴者必须在装备储存袋中携带必要的生存装备和口粮,增加重量和体积。

图 5.11　在驾驶舱范围内的飞行装备

根据 Scott(2005)的观点,轻质材料的需求又与阻燃性相矛盾,因为轻质材料(例如聚酯和尼龙)不易制成阻燃剂。通常,防寒服要求宽松地安装外部保护层,以免压缩绝缘(中间)层。这与为飞行机组设计更贴身的服装的必要性相冲突,目的是防止由于驾驶舱范围内的设备而导致绊倒的危险(图 5.11)。

防风和防水材料降低了对透气性的需求,需要利用新开发的材料和设计创新来最大限度地减少冲突,以便为用户提供最佳产品。

5.9.2　寒冷天气影响的人为因素

寒冷会危害健康、影响身体功能和表现,甚至可能危害生命。寒冷天气的衣服必须保护穿着者不因暴露在干燥的寒冷、风、雨、雪或雨夹雪中而失去体温。分层的衣服系统提供了灵活性和绝缘性,以抵消寒冷的影响。设计师有必要找到一种服装解决方案,以平衡热量损失和热量产生在运动中,因为在激烈的活动中热量产生可能增加 10 倍,导致可能的热应激。

寒冷的天气主要可以分为三种类型。湿冷:10℃ ~ -10℃;十分冷:10℃ ~ -30℃;极冷:-30℃及以下,低至 -60℃。

人体核心温度通常为 37℃,随着感冒的发作,流向四肢的血液减少,从而可以保持人体核心温度。失血和随后的冷却会导致不适,手部敏捷度降低,模糊不清并最终冻伤和导致体温过低。由于人体会通过对流、辐射、传导和蒸发而散失热量,因此设计师必须设计防止人体散失热量的服装。这可以通过提供最佳的保温效果和排汗产生的受控水分传输来减少热量损失来实现。

5.10.3 热平衡和多层服装系统

可以通过分层的服装系统保持热平衡，该系统可根据需要穿戴和脱卸衣服而提供灵活性。分层的衣服使空气被困在衣服之间。夹层之间的空气通常提供比各层本身的保温效果更好。尽管此案例研究仅涉及保护性外层夹克的开发，但该服装被视作一体式服装系统的一部分。

寒冷天气的服装系统是一个复杂的分层系统，旨在保护人体免受各种条件的侵害，并且已经从军事作战服装演变为在各种活动、环境条件和气候压力下提供热保护。该组件成为人体的接口，可以通过人体衣服和环境之间的微气候中的身体和生理相互作用来维持保护。服装系统的主要目的是保护环境，并补偿相互作用期间小气候中发生的不利变化。

热舒适度取决于纺织材料的热生理特性，因为在锻炼和活动期间，身体会通过出汗来调节温度，这有利于蒸发冷却。服装会阻碍水分的散发，这又会导致凝结，从而导致服装湿透和隔热性下降。寒冷和静止状态需要额外的隔热，而锻炼和活动则要求衣物允许热量通过通风或落纱散逸，以保持热舒适感。

服装系统内的分层可以通过服装组合及根据操作条件和任务要求进行选择，优化机组人员的舒适度。

一个典型的全套服装需要：内层/内衣，中层（保温），外层保护外壳，附件。

5.9.3.1 内层

内层的主要求是提供透气、保温和芯吸的性能，以提供水分管理并使皮肤接触时舒适。机组人员的特殊需求包括非熔化材料，以避免滴落危险；具有生物活性，以防止爆炸性火花。该基层是卫生层，因此期望达到抗菌性能和易于护理（用于频繁洗涤）的功效。

5.9.3.2 中层

服装系统的中间层主要与保温性能有关，并且应该轻便且透气。机组人员的特殊需求包括阻燃材料，低体积和低噪声信号。需要一种模块化或可扩展的方法来根据条件和操作要求来改变保温特性。

5.9.3.3 外层保护外壳

衣物的设计是为了防止寒冷是依赖于纺织材料的选择和精心考虑的设计特点。外壳的主要功能是通过防止水的进入，保持保温层提供的热量，并管理穿着者产生的水分。虽然设计的特点很重要，可以保持热量，也可以让热量通过开口和通风口快速周期性地通风，但复合纺织材料在调控个人微气候方面起着关键作用。

5.10 设计过程

Niessing（2012）重复了一种以用户为中心的结构化设计方案，为军事飞行人员开发耐寒生存外套。研究和分析的第一阶段检查了当前的服装供应、身体的需求、活动的要求以及环境的影响，这使设计师能够广泛了解设计状况。通过对设计过程初期阶段的研究进行分析，在探索设计问题的基础上制定了设计标准（表 5.11）。

表 5.11　设计标准

普遍需求 机组人员的极寒天气夹克		
关于设计情境的探讨		
一般目标	研究评论	问题定义
极限设计与评估	设计过程	行业合作伙伴作为军方提供的信息
飞行人员寒冷天气夹克	机组人员的任务需求	来自作为军队服装供应商的商业伙伴的投入
问题结构		
文献检索	材料分析	市场分析
热调节	设计过程符合奥地利的规范	当前服装的市场评估
通风性	基于面料供应商的机组人员的任务要求	当前服装的市场估价
	符合奥地利作为面料供应商的要求 —基于公司访问	

设计规范			
安全防护	舒适性	耐久性	造价
天气防护	重量轻，透气	使用寿命长	可接受的成本
耐热和阻燃	水蒸气可渗透	物理性能(强度)	维护成本易于维护
防静电，具有爆炸危险	水分管理，隔热	耐磨性	组件易于获取
防水，防油和防汽油	适应性和移动性	洗后外观	可维修
	感觉柔软	耐起球	生产容易
	良好的手感和悬垂性	色牢度	
建立设计标准的相互作用			
原型开发　设计开发			

5.11　耐寒救生衣用复合面料

5.11.1　织物和材料的选择

一项对纺织品的研究表明，复合材料具有保护元素和高透气性的综合性能，同时还能抵御高温和火焰，是最适合选择的材料。通过适当的面料选择，可以满足“军用机组人员极端寒冷天气生存系统标准”中的标准 1－8。

确定了寒冷天气救生衣的材料要求，并将其做了排名。

1. 防风－透湿气(MVP)膜－ 100%防风。

2. 透气－ MVP 材料，水蒸气，透气。

3. 阻燃剂－本质上是阻燃剂或改进的阻燃剂表面光洁度。

4. 抗静电 - 编织结构中的碳纤维可减少静电释放(ESD)。

5. 轻巧 - 约 180g/m^2。

6. 伪装/颜色 - 多个染色过程:生产者上色以提高色牢度并减少红外反射(IRR)。

7. 低噪声特征 - 柔软的材料具有良好的悬垂性和手感。

8. 可维护 - 易于维修。

经过研究,我们发现满足所有既定设计标准的材料是有限的。一系列 MVP 膜都可使用;但是,具有改善 FR 性能的轻质织物数量却很有限。此外,一些 MVP 膜没有满足低噪声特征的要求,尽管这是一个较低的等级标准,但对操作至关重要。奥地利“捍卫者”M9180 被认为是 FJ 飞机目前最好的服装样品的复合织物。研究认为,所选择的织物符合设计标准 1、2、5、6 和 8,并承认用户试验将确认织物是否符合标准要求,从而满足穿着者的需要;然而,这超出了小规模研究项目的范围,因为设计概要只需要一个初始原型。FR 材料的选择与极限氧指数(LOI)测试方法提供了一个指示材料的可燃性。重要的是,所选面料 Defender M9180 符合 ISO 13506 - 2008 在人体模型上烧伤预防测试标准,芳纶溶液预计为 28%,而 Defender M1980 为 8%,这表明所选择的布料能提供额外几秒的保护,并降低烧伤的风险。

表 5.12 根据选择标准和测试结果的面料选择

面料选择:双层系统				
适用领域	保护层	舒适层	舒适层	舒适层
产品名称	Defender M - DM9180 fabric	Defender M 5.5 156 g/m2 (±5%) stretch mesh knit	Polartec Thermal FR	Polartec Power Stretch FR
公司	奥地利	奥地利	Polartec	Polartec
构成	64% Lenzing FR 24% Para - aramid 10% Polyamid 2% Antistatic	64% Lenzing FR 24% Para - aramid 19% Polyamide 2% Antistatic	93% Meta - aramid 5% Para - aramid 2% Carbon	68% Modacrylic 29% Rayon 3% Spandex
Weight	180 g/m2 (±5%)	187 g/m2	237 g/m2	396 g/m2
Width	163 cm (+2/ -1 cm)		142 cm	147 cm
Construction	2/1 Twill	Mesh	Double velour	Jersey/grid
Flame resistance	ISO 15025:2000 No flaming debris; no flaming edge; no hole formation After flame: >2 sec After glow: >2 sec	ISO 15025:2000 No flaming debris; no flaming edge; no hole formation After flame: >2 sec After glow: >2 sec	ISO 14116 (EN 533) Index 3/ After flame: <2 sec No flame spread to top or side/ no hole formation	ISO 14116 (EN 533) Index 3/ After flame: <2 sec No flame spread to top or side/ no hole formation

寒冷天气救生衣是根据保护层和舒适层组成的两层集成原理设计的,在选择织物时要考虑织物性能、测试结果和规格,如表5.12所示。

保护层:外壳,可抵御天气和其他危害。

舒适层:内壳,可控制水分和气流并提供保温。

5.11.1.1 保护层

军用服装要求高标准的安全性和耐用性,因此,在五种选定的织物上进行了纺织品测试(图5.12)。奥地利Defender M9180被认为是夹克保护层的最佳面料。Defender M9180本质上具有阻燃性、自熄性、不收缩、不会熔化或滴落,并提供了与凯夫拉同等的保护作用,但烧伤风险较小。这优于阻燃处理,据苏达卡尔、克里希纳·拉梅什和布莱特宁·斯图(2008)所述,该处理不是永久性的,因此并不适用。此外,Defender M9180有层压板版本,可提供防风雨保护,低噪声特征,并允许伪装打印高标准的色牢度。随后的纺织品阻燃测试表明,Defender M9180提供的保护与凯夫拉尔纤维和芳纶等织物提供的保护等效、烧伤风险更低。

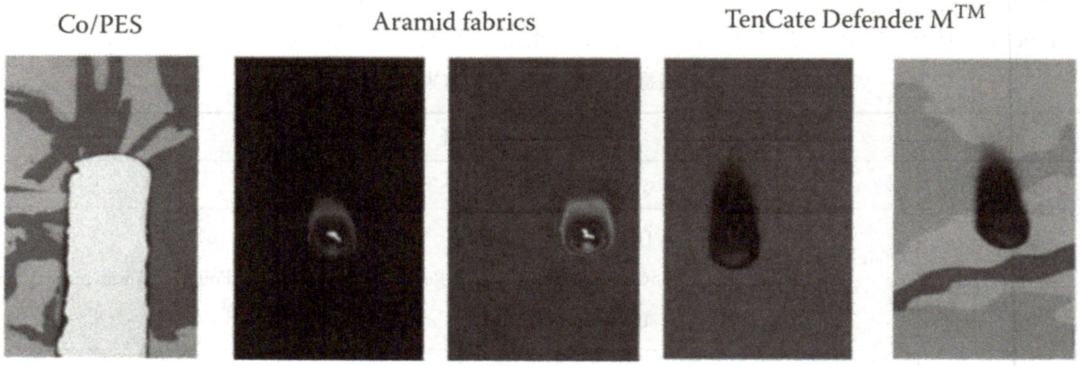

图5.12 阻燃性 - EN15025

5.11.1.2 舒适层

舒适层是根据人体贴图开发的,该贴图确定了需要保温的区域以及需要通风和气流的区域。人体需要在重要器官周围进行热防护。选择的面料是Polartec Thermal FR R2206阻燃羊毛面料,该面料采用丝绒结构提供了保温效果,该结构可捕集空气并保留人体热量。为了提高服装灵活性,选择了Polartec Powerstretch FR 2400作为侧面板。Powerstretch是一种中等重量的间位芳纶Nomex纤维,具有出色的保温性,并且固有地不易燃。选择奥地利Defender M9180(180 g/m^2)通风网,以提供与保护层一致的性能。舒适层的图案结构根据图5.14进行了绘制,此外,还比外层小,以减少体积并增强夹克内的气流。网状结构在保护层与肩膀、袖子和上身区域的衬里之间形成了桥梁(图5.13和图5.14)。

5.11.1.3 保温和透气

如上文所述,机组人员的寒冷天气救生衣必须同时适应久坐和激烈的运动。映射的构造内提供的隔热材料可以捕获空气,从而节省热量。为了维持体温的稳定和舒适度,有必要在活动期间促进通风以释放热量。但因为夹克主要是在就座位置并通过惯性背带穿着,因此很难在颈部打开夹克进行通风。由此,与通过衣服层的被动扩散相比,可调节的开口是控制热量和水分更有效的方法。根据Niessing(2012)的研究,在运动过程中,壳体之间的气流有助于通风和热量释放，这些热量通过舒适层内的网状结构释放出来，并通过前部的上袖子中的可调孔排到大气中。在评估初始原型后，根据 Ruckman(1999)等人的方法，在胸部增加了一个通风口，胸部附近进行开口设计可能是最有效的创造通风途径。

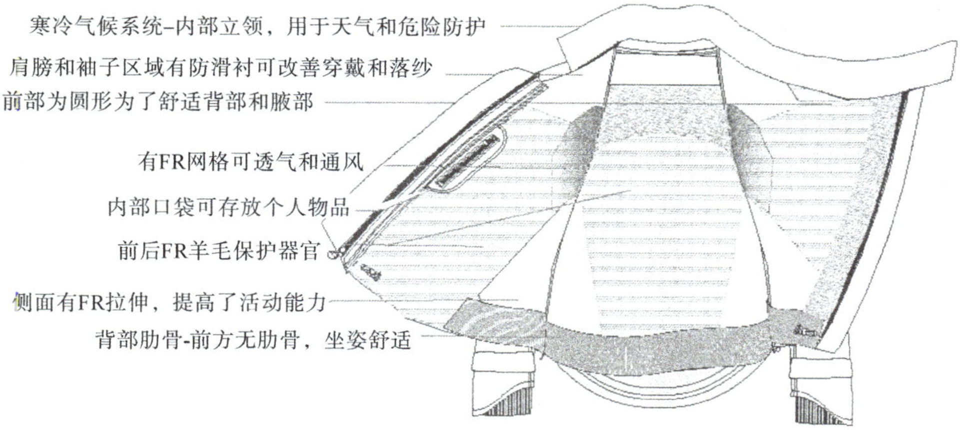

图 5.13　夹克内部结构的描述

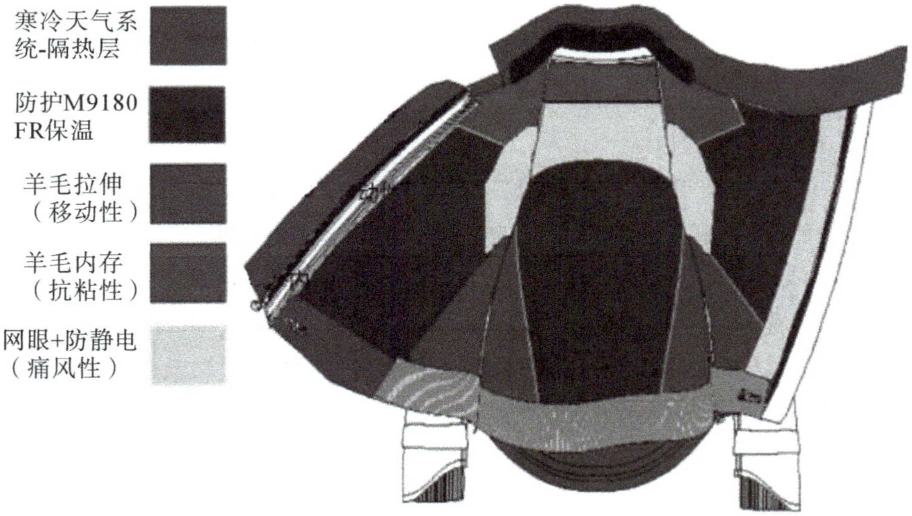

图 5.14　外套内部的织物描述

5.11.1.4　移动性

考虑到先前描述的复杂性，通过对领先的军用服装制造商的间接观察(录像和电影)和间接采访运动范围研究，已经确定，机组人员的救生衣必须促进广泛的运动，包括四肢完全外展，并允许不受限制地自由操纵关节(膝盖和肘部)。相应地开发了概念，其提供了在飞机上坐着时的主要姿势以及肘关节处的设计，以适应在飞机上进行的各种活动以及弹射后的生存情况。弹力 FR 羊毛用于增强活动性并适应背部和侧板的身体运动。服装的隔热效果会随着运动而变化，因此，外层和内衬之间的网状“桥梁”旨在适应运动，而不会影响保护层和保温层。

除了运动范围外，还需考虑穿上和脱下衣服的速度以优化安全性和舒适性，因为紧急情况下时间可能至关重要。根据 Niessing(2012)和 Ashdown(2007)的研究，穿戴和落纱的主要考虑因素是图案的构造和织物的选择。最初的设计提出了一个对角拉链，以允许更大的开口，后来对其进行了评估和修改。易滑动衬里放置在肩部和袖子区域内，以减少摩擦阻力并降低穿脱速度。

5.11.1.5　贴合性

如上文所述，在分层系统内提供保温时，重要的是外层不压缩内衣，从而使衣组件有效保温。内层必须能够提供保温并芯吸水分。随着舒适层被整合到外壳中，实现了更贴近人体工学的贴合性，这提供了保温和湿气传递的能力，同时有效地减少了宽松衣服带来绊倒的危险。

5.11.1.6　结构

设计标准已经确定，夹克可以提供防风和防雨保护，因此缝制接缝时要用不透水或微孔的胶带密封。尽管防水胶带不断发展，但密封接缝带不可避免地增加了服装的重量，因此最初探索了替代的连接方法。

被选作保护层的 Defender M9180 的层压版本具有耐热和阻燃性，为超声波焊接接缝提供了潜力。第一个原型是使用传统的车缝技术制成的。有人提出，随后的原型将采用超声波焊接，并对其强度和耐久性进行测试。舒适层的构造利用传统的缝合线接缝，该接缝使用 401 链式针迹和双针 406 覆盖针迹来实现弹性、耐用性和强度，同时形成平整的接缝。

5.12　结论

在本章中，已经讨论了消费者对功能性的要求，这些要求与复合面料的结构和性能有关，特别是针对户外运动和军事生存场合的外层服装。这很好地说明了在服装设计和开发中，复合面料在军事和商业用途之间发生的“技术转移”。

高性能外衣夹克对于保护最终用户免受天气条件影响至关重要，同时使他们可以安全地参加运动。然而，为了保持舒适，这些衣服必须促进汗液的蒸发和水蒸气的散布，这与相关地形和活动所产生的新陈代谢需求增加有关。

复合面料为这些要求提供了解决方案，并且近年来的发展变得越来越创新。但是，在户外运动与使用环境的相互作用所产生的独特大气条件下，其性能可能受到限制，这可能会导致最终用户产生不满。

设计师和产品开发人员应根据体育活动的生理要求选择高性能复合面料，并考虑使用通风设计功能以优化舒适度。此外，专业装配技术的应用对于支持复合面料的完整性和维持整体服装性能至关重要。

以军事飞行机组为例的案例演示了以用户为中心的方法的应用，该方法可以更好地满足用户在热量负担、重量和衣服舒适度方面的需求。防护服可以使穿着者免受恶劣天气，热量和火焰的伤害的同时保留热量和水分，但也因此损害人体保持热平衡的能力，并导致热应激和“塑料包裹效应”。为了响应用户的需求，设计师设计了一种防寒外套，以使各层之间的气流和通风最大化，并保持热舒适性，从而将与热有关的疾病风险降至最低。

轻便、防水、透气，以及（除用于户外服装外）耐用的 FR 材料和奥地利复合层压板 Defender M9180 提供了满足军事需求的最佳性能。Polartec Thermal FR R2206 阻燃羊毛提供轻质的绝缘，而 Polartec PowerStretch FR 提供了保温和增强的移动性。设计过程中的包括寻找最合适的，具有阻燃能力的创新材料的挑战，这些材料既能满足严格的军事需求，又能减少体积和重量。

从第 5 章介绍的案例研究中可以看出，复合材料的发展为服装提供了额外的功能特性，这些特性可以同时提高舒适度和性能。

06 运动服装的智能材料

6.1 介绍

“智慧”纺织品和“智能”纺织品，两个术语经常互换使用。初代的智能服装系统包括了隐藏在服装结构中的电源、布线和电子设备，但这仅仅是两种技术的简单相加，而不是真正的相互融合。尽管这样巧妙的服装结构和易操作的电子设备为穿戴者提供了便利，但是这不能被视为技术的真正发展。飞利浦 ICD ＋夹克系列的服装就是以这种技术方式推向大众市场的实例，尽管在推出之初就引起了媒体的广泛关注，但消费者很快就对这种服装的新颖性失去了兴趣。立足于此，大量关于无缝接合面料、服装和信息技术概念等的研究得以进展，从而产生真正的智能材料。由美国军方开发的“可穿戴主板”服装，被认为是第一批智能服装，由于它在织物结构中整合了绝大多数电子组件，又被称为“第一代自适应和响应式纺织品”。

从这开始，智能织物的潜在使用范围就扩大了。在医疗保健领域，智能纺织品的发展从帮助监测受伤士兵快速地转向家庭医疗保健，并且随着技术发展已经研发出能够对患者进行远程监测的产品。这些发展使产品瞄准了大众市场，使消费者能够通过身上的衣服监测自己的健康。

体育作为一种休闲活动越来越受欢迎，同时它还能促进大众健康和幸福指数的提高，因此体育运动被提上了政府议程。然而，研究表明在举办 2012 年伦敦奥运会之前的数年中，参加自行车和田径等运动的人数呈强劲增长态势，但现在这种趋势正在下降。

市场下跌的原因有很多，其中缺乏动力可能是其限制因素之一。体育锻炼带来益处的视觉效果被证明是很大的动力因素，而这也正是智能纺织品正在迅速发展的领域区间。明特尔集团于 2013 年提出消费者不仅可以使用衣服上的技术来了解自己在运动中的进步，还可以制定个人目标，从而为提升对这项运动的认同来助力。因此耐克和阿迪达斯等主要的运动品牌着手开发在鞋袜和衣服内放置传感器的行为也不足为奇，这些传感器可以与腕带和移动手机应用程序链接起来，从而使佩戴者能够在体育锻炼或高强度训练中跟踪自己的进度。

本章对目前的智能纺织技术进行了概述，先从智能纺织品的广义定义开始，然后在对如何为此类服装供电以及如何收集和传输信息进行探讨。之后，本章将进一步介绍智能纺织品，尤其是在运动服装的应用上如何响应体内的变化并适应这些变化，以增强舒适性和性能。案例研究将用来说明智能纺织品在运动服装市场中的应用。最后，本章将继续讨论智能纺织品的未来发展以及技术领域的局限性。

6.2 智能材料的定义

人们普遍认为，智能材料能够感知周围环境的变化，并对这些变化做出相关反应。然而，陶于 2001 年提出，智能材料可以分为三类：被动性智能材料可以称为是传感装置，也就是说，这种类型的材料可以感知环境的变化，但不具备对这些变化做出反应的能力；主动性智能材料既可以感知外部刺激，也可以对其做出相应的反应；高级智能的材料能够根据周围环境的变化进行感应、反应和适应。

在医疗行业中，对智能材料已经进行了很多的研发工作，其中在患者监护方面有重大创新。同样，军方发现智能材料对于监测战斗中的士兵极为有效，能够针对需求最迫切的人使用医疗援助。开发的主要部分是提高智能材料在运动服装中的使用。

由于智能材料的潜在应用多种多样，因此为针对电源、导电纱和集成传感器的问题提供了许多解决方案，下面将逐一讨论每种解决方案。

6.2.1 电源

限制智能纺织品发展的一个因素是纺织品"系统"运行所需的电量。早期的智能服装只是简单地将导线隐藏在服装结构中，例如，连接耳机和 MP3 播放器的导线，后来在服装研发、特别是滑雪服方面，如斯匹德生产的夹克，采用了埃里克森集团的"软开关"技术。这些夹克利用耳机或服装领子内的内置扬声器输出，隐藏了连接织物键盘和 MP3 播放器所需的电子设备的线。另一件由菲利普和李维斯合作生产的 ICD + 夹克可以让穿着者通过衣服结构中内置的麦克风和隐藏的导线来操控自己的手机和 MP3 播放器。然而，在上述所有情况下，电源问题都是由 MP3 播放器或手机自身配置的电池来解决的。

随着技术的发展渐渐超过娱乐系统，电源问题仍旧是一个难题。智能服装需要一个电源来为集成系统供电，在某些情况下，还需要传输这些系统产生的数据。

传统电源主要采用交流或直流电源，虽然这可以轻松满足智能服装系统的要求，但都需要与电源进行硬线连接。对于在患者只能卧床休息的医疗环境中，这不成问题，但是，在医学领域，限制运动也会使穿戴者感到不适，这也是为什么这种方法完全不适合运动服装。例如，运用在 MP3 和移动电话上的锂离子电池技术，现在已经成功用于智能服装。这种类型的电源的问题是其相对寿命有限，并且由于要根据所供应系统的功率需求来频繁地充电。这个问题驱使研究人员尝试着寻找替代电源。

光伏（PV）电池的太阳能发电是一个备受人们关注的领域。传统的光伏电池材料，如晶体硅，具有硬且脆的特点，并不适用于服装。纳米技术的发展意味着硅基材料可以用来生产薄膜，甚至可以被纺成纤维，从而将光伏组件合并到纺织衬底中。这种可持续能源的优势在于对环境的影响有限，产生的有害副产品也最少。另一个优势则是即使是偏远地区的穿戴者，仍然可以使用这种丰富的能源。同时它也有一个缺点，那就是在那些缺乏大量强烈阳光照射的地方，电池完成充电的程度无法满足智能纺织品系统用电所需。

6.2.2 导电纱

为了能让智能服装能巧妙地将布线隐藏在服装结构中，需要将纺织品本身作为"布线系统"。如图 6.1 所示，导电纱帮助解决了这个问题，但其自身也存在一些问题。早期的研究集中在金属纤维和纱线上，如铜、钢、镍和银，它们以导电性能强而为人所知。然而，很快人们就发现这些纤维在柔韧性方面存在问题，即影响织物的悬垂和手感，造成织物舒适度下降。此外，成本也是研发这些织物的一个阻碍因素，不仅是原材料本身的价格，还有在织物生产过程中，由于机器而造成损坏的额外成本。

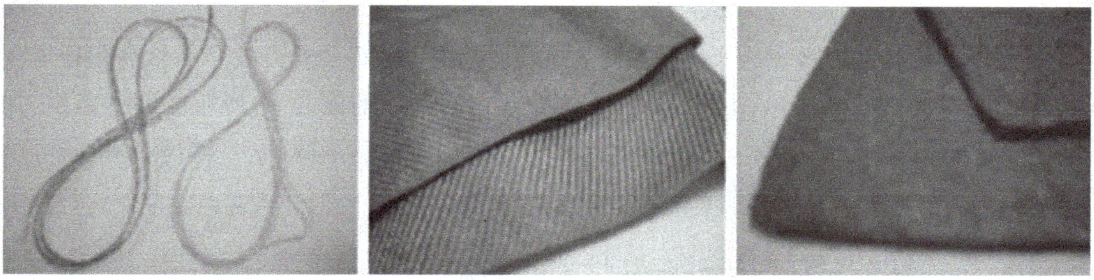

(a) (b) (c)

图 6.1 金属导电纤维

(a)金属纺丝与金属聚酯混纺;(b)梭织金属纱;(c)无纺布金属纤维织物

关于聚合物长丝纱的最新发展表明,这些纱线可以通过在纺液阶段加入活性导电聚合物成分,采用传统熔体纺丝方法来制造。有关导电聚合物的纱线涂层运用的研究也取得了一些进展,比如将聚苯胺(PANI)盐用作聚乙烯迪尼玛©纱线的涂层。聚吡咯(Ppyr)也被成功地用作聚酯织物的导电涂层,从而为开发真正集成电子系统提供了可能性。

另一种方法是使用刺绣技术将电子电路集成到纺织品之中。为了使得纱线不仅能用于点缀还能充分发挥其原有功能,相关研究已经进行了很多。诺丁汉特伦特大学(Nottingham Trent University)的研究人员已成功使用镀银纱线将天线绣在衣服上,从而促进无线兆赫频率的数据传输 。另一种可能解决集成导电问题的方法是使用导电油墨印刷。这样就可以根据需要来打印特定的电路,但是在该领域仍需要通过大量研究来确保此类电路的有效性和可靠性。

6.2.3 集成传感器

传感器作为服装的一部分必须是没有弊端的,尤其是在运动服装中,这样才能不分散穿着者的注意力,也不会影响其运动表现。纺织技术的发展意味着,纺织品本身可以被视为传感器,而不是小心翼翼地在服装或纺织品结构内部安装一个外部传感器。

科伊尔(2009)等研究人员使用现有的吸湿排汗面料作为运动吸汗的一种方式。通过使用比色 pH 指示器、LED 检测器和无线发射器,研究人员能够监测体内液体的流失速率。这样的系统对于运动员监测自身水合水平(对运动成绩有巨大的影响)是非常有用的,特别是在湿度和湿度明显不同于运动员日常训练和比赛的环境中。

呼吸频率被认为是衡量体育活动表现的关键指标。具备测量压力应变功能的织物能够用于监视胸腔的运动,从而测出呼吸频率。而压电纤维(那些在压力下产生电势的纤维)被认为是可以使用的最佳纤维类型。蚕丝之类的天然纤维可以在某种程度上表现出压电特性,但是人工合成聚合物如聚偏二氟乙烯(PVDF)、聚丙烯(PP)和聚对苯二甲酸乙二酯(PET)可以经过设计而表现出压电特性。这些纺织品通常需要像带子一样结合在服装结构中,并牢固地固定在胸腔周围,以提供最好的呼吸测量。此外,压电纤维可用于监测运动员在活动期间的运动数据。传统意义上,运动员在训练和比赛中的动作和姿势由教练团队监控,并通过观看表演后的视频进行讨论。智能纺织品监测器可为运动员和教练提供实时反馈,使运动员在进行活动时能够调整姿势和技术。例如,在鞋子中使用压电传感器可以获得行走和跑步步态的反馈;同样地,压电腕带能够帮助网球运动员调整他们的握拍姿势和手腕姿势。

装有集成传感器的服装越来越受人们的欢迎。智能生活等公司开发了一款商用智能生活健康背心(Smartlife healthvest©),背心内含集成传感器,可监测心率、呼吸频率和温度,如有需要,还可提供心电图读数。这项技术允许用户将这些信息下载到个人智能手机或电脑设备上,从而实现对生命体征的个人监测。

6.3 智能材料对运动服装性能的影响

6.3.1 健康与成绩监测

健康监测一直是智能纺织品发展的关键领域。贴身穿戴智能纺织品并用硬接线将其连接到显示器,近年来已经成为一种用于监测生命体征(例如心率和呼吸频率)的技术。然而,随着无线技术的发展,人们不再需要将硬线连接到外部设备上,这也大大改善了患者的移动能力,并提升了患者的舒适度。正如一些研究表明的那样,这也大大缩短了患者的康复时间。

这些技术很容易应用到运动服装领域。将传感器安装在衣服内并通过无线传输信息,可以提供有关生命体征的关键信息,从而对运动员的表现产生影响。在比赛季的准备阶段这将为运动员提供有价值的信息,在不妨碍训练的情况下可以量身定制训练课程以提高运动成绩。同样,通过对数据的分析,可以在比赛期间监控运动员的表现,从而为未来的赛事制定策略。需要注意的是,传感器不能被运动员察觉或发现,否则会导致运动员注意力分散或身体不适,最终导致成绩下降。

这种技术的局限性在于传输无线数据的模式。传统的无线传输耗电量大,因此供应此等电量的电池尺寸也是相当惊人的。最新的无线协议 ANT 要求运行时所需的电量大大减少,因此相应的电池尺寸也会缩小,可以装配到衣服中,充电频率也降低到适当的水平。

6.3.2 自动调节

智能材料是能够检测外部刺激并做出反应,进而进行相应的自我调整的材料。其包含有各种类型的材料。

6.3.2.1 形状记忆

形状记忆纺织品在经受外部刺激(通常是温度)时表现出为一个暂时的变形形态,刺激消除后再回到原来的形态。这种材料是通过加热聚合物到一个特定的温度(称为变形温度),然后在这个温度下定型,最后冷却而制成。在使用过程中,如果材料被加热到变形的温度,它就会失去原有的固定形状,从而改变所赋予的性能。因为此种变化发生在结构的形态中(如图 6.2),而不是由于聚合物的降解而形成,所以这个过程是完全可重复的。

在运动服装应用中,此类纺织品可用于身体的体温调节。仿自然生态薄膜材料是一种基于环境条件模仿松果做打开和关闭运动的仿生结构,具有调控温度、防水、透湿的特质。织物结构随着人体温度的升高而呈现打开状态,从而允许热量和水分从人体中散出并促进身体冷却。随着环境和身体的冷却,织物结构会关闭,从而将空气阻隔在衣服和身体之间,达到隔热效果。

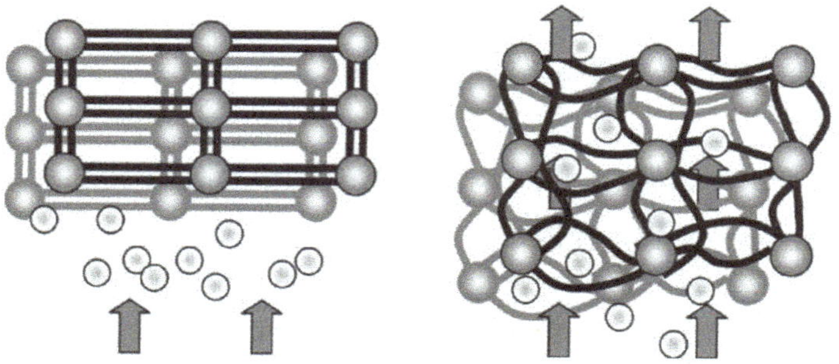

(a)　　　　　　　　(b)

图 6.2　形状记忆效应原理图：

(a)低温封闭结构；(b)高温开放结构

6.3.2.2　相变

相变材料是那些在吸收或释放热能时具有改变状态能力的材料，因此它可作为织物和服装的温度调节剂。尽管使用的材料和技术有多种，但通常在这些材料中最基础的成分是一种被包裹在纤维中的蜡类化合物（图 6.3）。除了石蜡以外，水合无机盐、线性长链碳氢化合物和聚乙烯乙二醇等化合物也被用于开发具有更高温度调节性能的纺织品。研究人员正在探索采用诸如叠层和涂层之类的技术（图 6.4）作为纤维封装的替代方法。

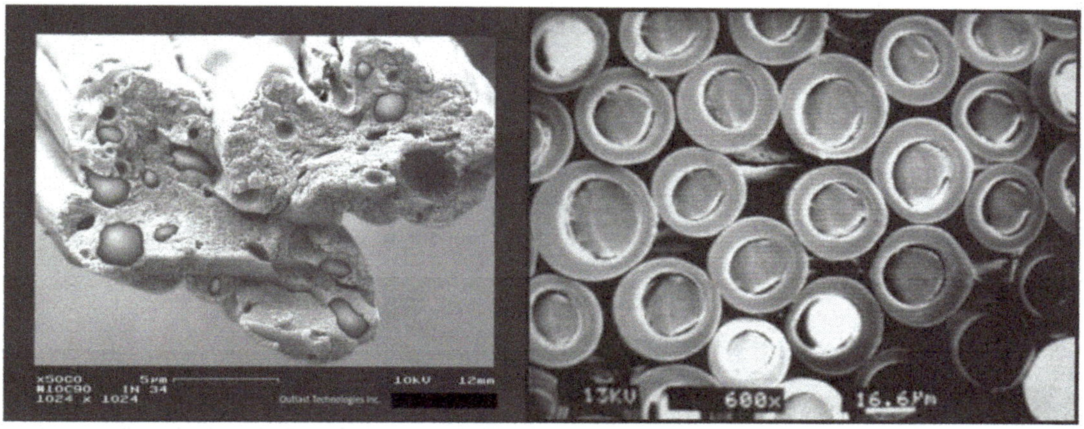

图 6.3　用（左）粘胶纤维和（右）聚酯纤维封装的 Outlast 相变材料

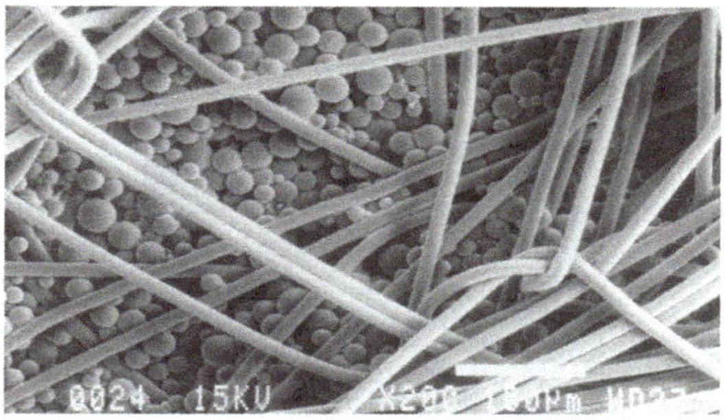

图 6.4　涂层含有 Outlast 相变材料的织物

相变材料在纺织服装应用中发挥其有效性，需具备以下关键特性：

1. 熔点在 15℃ ~30℃。

2. 熔点和凝固点之间的差异性较小。

3. 在反复熔化和固化过程中具备良好的稳定性。

4. 优良的导热性。

此外，健康和安全因素如低毒、耐燃性和对环境的影响也是应当考虑的关键因素。但是对于大众市场来说，成本才是决定性因素。

随着人体温度和环境温度的升高，该化合物会吸收热能，并随之将其状态从固态转变为液态，从而帮助人体散发热量并冷却机体。相反，当温度下降时，该化合物会释放出热能，并从液态转变为固态，使身体周围区域升温。服装需要精心设计，以确保从能量运动中受益的是身体，而不是周围的空气。

目前，通常在服装中可以加入纺织品配重中的相变材料的量约为 150 ～ 400 g2，但这只能保持约 15 分钟的效果。然而，这对运动服装却很适用，在热身后立即穿上衣服，可确保肌肉在运动前不会冷却。这项技术已经在一些重量级服装中得到了应用，比如那些在寒冷气候下进行极限运动的服装。此外 Outlast 等公司生产的相变材料也已用于滑雪板和滑雪的手套的生产，此类材料极大地提高了手套的热舒适性。

图 6.5 ～图 6.7 中的图像显示了将 Outlast 相变材料用于手套的实验结果。这些图像是用可以追踪热辐射的红外相机拍摄的，其中红色区域是热辐射较高的区域（温暖的区域），随着热梯度的降低变成黄色和绿色。蓝色区域是热辐射较低的区域（较冷的区域），随着梯度的进一步减小，其逐渐变为黑色。图 6.5 显示了测试之前的手部区域，从上面可以清楚地识别出热度较高的区域。

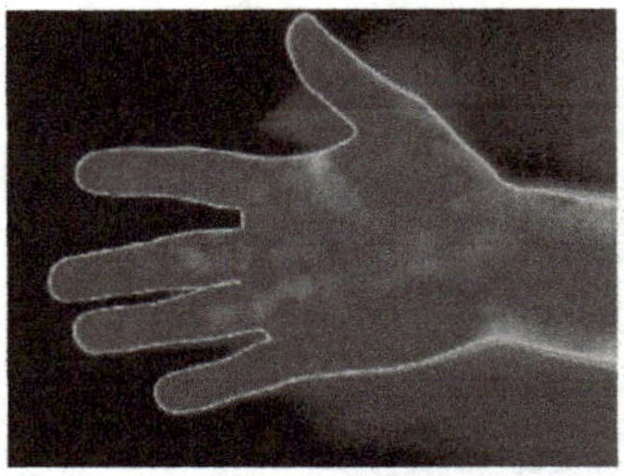

图 6.5　测试前的手

图 6.6 显示了将戴有 Outlast 手套的手放在冰块上 5 分钟后的效果，仍然可以看到温暖的区域，表明相变材料“保护”着手免受寒冷侵害。

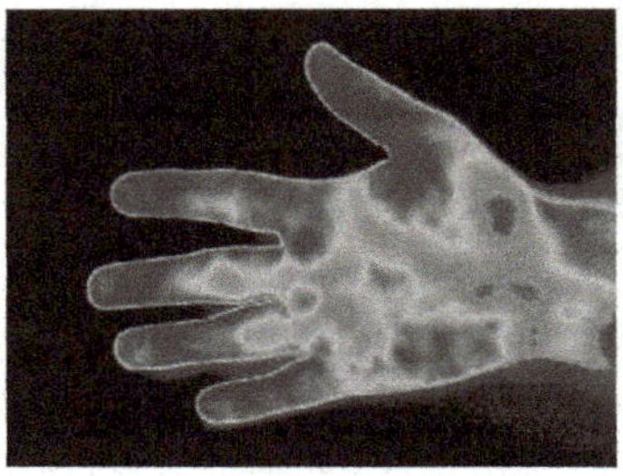

图 6.6　佩戴相变材料并置于冰块上 5 分钟的手

图 6.7 显示了将戴着无相变材料手套的手放在冰块上 5 分钟后的效果，从图中可以清

楚地看到热量的流失,这也表明此类手套可能会引起穿戴者不适。

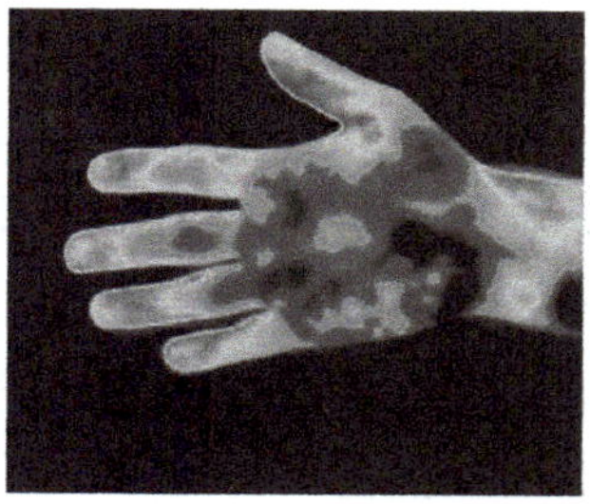

图 6.7 戴着非相变材料成分的手套并放在冰块上 5 分钟的手

6.3.2.3 色度效应

由于外部刺激而发生颜色变化的材料称为彩色材料。颜色功能的具体类别依赖于以下刺激:

光致变色 - 因光而引起变色。

电致变色 - 因电流引起的颜色变化。

压致变色 - 因机械变形引起的颜色变化。

溶剂变色 - 因水分引起的变色。

热致变色 - 因热而引起的变色。

热致变色纺织品已在医疗行业中用于体温的监测,同样也可用于运动服装领域帮助性能监测。溶剂色素在提高运动服装的性能上也起到了类似的效果,它能监测汗液的产生,从而为穿着者提供必要的补液建议。

到目前为止,染色纺织品仅仅在小众市场的新潮服装种类上使用。

6.4 智能材料在运动服装领域的特定应用

6.4.1 竞技

职业运动员需要在自己的身体状态和外部环境中都处于完美的条件下才能达到最佳的运动水平。

智能纺织品可以在训练环境中提供非侵入性的监测技术,因此不会分散穿着者的注意力。然而,监测身体对运动的反应并不仅仅局限于专业运动员的需求。体育是一种人们司空见惯的娱乐活动,而许多参与者都热衷于监测自己的表现。许多公司已经意识到这类监测设备的"高街需求",并且其中有一部分监测设备可以在休闲和专业运动服装市场上购买。

SmartLife 等公司已经开发出了"健康背心"。这种 T 恤式的服装由含有弹性物质的针织物制作而成,因此具有良好的合身性和舒适性。在服装的前部,心电图电极和呼吸监测器与电路线一同编织到织物结构中,其中的电路线是由涂银的聚酯纱线制成。背心可以提供实时监测和数据输出,这可以使运动员了解并调整自身的表现和训练方式。

同样,努·梅特雷克斯研发出了"运动文胸"。传感器和导电元件都隐藏在服装内部,因此最大限度地减少了监控设备可能造成的干扰。信息通过便携式无线传输设备传输到手表上,使佩戴者能够实时监测自己的心率。此外,还有各种颜色的服装和手表配件可以选择,以满足佩戴者的时尚要求。

6.4.2 滑雪服

滑雪运动包括高活力期(滑降)和相对的低活力期(在滑雪道末端休息,或坐缆车爬到坡顶),因此,滑雪服必须能调节温度,即具备透气和保温的性能。

相变材料完美地适合与休闲滑雪相关的较短滑雪道。当速滑和升梯攀登时间较短(少于10~15分钟)时,可以在衣服中加入足够的相变材料,以实现有效的温度调节。滑雪服一般比常服要厚,然而,穿戴者在穿着时仍然需要有足够的灵活性来适应正常的身体运动,这就限制了相变材料在胳膊和腿部(在某种程度上也包括躯干)的添加量。

寒冷的气候中,在热传导效应的作用下,手和脚是身体失去热量最多的部位。脚部对服装的灵活性需求较少,因此,使用的纺织品可以更厚,也就是说可以使用更多的相变材料,从而增加材料有效性。此外,虽然滑雪还需要一定的操作技巧,但可以在手套中加入较多的相变材料,提高保暖性的同时也不会影响运动。

高山运动对服装要求的一个关键因素是防风,如果身体没有足够的防风措施,身体内部的热量会加速流失,体温随之降低。与此相关最为重要的是,服装能够在身体需要降温时将身体产生的水分排出。水分要及时地排出,而不能停留在皮肤或织物结构上,否则会再次加速周围环境的降温效果。在这种情况下,形状记忆聚合物将起到重要作用,当身体受到寒风侵袭时则织物结构关闭;当身体温度开始升高,则织物节后打开以排出水分。

个案研究:哥伦比亚奥米热能。奥米热能(Omni-Heat)是另一种智能温度调节方法,它使用材料有以下几种。

反射性圆点:印刷在织物上的一系列金属点将热量反射回身体,从而帮助保持热量并减少传统保温层所需的厚度。当身体开始升温,衣服内的湿度增加时,这些箔点被激活,作为导体将热量从身体发散出去,从而防止过热和出汗过多。

吸湿排汗:主面料是聚酯或弹性纤维混合物,可通过聚酯纤维的横截面形状实现吸湿排汗。

透气:主要的织物结构允许空气自由流动,以辅助温度调节。

哥伦比亚公司已将这项技术与鞋类的智能应用相结合,其公司生产的Bugaboot靴子就采用了上述技术,这款靴子增加了一个柔性碳纤维加热元件,由锂电池(移动电话类型)供电,使用交流电适配器充电。加热元件可以通过靴子侧面的一个按钮来操作,可以为脚提供长达8小时的热量。

6.5 智能材料的未来发展

智能纺织品的大部分发展都围绕着电子元件的小型化,这些电子元件将用于监测佩戴者。微芯片和处理器的微型化使得研究人员(如诺丁汉特伦特大学的研究人员)能够将芯片与纱线结构结合起来。而更传统的电子产品与纺织品的结合涉及纺织品的"正面"和"背面"(背面是指能在上面看到所有的元部件的一面)。这些微型芯片与充当导体的纱线一起协同工作,这意味着纺织结构本质上是支持智能操作的电子电路。

从智能纺织品领域的新发展角度来看,将石墨烯用作服装基质具有广阔的前景。关于将石墨烯作为一种新型电子器件的研究也正在进行。由于石墨烯只有一个原子厚度,它具有极强的柔韧性，因此可以在电子与纺织品和服装的结合方面带来巨大的飞跃。美国陆军研究实验室目前正在探索将含有石墨烯成分的设备作为可穿戴的电子设备的可行性。正如本章前面所讨论的，智能纺织品在运动服装中的许多应用都是在军事研究中开始的，这也就证明了智能纺织品在运动服装中的使用将是一个令人耳目一新的方向。

研究人员对柔性电池的研究将会进一步深入，这就意味着衣服上不再需要一个口袋用于放置电池电源。高柔性电池为服装设计打开了更多无限的可能性，并可以在不牺牲功能性的前提下极大地改善服装的舒适性，这将成为运动服装研发需要考虑的一个关键因素。

6.6 讨论

智能纺织品的市场正在扩大，特别是在运动服装等行业，在这些行业中，需要对穿着者进行监测，并对收集的信息进行分析。

这种技术，在时尚产业还没有得到真正的应用，智能纺织品仍然经常被当作新颖的物品来使用。时尚业如果继续把这种技术发展视为一种“噱头”，利用这种技术来支持 LED 等结构，这将会是一种冒险的做法。但是，像安吉拉·麦基这样的设计师渴望探索时尚功能技术的概念，并且正在创造功能强大的含电子照明的时尚服装。布料的弹性提高，使智能服装的操作更容易，这也使设计师能够更轻松地设计服装。在早期的研发中，组件的布线是服装设计的决定性因素（正如 ICD + 夹克所示），这也就导致了智能服装非常厚重。导电纱、元件和传感器现在都以各种形式出现在货架上，使用这些元件生产出的服装质量更轻，穿着更舒适。

服装行业仍然面临着智能纺织品的电源问题，因此在找到可行的选择之前，该技术的发展受到了限制。手机行业在减少电池尺寸的同时在提高电池寿命方面做了很多工作，这也给了我们一些鼓励。比如苹果和三星等公司是智能手机领域的市场领导者，其产品在不增加电池尺寸的情况下增加了更多功能。

可替换电源不应被人们忽视。传统的可充电电池通过插入主电源来充电，这需要花费一定的时间，因此可以用更具可持续性的替代方法来实行。如上一节所述，在过去的几年里，太阳能发电取得了巨大的飞跃，随着太阳能电池的尺寸减小，适应性也有所提高。“穿戴式充电”的概念对消费者吸引很大，也让他们很快就会对传统的充电方式感到不满。

为了使智能纺织品在体育行业和医疗方面的应用中成为一种可靠的产品，无线技术的完整性仍需进一步改进。有一种观念认为无线技术仍然不如硬线技术可靠，为了让这种纺织品获得信任，数据传输的绝对可靠性至关重要。虽然这在很大程度上只是一个概念而不是事实，但无线技术确实有改进的空间。

最后，应该考虑对环境的影响。含有添加技术的纺织品真的有一席之地吗？这些衣服的使用期是多久？我们可以认为，就表演性运动服装而言，总是需要监测运动员的运动表现——比如通过心率、血压、呼吸频率或本章前面讨论的其他功能来监测。然而，随着技术的快速发展，这是否意味着服装可以随着技术的发展而升级，还是现有的服装在几年后就会被认定过时？在这种情况下，这是否意味着现在的服装将被填埋，还是它们可以被回收再利用？有人可能会认为，服装就相当于传感器并在传输原始数据，处理软件将会发生变化，因此，服装的寿命将比最初认为的更长。随着智能纺织品市场的扩大，这个问题才会渐渐浮出水面。

6.7 总结

智能材料在未来的运动服装中扮演着重要的角色。自20世纪90年代末，将电子产品集成到服装中以来，智能材料已经取得了许多发展，尽管这种服装的新奇元素很快被消费者所忽视，但它已成为创新的基础。军事和医疗应用领域的智能服装的发展很容易转化为运动服装产品。首先考虑的是运动成绩监测，集成传感器和压电纤维的研发使专业运动员能够实时监测他们的活动，记录他们的数据进行分析，使训练课程能够相应地进行调整。大众市场能够很快地调整产品适应大众的需求，如努·梅特雷克斯运动胸罩。

除了性能监控之外，智能纺织品采用了形状记忆和相变材料，在提高舒适度方面取得了一定进步。这些技术使服装具有良好的温度调节性能，可以根据穿着者的个人需求进行调整。

但是，时尚与功能的概念不容忽视。没有服装设计的发展，性能技术就无法取得类似进步。服装设计师也在接受这样的发展，并且可以在时尚界看到智能纺织品技术所提供的美学价值，例如热、光和电致变色染料或内置照明。随着这些技术被时尚界所接受，将性能技术融入服装将更加轻而易举，"噱头"因素被真正的功能性和服装创作的方便性所取代。

07 压缩运动服装的应用

7.1 介绍

运动锻炼指的是身体(躯干、上下肢)的运动。在某些情况下,业余爱好者和职业运动员在运动锻炼中都会经受软组织损伤。对职业运动员来说,在一场比赛期间展现优良的个人表现是最为重要的。许多运动员认为肌肉的压缩对支持和增强肌肉对齐、提高肌肉运动的效率是必不可少的。为了帮助伤者康复,他们还用绷带包扎受伤部位。近年来,由于压缩服装具有为穿戴者提供功能性支持的能力,使得压缩服装在运动服装中的应用有所增加。

本章主要介绍与压缩服装相关的研究,并着重介绍相关的特定体育运动,如自行车、滑雪和橄榄球等项目的最新发展。尽管关于压缩服装的相关论证是少之又少,但其益处已在各种环境下(运动、临床和非临床)为人所知。目前已了解到的使用压缩服装的益处主要是:增强血液循环、减少旧伤复发、帮助身体恢复、提供肌肉支撑和减少肌肉酸痛。然而,一些制造商宣称压缩服装能够提高运动员成绩,这一言论是有争议的,并且到目前为止收集到的资料还不足以说明这一点。关于压缩服装应用于运动服装领域的益处和限制的研究在本章中有相应回顾。大多数研究使用不同的设置而且样本量小,因此有必要延伸研究的覆盖面。本章对影响服装的设计和发展的相关因素,如体型、织物面板、材料性能、尺码、舒适度等方面进行了探讨。此外,在设计创新型压缩运动服装的背景下对压缩运动服装的市场趋势和影响新产品开发的因素也进行了讨论。

本章的主要目的是概述可用于体育运动(包括橄榄球、自行车和滑雪)的压缩服装。本章的内容能够使读者理解压缩服装在运动服装和特定应用中的用途,并将进一步发展设计师的创新思想,以开发创新型功能性服装。

7.2 背景与原理

弹性压缩绷带在医疗保健中已被用于控制组织肿胀和水肿,帮助静脉血从下肢回流到心脏。压力疗法在保健方面的益处已受到关注,包括通过修复受损瓣膜的功能,帮助患者小腿肌肉发挥正常功能,提高患者的生活舒适度和生活质量,改善患者的皮肤状况。压缩方式根据拉伸和弹性的应用方式,来改变两者的数量,这种改变既有内在的,也有外在的(图7.1)。纤维、织物和染整工艺的最新发展使研究人员能够开发一种新型压缩运动服装,这种服装对身体四肢施加不同程度的压力,以加快血液回流到心脏的速度。一些压缩服装开发商宣称,这款压缩运动服装能够改善血液循环、提高选手成绩、减少恢复时间、缓解肌肉酸痛、加速乳酸分解。

本章是对体育运动(包括橄榄球、自行车和滑雪等项目)中的压缩服装做概述。值得注意的是,压缩服装也因起到美容的作用而被广泛采用,尤其是能够淡化疤痕、减少术后感染风险、减轻疼痛和促进减肥。疝患者通过使用压缩内裤,为身体组织提供足够的坚固性,掩盖腹部隆起。虽然已证明压缩方式的有效性,但本章的重点是压缩服装在运动服装上的应用。

图 7.1　压缩长袜

7.3　压力及其对生理功能的影响

压缩服装的原理类似于治疗下肢的压力疗法，即应用已知的压力量来帮助静脉血回流到心脏。

压力疗法的创造是基于拉普拉斯方程，该方程表明压力与张力的大小和所应用的层数成正比，与四肢围度和所应用材料的宽度成反比。尽管压力疗法的有效性已被证实，但有关压缩服装有效性的证据仍然是不足的。梯度压力能够促进血液从下肢流向心脏（图 7.2）。与通过对下肢施加持续的、渐进的压力帮助静脉血回流心脏的压力疗法不同的是，对压缩服装关于提高运动员的成绩、加速损伤恢复的说法都过于乐观。应该注意的是，服装对身体局部施加压力只能起到支撑生理过程（增加血液循环或帮助肌肉损伤的恢复）的作用，并不能保证提高运动员的成绩，这是因为运动员的成绩受很多变量影响（图 7.3）。

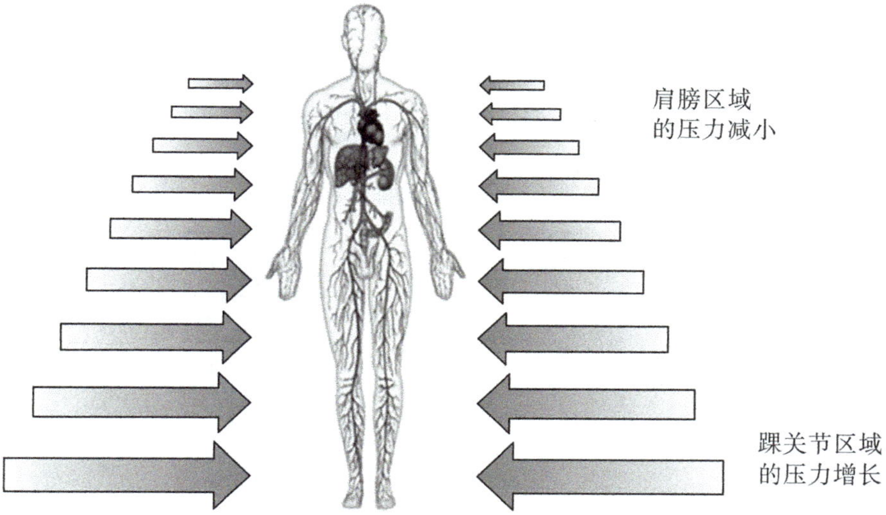

图 7.2　血管系统和压缩压力梯度－在下肢压力达到最大和在肩膀区域压力达到最小

职业运动员下定决心取得个人最好成绩，包括在每个竞技项目上打破世界纪录，这是非常常见的情况。自 19 世纪以来，加压疗法就已在医学上用来治疗疾病。自 20 世纪 80 年代起，随着弹性纤维面料的流行，加压疗法的特色越来越多。本章讨论了压缩服装应用于运动服装的优点和局限。压缩服装的益处不仅包括生理的、还有心理的，本章依据研究中获得的资料针对压缩服装的用途进行了批判性的评估。

图 7.3　运动员穿着压缩式运动背心和紧身裤

典型的压缩服装具有贴身性和合身性的特点(图 7.4),能够对肌肉施加压力来为身体提供支撑,增加血液循环,降低血液乳酸水平,这促进了运动员静脉血的健康回流。图 7.5(a)和图 7.5(b)所示,如果没有压缩服装提供肌肉支撑,运动员肌腱拉伤和小腿扭伤的意外时有发生。

图 7.4　典型的压缩排汗衣物

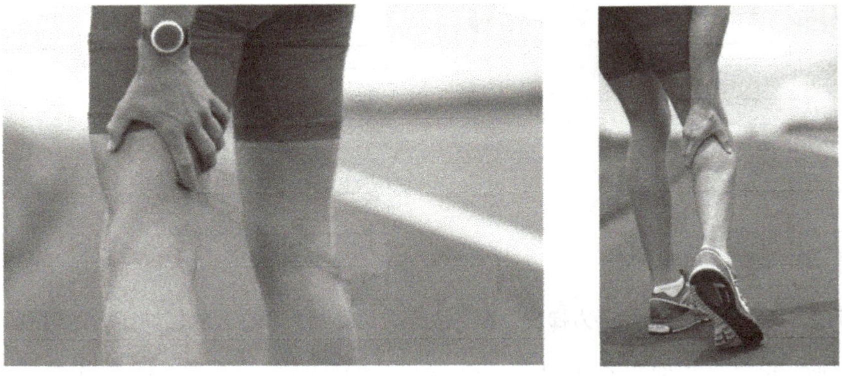

(a)　(b)

图 7.5　(a)—跑步者的运动损伤;(b)—运动损伤——痉挛

7.4 压缩在医疗上的应用

自19世纪以来，尽管压力疗法已在医疗保健中得到广泛使用，但使用绷带治疗静脉疾病的历史却可以追溯到公元前450年—350年。临床医学已经证明使用梯度压缩的有利性，特别是它能与肌肉协同促进血液流向心脏。压力疗法的其他显著益处是：吸收伤口渗出液；减小疤痕面积和改善疤痕外观；缓解静脉疾病等相关症状。

压力治疗可以采用两种方法进行：通过传统的绷带技术或通过特殊制造的服装，如医用弹性压缩袜。范·盖斯特等人对如何将一些服装类别划分为弹性和非弹性进行了解释。虽然由于静息压力较低，无弹性绷带可以佩戴24小时，但弹性压力在24小时内应及时消除，以避免身体经受持续压力而造成的压疮。

无弹性绷带，也称为短拉伸绷带，能在短时间内施加轻微压力。由于它无法与腿的形状相契合，因此所施加的大部分压力随着时间的推移而逐渐减小。弹性绷带，也称长拉伸绷带，由于其结构的灵活性，能够提供更长时间的压力，但是会给使用者带来不适。

医用弹性压缩袜(MECS)依据使用者的需求，有多种长度可供选择。这种压缩袜是根据处方来分类的，这些处方根据所需的治疗给患者脚踝施加10毫米汞柱或大于49毫米汞柱的不等压力(1毫米汞柱=0.133千帕)。范·盖斯特等人根据医用弹性压缩袜对脚踝施加的压力，将医用弹性压力系统(MECS)分类为：低压(10~14毫米汞柱)、中低压(15~21毫米汞柱)、中压(23~22毫米汞柱)、高压(34~46毫米汞柱)和超高压(≥49毫米汞柱)。

目前绷带的分类已并不仅仅包括用于压缩的绷带。那些在尺码方面有特定需求的患者可以选择定制的医用弹性压缩袜，也可以选择分类中现成的样式。拉梅莱特指出，一些患者认为医用弹性压缩袜难以穿戴，尤其是压力等级较高的压缩袜，但是，现在可以借用一种既特殊又容易被接纳的设备来处理这个问题。

尽管绷带和医用弹性压缩袜(MECS)是医学上最常用的压力治疗形式，但其他压缩服通常用于治疗烧伤和增生性瘢痕。在20世纪70年代早期，人们对压缩服的用途进行了研究。维尔纳特报告说，压缩服有多种形式，包括连体衣和手套，而且人们习惯一整天都穿着它。

关于压力疗法对医学疾病的有效性的讨论是显而易见的。沃特金斯强调了一点，那就是要确保每个患者所穿的压缩服合身。米勒指出，为了确保患者的压缩服是合身的，需要一种标准化的方法来测量四肢的围度。不合身的压缩服不仅会让穿着者感到不适，还会导致不能达到理想的压力。这时，压缩服并没有起到治疗的作用，相反是在伤害患者。沃特金斯还强调了如何在手术前测量患者的肢围，为患者术后所穿的压缩服做准备，唯一例外的是，若预测到患者的体型会发生显著变化，则不需要提前测量患者肢围。

费斯特等人和米勒指出，尽管很多人认为患者不配合治疗的主要原因之一是压缩服带来了不适，但患者的依从性对配合压力疗法实现自身的完全治愈非常重要。米勒解释说，患者的认知是治疗成功的关键因素。在观察到的大多数病例中，还有一些问题没有得到重视，如了解压力疗法，患者穿着压缩绷带或压缩服的时长以及在此之前脱掉压缩绷带或压缩服可能产生的问题等。此外，在观察到的所有案例中没有收到任何关于依从性的书面资料。文卡特拉曼等人通过问卷调查研究了患者对压力疗法依从性和认知的重要性，以确定压缩方式的有效性。然而，压力治疗理论的持续成功促使运动服装制造商开始将类似理论应用于运动服装。压缩服装在运动服装市场的扩张是非常明显的，其所占的比重也在不断增长。

7.5 运动服装压力效果的评估

压缩服装在运动服装和休闲服上的应用已经非常广泛，为人体提供了更多的舒适感、合身性以及肌肉支持。沃伊斯·达夫尼奥蒂斯和托尔森在报告中指出，人类皮肤具有相当大的拉伸能力，尤其是膝盖和肘部，这两个部位可拉伸到原来的35%～45%，因此在身体剧烈的拉伸过程中，服装通过伸展而对人体提供的舒适是必不可少的（图7.6）。正常的身体运动可使皮肤拉伸至原来的10%～50%，而具有低阻力和能够迅速恢复的运动服装，可减少机体在运动过程中的力量消耗。针织面料的设计使其本身具有弹性，从而使服装在纵向和横向上都具有压缩性和拉伸性。

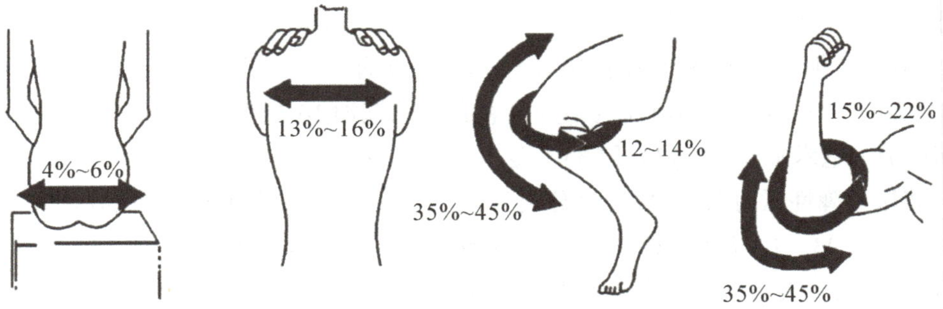

图7.6　身体拉伸的主要区域

另外，值得注意的是，依据身体运动的方式，运动员会有各种各样的伸展动作，如图7.6所示。不同的伸展姿势包括腿、下背部、大腿、肩膀、腹部、手臂等。而在剧烈的肢体活动中，一件压缩服能够为许多不同种类的肌肉提供支撑（如图7.7）。

许多品牌促进了压缩服装的发展。压缩运动服装在重大体育项目中的应用已十分广泛。例如，在2000年的悉尼奥运会上，运动爱好者将注意力放在鲨鱼皮泳衣（Fastskin swimsuits）上，这种泳衣在比赛期间既受到赞扬，又遭到了批评。速比涛（Speedo）设计的紧身压缩衣旨在减少运动时的阻力，同时不影响全身运动，几乎85%的游泳金牌得主在奥运会期间都穿着这种泳衣。克雷克报道，尽管这种泳衣增强了穿着者打破个人纪录以及世界纪录的能力，但围绕它的争议还是存在的，而这也导致了其在2010年的比赛上被禁止。然而，直到这种泳衣快速发展以及其他类型泳衣的出现，包括鲨鱼皮第二代（Fastskin FSII），鲨鱼皮第三代（Fastskin FS－PRO）和“世界上最快的”泳衣——第四代鲨鱼皮泳衣（LZR Racer），这项禁令才得以执行。速比涛（Speedo）的第四代鲨鱼皮泳衣（LZR Racer）由一种名为LZR pulse的超轻面料制成，具有低阻力、防水性和快干性等特点。在2008年北京奥运会上，大多数奖牌得主都穿过它，包括美国游泳运动员迈克尔·菲尔普斯（Michael Phelps），他在此次奥运会上总共获得了8枚金牌。

图 7.7 不同类型的身体伸展

奇普里亚尼、余和莱萨诺娃调查了经验丰富的自行车手对于“姿势纠正衬衫”的看法，这种衬衫会在舒适度和身体恢复方面产生影响。结果发现，运动员在骑乘姿势、训练姿势、脊椎不适和恢复方面都得到了提高和改善。杜菲尔德、坎农和金在报告中提到，在短跑和超过24小时的锻炼后，肌肉恢复对表现的影响微乎其微，但肌肉酸痛的程度降低了。应该注意到，压缩服装有助于支撑姿势和在训练后帮助肌肉恢复，并有助于减轻肌肉酸痛。

压缩服装不仅在游泳领域引起了媒体的关注，在包括田径在内的其他运动领域也引起了媒体的关注。一款全身一体化的 Nike Swift 田径服，类似于泳衣，旨在为运动员减少阻力，增加空气动力，提升优势。美国运动员马里昂·琼斯(Marion Jones)曾穿耐克套装参加比赛。然而，在田径赛事中穿全身套装的趋势似乎并不像在游泳比赛中那样好。同样，耐克 Swift 套装也被用于其他运动项目，包括速滑和自行车，并表现出良好的效果。

压缩 T 恤一经引入，就受到了橄榄球运动员的极度喜爱。与传统橄榄球服相比，这种球衣更紧致，这也就意味着不仅运动员自身会从球衣施加的压力中受益，而且其他运动员无法轻易抓住上衣。麦柯里、世勋、科尔和英敏特集团指出，近年来，公众对运动服装的需求有所增加，压缩服装的销量也有所上升。沃尔泽描述了自 20 世纪 90 年代以来压缩服装的发展历程，在发展过程中囊括了适用于各类人群的各式产品和颜色，这也就解释了对此类产品更大需求的因素。

科尔塔德报道说，虽然新型服装“速银(Quicksilver)”具有传统的冲浪短裤外观，但在下面有一个隐藏的压缩短裤，用符合人体工程学的胶带定位来支撑肌肉。这种短裤采用了运动中常见的技术，一些冲浪冠军证明了其确实有效。速银 Explosive 技术采用四向弹力小花纹织物，与皮肤接触少，能够促进血液流动，疏通淋巴引流，支持肌肉恢复。此外，压缩运动服装越来越多元化。Proskins 有限公司制造了一系列的压缩服装，这些压缩服装应用了含有咖啡因和维生素 E 等成分的面料，可以帮助减少脂肪团。Proskins 不仅可以用于运动训练，还可以作为日常服装销售。随着压缩服装市场的规模在专业运动服装市场和普通服装消费市场上的不断扩大，在市场营销中经常被提到的益处也不断受到质疑。

7.5.1 压缩服装的使用效果

本节主要回顾了各种研究对“在运动锻炼中使用压缩服装的影响”的报告。正如我们所注意到的，在训练时，为了加快血液流动和支撑肌肉，越来越多的运动员穿着压缩服。然而，关于在体育活动中穿这样的衣服是否有效的争论有很多，但许多压缩运动服装公司声称，这种服装能够加快血液循环，提高成绩和减少恢复时间。这些言论引起了该领域大量的相关研究。但是，由于许多调查得出的结果相互矛盾，因此有必要就恢复和性能所带来的益处达成共识。

布罗菲·威廉姆斯等人使用应变仪（变形测量器）评估男性运动员在穿着压缩袜、压缩打底裤或不穿压缩服装时肢体体积的变化。他们在报告中指出，压缩打底裤和压缩袜都能有效减少肢体肿胀，但这些变化是否会影响运动恢复，还需要进一步的研究来评估。这项研究表明，压缩服装对血液流动，特别是对下肢血液流动有影响。希尔、豪特森、范·萨莫伦、利德等人进行了一项 meta 分析（又称为荟萃分析、元分析），以调查压缩服装对训练后恢复的影响。他们评估了 12 项研究，这些研究分别对训练后 24、48、72 小时的运动管理机制进行了评估。研究结果表明，在损伤后，压缩服装能有效地促进肌肉恢复。

德格兰维尔和哈姆林研究了在身体恢复时穿着梯度加压服对 40 公里计时赛成绩的影响。在研究过程中，要求参与者在穿着正常的自行车服，完成初次的 40 公里计时赛之后，换成一件全下肢梯度压缩服装（76% 的超细纤维，24% 的莱卡人造弹性纤维），或者是一件外观相似的非压缩对照服（92% 的涤纶，8% 的氨纶），并连续穿戴 24 小时。在 24 小时的恢复期后，参与者进行了第二次衣服试验。一周后，调换两组情况，即实验组与对照组服装互换，并重复进行测试。在第二次试验中，与穿戴对照服的运动员选手相比，穿压缩服的运动员的续航时间明显更高。研究人员得出结论：梯度压缩服装有助于机体恢复，对训练有素的耐力运动员不太可能造成伤害。压缩服装会影响穿着者的本体感受（本体感受是由身体自身受刺激引起的对运动和空间方向的无意识感知）。奥佩尔等人研究了穿压缩性服装，特别是对高水平运动员而言是否会增强运动员本体感觉和舒适度，从而影响运动成绩。参与实验的这些穿压缩服装或普通运动服装的运动员都曾是棒球或高尔夫选手。研究人员报告，因为高水平运动员最容易受到本体感受到的信息的影响，尤其是在进行上半身运动时，所以压缩服装可以提高他们的舒适度和运动成绩。

卢克和桑德森进行了一项 Meta 分析，以确定穿压缩服装是否会通过增加耐力和有氧运动以及心率来影响运动成绩，其中耐力和有氧运动通过最大耗氧量来评估。这些分析只包括那些检查持续运动的研究。在所分析的四项研究中，只有一项研究认为穿压缩服装能提高运动员成绩，其他三项研究认为压缩服装对减少肌肉酸痛和水肿非常有效。作者的结论是，穿戴下肢压缩袜可以有效地减少运动期间或运动后的水肿。

杜菲尔德和柏图斯监测了全身压缩服装的效果。他们要求参与者穿着对照服或另外三种品牌的全身压缩服装，在完成短跑的同时进行一系列投掷距离和准确度的测试。然而，在效果上对照服与另外三种品牌的压缩服装没有显著差异。希尔、豪特森、范·萨莫伦、沃尔什等人将24名参加马拉松长跑的实验对象分为“治疗组”或“对照组”，调查了下肢压缩服装促进机体恢复的疗效。研究得出，下肢压缩服装改善了运动员对恢复的主观感受，但肌肉力量并无改变，运动引起的肌肉损伤和炎症也没有得到明显改善。还有其他研究表明，这对运动员的成绩有稍许益处。斯佩里希等人观察了压缩袜、压缩紧身短裤、全身压缩服和对照服对成绩优势的影响。共15名参与者穿着不同的衣服在跑步机上进行跑步测试，并通过监测乳酸浓度和摄氧量来测定其成绩，发现当穿着压缩服装时，在成绩表现上并没有任何优势。

对身穿宽松的运动短裤和压缩短裤的20名田径运动员进行了一系列实验，测量他们的冲刺时间、肌肉振荡频率和跳跃力量。发现在穿上压缩服装后，运动员跳跃高度增加了2.4厘米。此外，压缩长筒袜对运动员的成绩有一些明显的益处。阿里、克雷塞和艾奇研究了在跑步试验之前和之后的一系列下蹲跳中，不同压力水平(低、中、高)的压缩袜的效果。研究发现，运动前后，穿低度和中度压力的压缩袜跳跃高度的变化比穿对照服大得多。宫基等人重点研究了压力对三头肌力矩的影响。在小腿抬高练习前后，对三联体力矩进行了监测，当脚踝处穿着压力为30毫米汞柱的压缩袜时，运动后的力量降低幅度较小。但是，还没有研究表明压力为18毫米汞柱的压缩长袜对力量降低幅度有任何影响。

其他研究也表明了参与循环训练的运动员穿戴压缩服装的一些益处，包括冲刺时期，飞行时间和跳跃高度，减少运动损伤和恢复时间和加快运动性肌肉损伤后的恢复。压缩服装曾被用作3天运动诊断中一种恢复工具，研究中的另外2种恢复措施是冷水浴、运动后拉伸和碳水化合物的消耗。在这些情况下，冷水浴被认为比使用压缩服装、消耗碳水化合物和运动后拉伸更有利于恢复的措施。从前面的研究可以看出，压缩服装在不同体育活动中的效果是不一致的。还应该强调的是，这些研究是使用不同的方案进行的，而且在大多数情况下，记录的都是职业运动运动的成绩变化。但大多数研究得出的结论都是与下肢血液流动有关，而不是与上肢运动有关。因此，可以得出这样一种结论，压力能有效地减少水肿，加快肌肉恢复和缓解肌肉酸痛。

7.6 压缩服装在运动服装领域的应用

在这一章中，我们主要关注三种运动：自行车，滑雪和橄榄球。因为压缩服装能够帮助肌肉持续提供给所需的支撑，减少肌肉疲劳，所以它们已经成为运动员在这些运动中必不可少的一部分。以下着重介绍这些运动的重要领域。

7.6.1 自行车

文卡特拉曼等人对在职业自行车比赛中出现的各式各样的压缩服装进行了研究。腿部肌肉是力量和耐力的主要来源，在自行车运动中，骑行者会用到以下几组肌肉(图7.8)：

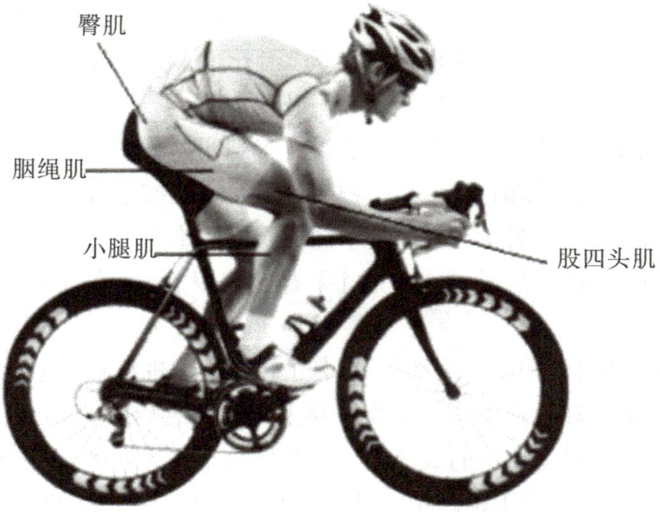

图 7.8 骑行中的穿压缩衣的自行车运动员

· 臀肌——身体臀部肌肉，在踏板运行到上方时推动踏板。

· 股四头肌——大腿前侧的大型肌肉，当把脚蹬蹬到地面时，促使腿伸直。

· 小腿肌——脚后跟着地时，踝关节运动和小腿肌有助于下肢血液的回流。因此，在小腿肌帮助下的踝关节运动能够促进静脉血健康回流。

· 腘绳肌——位于大腿后侧，通过与小腿肌的配合，将踏板从底部向上抬起。

支撑肌肉指的是与车把相连并与腿部肌肉协同工作的上半身肌肉。肌肉的使用取决于地形条件。例如，在爬山的过程中车把的压力会增加，这时会使用肱二头肌来增强力量。在骑行的过程中，背部和腹部肌肉主要用于保持运动员自身的稳定。在职业自行车比赛中，运动员会用到各式各样的服装，包括短袖运动套衫、无袖运动套衫、长袖运动套衫、夹克、背心、长袖和短袖贴身套装、背带裤、紧身衣和短裤。文卡特拉曼等人对骑行压缩服的细微之处进行了批判性评价，包括服装/面料的要求和支撑肌肉群的面料板等。此外，也从消费者的视角对自行车运动中使用的压缩短裤进行了评价。

7.6.2 滑雪

滑雪服压缩打底紧身衣能够调节体温、支撑肌肉、帮助血液循环，促进肌肉恢复和减轻疲劳。在体育活动期间和活动之后，通过减少组织中的乳酸量，可有效促进运动员的恢复，防止软组织损伤。基本的滑雪专用基层衣物包括全袖上衣、紧身裤和覆盖躯干、手臂和腿部的一体式服装（图 7.9）。滑雪服压缩打底衣能够帮助穿着者在寒冷的条件下保持体温，以及支撑肌肉运动。

滑雪服压缩基层一般由合成纤维混纺或羊毛纤维混纺制成。织物力求轻便、柔软和耐磨。滑雪服压缩基层紧身衣是由一种轻量型针织面料制作而成，其内部有大量绒毛，能为穿戴者提供舒适感。此外，织物具有防风、防水的性能，并能吸收水分，保持皮肤干燥。织物由10% ~40% 的弹性纤维和 60% ~90% 的合成纤维（尼龙或聚酯）组成，弹性十足。此外为了增加服装舒适性，通常采用平锁接缝缝制，因为无缝服装能有效减少摩擦，深受运动员喜爱。滑雪服的基本要求如图 7.10 所示。

图 7.9　2012 年 1 月 21 日，奥地利选手马蒂亚斯·埃尔玛·格拉夫(Mathias Elmar Graf)在奥地利帕彻科费尔(Patscherkofel)举办的男子高山回转比赛中穿着一体式服装

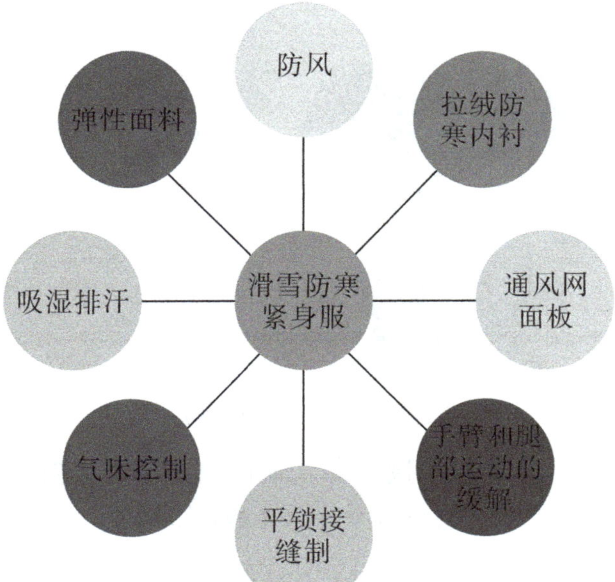

图 7.10　滑雪服压缩基层的基本要求

7.6.3　橄榄球

橄榄球是一项高度接触的运动，在一个赛季中，四分之一的球员都会受伤。在橄榄球比赛中受伤的人数是足球比赛中受伤人数的三倍，且其中大多数受伤的是 10～18 岁的年轻人和 25～34 岁的成年人。图 7.11 展现了穿着压缩服装的橄榄球运动员。在橄榄球运动中，57% 的运动伤害发生在比赛中而不是训练中——特别是当球员抢断或被抢断时。因此，大多数压缩服装在上衣(图 7.12)和短裤上都装有护垫。橄榄球运动员的压缩服装的种类包括袖衫、全袖上衣、短裤、紧身衣、小腿套和袜子。

橄榄球压缩服装的益处主要包括：缓解肌肉酸痛和肌肉肿胀；减少垂直跳跃或下降过程中的肌肉震荡；提高了最大耗氧量(运动表现的生理指数)；减少组织中血乳酸的积累；减少肌肉损伤或痉挛。

图 7.11　穿着压缩上衣和压缩裤的橄榄球运动员

图 7.12　装有冲击防护护垫的上衣

在接触运动如橄榄球运动中，使用绷带和压缩服装有助于肌肉恢复，并保持身体处于安全的姿势。在橄榄球运动中，成人的头部、肩膀和下肢(大腿)受伤较多，而儿童除了头部和颈部受伤较多之外，上下肢受伤也较多。

大约一半的损伤发生在球员抢断(图 7.13)或被抢断的过程中，其中钩球前锋和侧翼前锋受的伤最多。前锋与后卫相比受伤更频繁，因为他们是参与肢体碰撞和抢断的主力。由于损伤的不可避免性，参加比赛的俱乐部可能会经常失去球员，因此，他们想方设法地避免或减少球员的损伤，比如要求球员穿戴护具。表 7.1 列出了一些自行车、橄榄球和滑雪等运动防护服的流行品牌。

图 7.13 橄榄球运动员抢断

一些流行品牌压缩服的制造商为他们的商品打出广告，声称这些压缩服能够支撑肌肉，减少肌肉震荡，促进恢复，针对特定肌肉群配有防止摩擦的防滑条，包含透气、除湿和隔热的轻型面料等。除了压力，在服装设计中对舒适度和合身性也需要重点关注。在自行车运动中，压缩服最突出的特点包括一体化的背带裤、坐垫和网状护肩的配备。在橄榄球运动中，为防止运动员受伤，将护垫与上衣组合在一起，而运动员下身则穿着采用了速干技术制造的压缩短裤。滑雪服则把重点放在腰部特定肌肉、腿后腱和膝关节的稳定性上，并支撑踝关节。此外，大多数织物采用了抗菌、防臭和防紫外线的处理技术。

表 7.1 压缩服装的市场品牌

压缩服装	流行品牌	核心卖点	特色
自行车	阿迪达斯背带短裤	增强舒适度和合身性的英国自行车品牌	主面料含有 82% 聚酯纤维和 18% 弹性纤维；裤脚处有硅胶弹性防滑条，与身体完美贴合，肩部网格背带和人造羊皮坐垫
	Dhb Vaeon Roubaix 加厚背带紧身裤	贴身剪裁；轻量；保暖	透气；由 85% 的尼龙和 15% 的弹性纤维制成；抓绒衬里
	蝎子牌(Castelli) Garmin Barracuda Sanremo 竞速服	Body paint 竞速服；无缝缝合；服装和缓冲坐垫一体式结构	一体式防滑条；无缝结构，杜绝摩擦；平式锁缝线迹；四向弹力面料
	Altura	透气背带网眼；ProGel 坐垫，可提供缓冲和舒适感	轻型弹力面料；透气，抗菌；硅胶防滑条
	Assos 紧身裤	F1 Uno_S5 坐垫；六片符合人体工程学设计剪裁，增强舒适度和性能	主面料含有 75% 的尼龙和 25% 的弹性纤维；一体式减震缓冲泡沫垫；表面光滑；贴合皮肤
	Giordana	修身款式背带短裤；支撑身体运动	Moxie 面料；轻量；微网孔设计，透气性极佳和硅胶防滑带
	Gore 骑行服	氧气束腰短裤；高端自行车填充紧身裤，适合中长途骑行者	功能性强，舒适度高；强化后的腿内部面板和 Ozon 坐垫，更舒适，更耐用且使用寿命长

续表

压缩服装	流行品牌	核心卖点	特色
橄榄球	Canterbury(新西兰)	水星混纺压缩裤,通过给予下肢关键部位压力来减少肌肉的振荡	主面料包含酷马仕 74.5% 聚酯和 25.5% 莱卡;透气快干;平缝缝制技术;抗菌;接缝少,舒适度极佳
	耐克	采用"dri-fit"面料的 Pro:direct 压缩上衣	透气快干;肩部采用平带设计,摩擦更小;腋下采用网格面板,透气性极佳;平整的接缝可以减少摩擦
	Kooga(英国)	Tops-EVX 护垫可提供最佳的贴合度和运动自由度	填充式乙烯护垫包括莱卡弹性纤维身体护垫,护肩,护胸,二头肌护垫
	2XU(澳洲)	2XU 男士压缩上衣,提供肌肉力量,支持肌肉	服装能够减轻肌肉疲劳和减少肌肉损伤;梯度压力支撑能够促进血液循环
	在橄榄球运动中还有其他知名品牌,如思金斯(Skins)、BSC、奥递乐(ODLO)、安德玛(Under Armour)、红色公羊(Red Ram)、海丽汉森(Helly Hansen)		
滑雪	Skins(澳大利亚)	思金斯 S400 长袖上衣,更舒适,更贴身;梯度压缩设计,为寒冷条件下的活动(例如滑雪)打造理想压缩服	经编面料;抓绒衬里;保温;透气快干;抗菌;防紫外线
	CWX(日本)	Stabilyx 压缩裤更关注的是下背部/核心和膝关节以及周围的肌肉,在滑雪过程中更稳定	主面料包含 80% 的聚酯纤维和 20% 的弹性纤维;有效减少乳酸在肌肉中的快速堆积;快速吸收水分,保持运动时的舒适和干燥;紧致设计帮助身体在进行持久运动后快速恢复

7.7 影响压缩服装性能的相关因素

本节主要阐述了一些影响压缩服装应用的因素(图 7.14):服装施加的压力(支撑特定

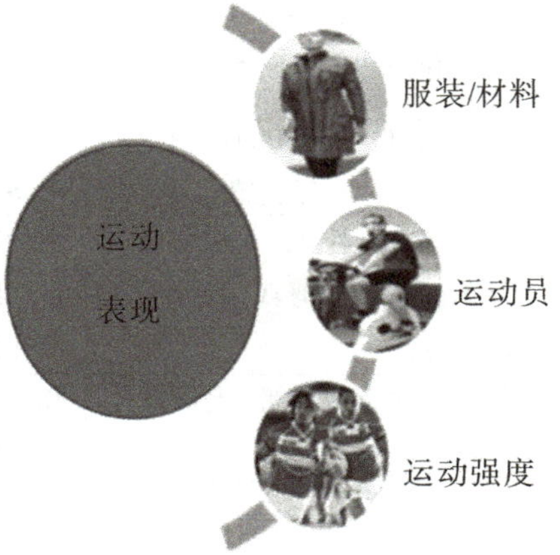

图 7.14　影响运动成绩的因素

的肌肉群);梯度压缩(四肢压力最大;靠近心脏,压力逐渐下降。如图 7.2 所示);在膝盖、肘部、臀部、肩膀和手臂等连接部位拥有足够伸展性和恢复性的面料。

例如,在自行车比赛中,除了耐力和准备,还有很多因素影响运动员的整体表现,其中三个最为重要的影响因素为:服装或材质、运动员的能力以及运动强度。压缩服装会与人体皮肤有亲密接触,会与运动员产生一种相互作用,而这取决于肌肉组织,织物和运动员对不同运动强度产生的生理反应。除此之外,接下来将讨论影响压缩服装发展的三个主要相关因素。

7.7.1 服装尺寸

设计适合各种身体形态和体型的压缩服装的程序非常复杂。值得注意的是,大多数品牌都是根据适合的运动员或特定目标人群来开发尺码的。使用由人体测量学研究提供的尺码表来制造不同尺码(小号 S、中号 M、大号 L 和特大号 XL)的梯度压缩服装,给服装制造业带来了巨大的挑战。勒佩丘什和戈什在报告中提到,因为不同品牌或不同零售店销售的服装的尺码大小差异很大,消费者在购买过程中经常感到不满意。洛克尔报告称,服装尺码是依据整个目标人群的大量样本而确定的。近年来,3D 人体扫描仪大大缩短了人体测量学进行体尺测量的时间,但是价格昂贵,运行耗时长。勒佩丘什和戈什强调,通过对体型的研究,性别、种族和世代之间的差异也是非常明显的。可以发现,就医用压缩服装(乔布斯特压力袜,又称静脉曲张压力袜)而言,需要根据体尺测量表对消费者进行具体测量,从而生成一个比较适合消费者体型和尺寸的服装。某些体育公司,如 Giordana(2013)也生产定制的自行车压缩服装,如背带裤、长袖和短袖运动衬衣、袜子等,这些产品都很契合运动员的体型。一些公司还生产定制的袜子和小腿护腿袜套、大腿护腿袜套和护踝袜,以及提供最佳压力分布的压缩紧身裤和压缩上衣。值得注意的是,对于像骑行者短裤这样与人体轮廓紧密贴合的弹力服装,其样式是依据骑行者的自主体位而设计的,因此当骑行者在自行车上时,它们能够与骑行者的身体非常契合。

理想情况下,压缩服修身,紧贴皮肤,并能根据穿着者的活动进行相应的拉伸和恢复。一方面,如果衣服在静息部位过于紧致,剧烈活动时血流量的增大很可能会增加四肢的体积,从而改变衣服的整体合身感;另一方面,如果压缩服装过于宽松,就无法对该身体区域施加想要的压力。因此,有必要了解服装各部位的压力要求、生产过程中的服装尺码余量以及服装尺码放码过程中的面料性能。

7.7.2 体型

男性体型被隐含地标记为内胚型、中胚型和外胚型,如图 7.15 所示。外胚型身材的特点是消瘦高挑,没有多余脂肪。中胚型的人具有中等体型,宽肩,窄腰,如同运动员一样。内胚型身材体型丰满,通常有厚厚的脂肪存储。如前文所述,社会中最常见的体型受到许多因素的影响,包括种族、性别和生活方式。此外,尽管人们已经广泛了解了这些特定的体型,但人们的体型与这些类型还是不尽相同。这些因素意味着在确定成衣的尺码上有一定的难度,从而导致消费者的不满。虽然按照特定尺寸生产的定制服装可以完美地合身,但生产这种服装的时间和成本太高,并不适合大众市场。

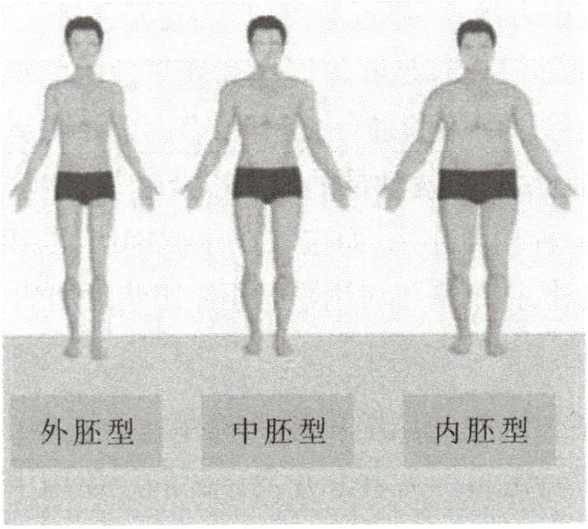

图 7.15　身体类型

7.7.3　弹性面料的设计和尺码

尺寸系列包括制作一种与试身模特相匹配的样式，并根据比例测量法的假设添加一组服装放码，这组服装放码比试身模特的尺码或大或小。一般情况下，此类服装会使身体在运动中感到很轻松。然而，以压缩服装等紧身服装为例，由于面料是由弹性纤维制成的，所以穿着舒适度就可以忽略不计。为可拉伸织物制作的样式要比为非拉伸织物制作的样式小，换句话说，就是样式小于原先测量的身体尺寸。因此，为可拉伸织物制作样式是非常复杂的，因此有必要了解织物特性。有研究指出，用弹力面料制作的服装在身体任何部位都能自动贴合人体轮廓，并为身体运动提供舒适感，这种观点是错误的。亨特和法恩发现，织物性能（弯曲性能、成形性能和织物厚度）会影响适合度、上浆和接缝质量。此外，洗涤后衣物的使用也会导致衣物的收缩，从而影响紧身压缩服装。哈达克和福扎德还强调了选择合适面料的重要性，因为不合适的面料可能会使产品退回产品生产的早期阶段。设计师应该对面料性能与特点有很好的了解，因为面料、辅料知识会影响服装放码，特别是在决定根据身体尺寸和尺寸表制作样式的增减方面。

7.7.4　织物面板

压缩服装通常由含有 75% ~80% 聚酯或尼龙和 20% ~25% 弹性纤维的精细针织物制成，这些纤维在身体运动过程中会拉伸并恢复到原来的形状。在一种典型的平针织物中，弹性织物可以通过衬纬纱和体纱（弹性纱）来生产，织物弹性就是由这两种纺纱来决定的。一项关于制造压缩运动服装的美国专利提出了隔开和支撑特定肌肉群、促进血液循环或减少软组织损伤所需的板的数量。它还增加了整件压缩服中与各肌肉群对应的面板形状和面板接缝。

为了支持人体的解剖结构，全身压缩服装的各种织物面板共有 19 种（正面和背面）。一项研究使用 Tekscan 压力传感器对压力分布进行了研究，发现当一件压缩服装由几块面板缝制在一起时，该服装对特定肌肉群施加的压力并不统一。因此，缝制织物的面板数量越少，施加的压力就越好。如图 7.16 所示，面料面板是根据图 7.17 和表 7.2 中的特定肌肉群设计的。值得注意的是，在进行服装设计时，应考虑影响压缩服装研发的因素。

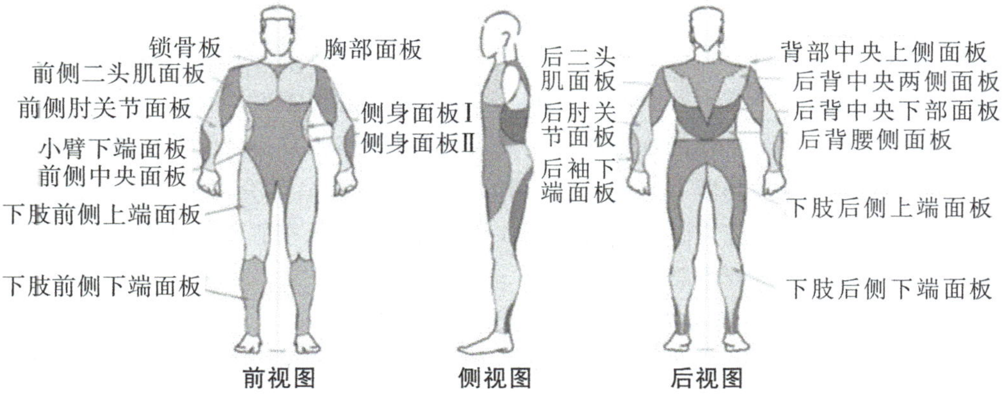

图 7.16　支撑人体肌肉组织的各类织物面板

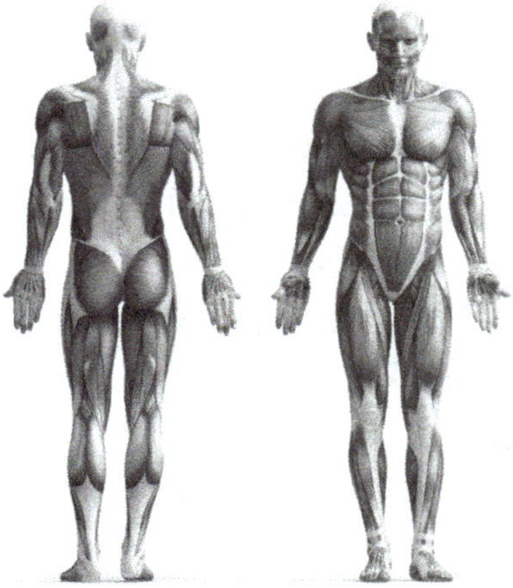

图 7.17　人类的肌肉组织

表 7.2　特定肌肉群的面板

前视图	后视图
锁骨板	后二头肌面板
前侧二头肌面板	后肘关节面板
前侧肘关节面板	后袖下端面板
小臂下端面板	下肢后侧下端面板
前侧中央面板	下肢后侧上端面板
下肢前侧上端面板	后背腰侧面板
下肢前侧下端面板	后背中央下部面板
侧身面板Ⅰ和侧身面板Ⅱ	后背中央两侧面板
胸部面板	背部中央上侧面板

7.8　总结与结论

压缩运动服装的市场需求一直在不断增长。近年来,运动员关于穿着压缩服的意识越来越强，这使得在各种运动项目中压缩服装被越来越多地使用。重大的国际赛事，如奥林匹克和田径锦标赛也刺激了有关压缩服的新技术发展。由于运动员的兴趣、业余爱好者的热情和对休闲服装的需求，创新型的压缩运动服装将会继续得到发展。有许多有关压缩服装优良的运动特性和运动员机体的恢复时间的研究，但对压缩服装是否受益仍然不明确。由于大多数研究都是在受控环境下进行的，使用的样本较小，或者研究对象是职业运动员，因此多数研究结果很难得以应用。运动服装制造商做出的关于压缩服装的相关言论会让消费者在对特定运动服装的选择中感到困惑。

此外，一些研究过于强调确定织物特性的重要性，他们认为这些特性会影响织物在肌肉上的压力分布。的确，在使用弹性面料设计服装时，对面料特性的正确理解非常重要。实际上，有关压缩运动服装有效性的证据需要进行确认，并向更广泛的群体传播，以便让穿着者放心。此外，因为研究一般都是对运动员进行的，所以关于各种体型和尺码的信息很是匮乏。

本章重点讲述了压缩服装在三个主要运动领域——自行车、滑雪和橄榄球的应用。在自行车运动中，压缩服装的关注重点在于下肢，为小腿肌、臀肌、腘绳肌、股四头肌提供特定的支撑。根据经验（概测法），压力是分级施加的，所以四肢比靠近心脏的区域承受的压力稍微多一点。滑雪是一项高强度的运动，在这种情况下，服装需要具备拉伸性和恢复性，特别是在膝盖、肘部、骨盆肌肉、下肢和手臂等身体部位。此外，服装还应具备排汗性和保暖性，能够抵御寒风。与自行车运动和滑雪运动不同，橄榄球是一项高度接触的运动，在抢断过程中肩膀和下肢经常受伤。因此，橄榄球压缩服装的重点是加快肌肉恢复，预防疼痛和减轻疲劳，降低血乳酸水平，更重要的是为肩膀、手臂和胸骨（胸部）提供冲击保护。

本章还讨论了影响压缩服装设计和研发的各种相关因素，包括面板的数量、体型和尺码、服装的拉伸和恢复，以及对身体部位施加的压力。需要指出的是，随着消费市场的不断扩大，有必要考虑各种体型，并根据不同的体型来确定服装的尺码。由针织结构制成的弹性织物要求对织物性能要有很好的了解，特别是织物变形后的拉伸和恢复性能。大众对压缩服的需求量增加，尤其是在剧烈的运动中起到支撑下肢作用的压缩紧身衣，使得压缩服装的市场趋势稳中见好。

本章对与压缩服装益处相关的论证进行了系统回顾。虽然一些研究表明了压缩服的确具有益处，但大多数研究样本量小，且缺乏现实意义。尽管有关身体恢复和减少损伤的研究也给出了积极的结果，但可能因为实验对象意识到自己处在实验中，而刻意表现良好。应当指出，关于此领域的研究，证据还不明晰，仍需要进一步进行实验。可以看出，消费者较为关注服装的尺码和舒适度，因此，需要开展进一步的工作来开发一种精确的测量系统，该系统将利用面料性能与特点来评估压力和舒适度，并使用模拟模型进行预测，从而最终促进服装的设计和开发。

压缩运动服装市场预计将在未来 10 年大幅增长。本章的目的是帮助读者了解压缩服装的益处，对压缩服装在自行车、滑雪、橄榄球的具体应用，影响压缩服的压力性能以及市场发展的最新趋势进行阐释。

08　抗冲击材料及其潜在功能/潜力

8.1 介绍

在橄榄球、足球、冰球和棒球等高接触性运动中，运动损伤的发生率较高。这些运动一般竞争都比较激烈，所以损伤在所难免。然而，通过适当的训练和穿防护服可以降低损伤的严重程度，防护服能够吸收冲击或将能量分散到更大的区域，从而减轻冲击。橄榄球的防护装备包括头盔、护胸板、护膝和护齿器。服装中嵌入了高性能的防冲击材料，特别是在肩部、肱二头肌和胸部区域。这些材料具备柔软、薄、有弹性和耐用等性能。商业产品通常有不同的厚度，有些可以塑形以适应不同的身体轮廓。

近年来，这类抗冲击材料在运动服装中的应用越来越多，但一些用户对产品的保护强度表示担忧。有些衣服有衬垫，但衬垫嵌入口袋中，在受到冲击时会移动，在滑倒、坠落或碰撞过程中不能够保持原位并保护穿着者。此外，一些衣服上的衬垫很大、很笨重，这就会影响透气性并限制运动员的自由活动。然而，大多数服装制造商和运动服装品牌声称，衬垫可以降低运动中损伤的风险。但研究人员认为，这种衬垫对防止关节骨折和脱位的保护作用有限。在本章中，我们对各种各样的抗冲击运动服装材料进行了评价。本章讨论了具有抗冲击材料的服装设计的规定，并举例说明各种有衬垫的商业服装。介绍了一种用于确定各种商业材料能量吸收特性的冲击衰减试验，对各种产品的性能进行比较，并以皮革等天然材料为基准。此外，还介绍了使用这些抗冲击材料生产服装的影响因素。

8.2 体育活动中的损伤

无论是足球、棒球、板球和篮球这样的团队竞技运动，还是自行车、保龄球、高尔夫和游泳这样的个人运动，当参与体育活动时，身体都会受到周围环境的影响。马龙等人研究了 25 名因运动损伤而死于心脏病的年轻人，发现其原因是球（如棒球或冰球）的撞击。他们还说，在这些运动员中，有 18 人在胸部区域没有穿戴任何防护设备，其余的则穿戴了一些如衬垫的防护设备，在 7 名穿着防护服的球员中，有 4 人是职业曲棍球运动员，另外 3 人是职业足球运动员。另外有 200 万人受伤，与骑自行车、足球和其他运动有关。骑自行车、打篮球、打棒球和跑步是最容易受伤的运动，虽然每种运动的方式不同，但它们都对身体造成相同的伤害，身体的每个部分都受到接触、碰撞和过度劳累的影响。表 8.1 列出了各种运动中一些最常见的身体伤害，这些数据来自美国国家电子伤害监测系统（NEISS），NEISS 收集了美国各地医院急症部门与消费品相关的伤害数据。

表 8.1 体育项目和受伤类型

体育项目	受伤类型	估计受伤人数
篮球	手部受伤，脚踝扭伤，腿骨折，眼睛和前额受伤	529837
自行车	脚被辐条卡住，头部摔伤，滑倒，与汽车相撞	490434
橄榄球	手腕骨折，牙齿脱落，颈部扭伤，头部撕裂，臀部脱臼和手指卡住	460210

续表

体育项目	受伤类型	估计受伤人数
沙滩车、轻便摩托车、小型机车	手腕骨折、手脱臼、肩膀扭伤、头部受伤和腰部拉伤	275123
棒球、垒球	球棒和球造成头部受伤;跑垒或滑到垒上造成脚踝受伤	274867
锻炼,运动器材	在跑步机上摔倒,导致脚踝扭伤或者下巴割伤;运动球头部向后跌落而受伤;跳绳扭伤脚踝	269249
足球	跌倒后扭伤脚踝或膝盖,比赛中手臂骨折	186544
游泳	撞到池底导致头部受伤,意外掉进池底导致腿部受伤	164607
滑雪	头部摔伤,腿和脸受伤,膝盖或肩膀扭伤	96119

由于橄榄球、足球、棒球等体育运动的竞争性,运动员受撞击伤害的情况越来越多,并对他们的职业生涯产生了负面影响。有研究指出,运动员会因撞击物体表面或接触他人而受伤。这些伤害发生在足球和橄榄球等普通运动中,以及赛车、拳击和滑雪等更危险的运动中。通常,与他人接触会导致运动员失去平衡,或迅速改变方向,这会对结缔组织造成损害,而强烈的直接接触甚至会导致关节移位。撞击伤通常包括脊柱损伤、韧带和肌腱损伤、骨折和头部损伤。以橄榄球为例,在所有主要运动项目中,橄榄球运动员每小时所承受的损伤最高,其中30%的损伤发生在肩膀区域,其次是膝盖区域。马歇尔等人报告说,橄榄球是一项高接触性的运动,运动员很可能遭受一系列的伤害。

在训练过程中,球员会受伤。研究人员加伯特和戈德博尔特调查了职业橄榄球运动员的训练损伤发生率,发现大腿部位的损伤率尤其高。血肿(一种发生在腿部的血块、血液流动受限,受伤部位血管破裂的损伤)和肌肉拉伤都与橄榄球运动员有关。国际橄榄球理事会(IRB)规定,运动员需在球衣里佩戴护具,但必须是柔软轻薄的护具,并且肩垫要覆盖锁骨和肩部。填充材料不得超过45kg/m^3,最大限度地覆盖肩部区域。此外,球员可以穿戴符合IRB规则12.0的胫骨护具、脚踝支撑和头部装备。肩膀受伤存在扭伤、拉伤、骨折和脱位。芬克指出肩膀区域35%的伤是复发性的,球员有可能在另一个肩膀持续受伤。

最近的一份报告指出,每4个橄榄球运动员中就有一个在赛季中受伤。橄榄球受伤人数是足球受伤人数的3倍,且大多数受伤的是10~18岁的年轻人和25~34岁的成年人。在橄榄球运动中,57%的运动伤害发生在比赛中(而不是训练中),尤其是球员抢断或被抢断时。撞击、坠落或碰撞的震动而造成的脑部或脊髓损伤,就是脑震荡。据估计,在澳大利亚足球联盟中,每支球队每个赛季大约发生7起脑震荡事件。橄榄球协会指出,尽管在1999年—2002年间使用肩垫的人数从20%增加到36%,但受伤人数却从12%增加到13%。杰拉德指出,肩垫不能防止骨折、脱位或肩袖撕裂。有人建议,肩垫可以防止撕裂,减少肩膀周围软组织的瘀伤和血肿,但不能防止直接打击肩膀顶部或跌落到伸出的手上造成的重大伤害。最近,哈里斯和斯皮尔斯对四种商业生产的肩垫进行了调查。他们通过将坚硬或柔软的物体丢落在保护测力板的材料上,记录预定高度的峰值冲击力,并测量它们的力变反应来检测材料的性能。越厚的衬垫性能表现越好,所有的垫片都能在较低的载荷下削弱冲击力,但在较高的冲击载荷下,几乎不能提供任何保护。佩恩、崔和科夫报告了 Kooga 肩垫的体内有效性,使用 Tekscan 传感器测量了 6 位男性橄榄球运动员实际拦截时的撞击强度。研究人员报告说,垫子使撞击峰值力降低了 35%(与物体的碰撞)和 40%(对于所有的抢断)。

成人头部、肩部和下肢(大腿)受伤较多;儿童头部、颈部受伤较多,其次是上肢和下肢受伤。

大约一半的受伤发生在球员抢断(如图 8.1)或被抢断时。其中钩球前锋和侧翼前锋受的伤最多。前锋与后卫相比受伤更频繁,因为他们是参与肢体碰撞和抢断的主力。一支橄榄球队由 13 名球员组成(6 名前锋和 7 名后卫);每队有 6 名抢断队员在前场。由于损伤的性质,球员会被迫缺席比赛。因此,球队在巨大的压力下要求球员穿戴保护装备以防止或减少受伤。图 8.2 展示了在橄榄球运动中会造成高受伤风险的肩铲。橄榄球是一项高强度的团队运动,选手们在场上高速移动,参与这项运动的基本都是男性,然而,女性在学校的参与度也越来越高。如前文所述,40% 的损伤是肌肉拉伤或挫伤,30% 是扭伤,其次是脱位、骨折、撕裂和过度疲劳造成的损伤。球员也可以选择穿防护服(包括头盔、带垫背心、短裤、护腿、护嘴和支撑袖等)来减少扭伤和抽筋的风险。

图 8.1　橄榄球运动员正在抢断

图 8.2　肩膀撞击——橄榄球运动员被擒抱的特写镜头

本章反映了最近对运动服装抗冲击材料的探索,采用实验方法,通过冲击衰减测试(捕捉一段时间内的峰值力)来了解材料性能。本章的重点是在使用抗冲击材料时运动服装设计的原则。图 8.3 展示了一场英国和意大利之间的橄榄球比赛,英国球员被铲倒掀翻在地。碰撞产生的速度导致球员摔倒在球场上,头部、胸部、手臂和肩膀受伤。

橄榄球运动员抢断时的冲击力是体重的 1 ~ 1.3 倍,大部分冲击力作用在肩膀、锁骨区域。图 8.4 显示了典型的橄榄球运动员受伤情况,在抢断过程中,力作用在抢断者的肩膀部位。

图 8.3　意大利球员正在努力抢断

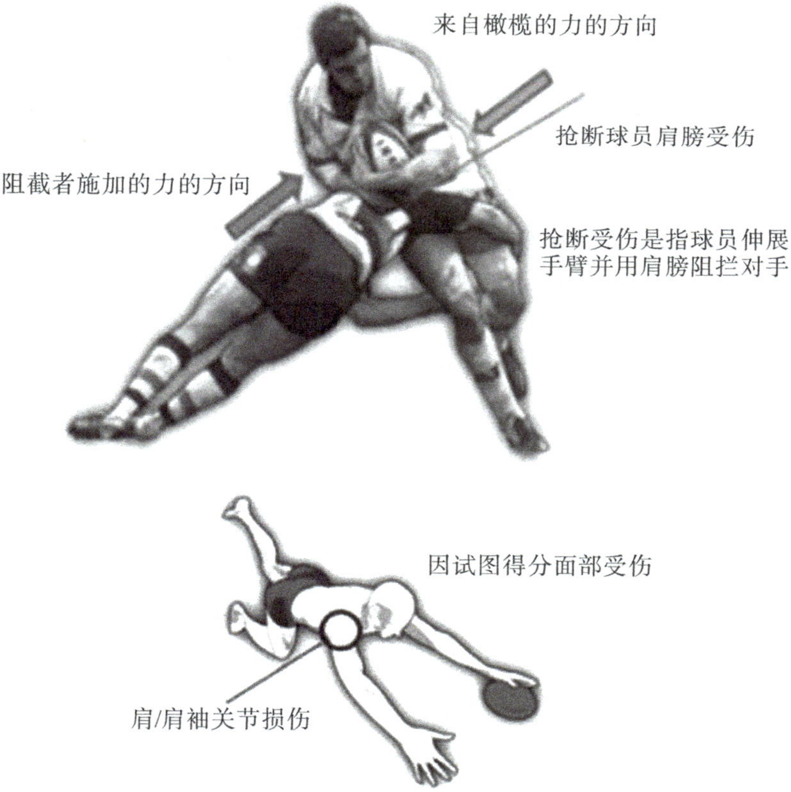

图 8.4　橄榄球运动员抢断时的损伤

在一系列防护材料的评估中，椰壳纤维或乙烯 - 醋酸乙烯共聚物作为非编织冲击防护材料，聚丙烯和亚麻纤维层；多孔纺织材料作为运动防护头盔和道康宁公司的 3D 间隔面料，具有不同的厚度和防护水平。马克莱夫斯卡等人(2004)比较了用于防护服装和运动服装的非织造布垫的冲击强度。此外 Roger 公司报道了两种由 Poron XRD 材料组成的可定制产品，这两款产品分别是极端垫推荐膝盖和肘部使用的护垫，以保护胫骨和大腿。也有报道称，该产品有面料支撑，可以制造排湿的空气通道以提高舒适度。

杜雷、加西亚和索拉兹(2002)使用黏弹性线性模型研究了减震材料(用于鞋)的动态刚度行为。研究人员将针织和非纺织布料夹在热塑性基体层之间,研究了不同的热塑性多孔纺织复合材料。研究人员报告了互锁针织物对基质 - 超高分子量聚乙烯/低密度聚乙烯三个等级(24J,44J 和 119J)冲击能的影响。以 Domed - grids (蜂窝复合材料) 和圆顶为形式的面料在厚度上增加到 15 毫米,在 24J 的冲击下,纤维没有发生断裂,但在更高的能量下,纤维发生变形,而且,这些多孔复合材料在撞击后几乎不能恢复。

8.3 商用抗冲击材料

在本节中,将介绍用于防撞的各种材料。膨胀剂是聚合物基材料,常用于能量吸收。剪切增稠材料,其黏度受剪切作用应变的影响。在低变形率下,材料保持柔软和柔韧,但在高变形率下,其黏性会大幅增加。因此,在更高程度的变形时,材料变得坚硬或刚性。一般来说,材料的黏度随着剪切应变的增加而降低,但膨胀材料是剪切增稠材料,其黏度随着剪切应变的增加而增加,因此得名非牛顿流体。

Poron XRD 是一种开孔型聚氨酯泡沫材料。当处于玻璃化转变温度上升时,聚氨酯分子具有柔软性和柔韧性。当受到快速冲击时,材料的玻璃化转变温度下降,从而使聚氨酯分子变硬,使佩戴者免受伤害。

D3O 是一种含有化学工程膨胀剂、能量吸收剂的聚合物复合材料,这种基本材料已经过调整和增强,以满足特定的性能标准和应用,材料在正常状态下柔软有弹性,然而,当受到力的影响时,它会锁定自身,分散能量,回到正常状态。

乙烯醋酸乙烯酯(EVA)泡沫是一种特殊类型的交联闭孔聚乙烯泡沫。它们被设计为柔软的、具有橡胶般的纹理,变形后具有良好的形状恢复。

Deflexion 由聚合成柔性硅酮片的硅制成。在猛烈的撞击中,Deflexion 就像子弹一样,所有的分子聚集在那个区域周围,并立即变成岩石般的固体,它们会像防弹背心一样分散和吸收冲击力。其目的是创造一种可以像衣服一样透气的移动式盔甲。

Sorbothane 是一种合成的黏弹性聚合物(热固性聚氨酯材料),用于吸收冲击,广泛应用于鞋垫。它具有减震、隔振和阻尼特性。西纳特、里德和哈多(1987)研究了 sorbothane 在矫形鞋垫中的治疗意义,该鞋垫可以吸收足部撞击的能量。Sorbothane 虽然具有一定的临床意义,但在生产鞋垫时,材料的性能可能会因与其他物质结合而发生变化。

GPhlex 是一种类似的材料,但还没有得到广泛的商业使用。EVA 的泡沫取自坎特伯雷的一件橄榄球衫,皮革是从牛皮中提取的材料样本。

间隔面料具有三维针织结构和良好的缓冲、减震和恢复性能。间隔面料是由两层独立的面料用堆纱或面料层垂直连接而成的复杂三维结构。传统的间隔面料一般采用纺织和针织技术,由两层面层与绒毛纱结合而成。

图 8.5 展示了一个典型的橄榄球上衣,在肩膀、二头肌和胸骨区域插入了灵活的衬垫。各种厚度的垫子被应用其中,以减少运动的限制。

图 8.5 一件配有抗冲击材料的典型橄榄球衬衫(最标准的样子)

8.4 使用抗冲击材料的基本原理

国际橄榄球理事会规则没有规定肩垫的保护水平,但规定了肩垫在比赛中使用需要满足的三个条件。填充材料的密度不能超过 45kg/m^3,必须最大限度地覆盖窄锁、肩锁和肩胛—肱骨关节。垫片还必须进行 IRB 规定的锤击和砧击试验,该试验包括将一个坚硬的、平整的撞击面(5 ±0.02 千克)从高处落到放置在钢砧上的垫片上。

8.4.1 方法论

为了确定抗冲击材料的材料性能,实验人员参考了各种方法,其中有两种方法被认为是合适的。工业防撞帽(BSEN 812:1997/A1,2001)和板球运动员头部护具的规范技术参数(BS7928, 1998)都涉及将撞击物落在表面上时护具受到的冲击力。目前的研究报告主要集中在材料的性能,因为减速的测量更适合头部保护。因此,我们的实验设备检测到的力量,通过传感器连接到位于保护材料的砧。这种方法符合 IRB 规定的锤砧测试,该测试包括一个平整的撞击面(5 ±0.02 千克)撞击放在钢制砧上的"护垫"。本研究评估了一系列抗冲击材料。

8.5 衰减影响测试

冲击衰减试验有一个钢球,落在一个放置保护材料的平坦砧上,压力传感器位于样品材料下方,通过冲击器传递到材料上的力以载荷 – 时间数据集的形式记录下来。通过改变球的直径,可以创建不同的冲击剖面。下落的质量、高度参数决定了撞击能量。为了达到研究目的,使用了 5 J、10 J 和 15 J 的冲击力。测试设备的说明如图 8.6 所示。

测试材料承受冲击力,用同样的冲击力撞击支撑板时被一个载压垫圈记录下来。此实验可以测量不同厚度材料的持续冲击时间。

冲击测试的结果如图 8.7 所示,这个记录显示厚度为(3mm)材料的测试记录。由于材料吸收的能量不足,所以球在静止前会有几次反弹,这些反弹在测试数据中是可以清楚看到的。

通过测试一些材料来比较它们的抗冲击能力。将未加工皮革作为对照样本,并对其进行了测试,以便对商品进行基准测试。皮革是一种为佩戴者提供保护的天然材料。图 8.8 显示了不同厚度材料的峰值力变化。2 ~ 3mm 的材料随着厚度的增加,用于吸收能量和防止冲击的商业产品比皮革样品更有效地减少峰值力。EVA 泡沫样本是从为橄榄球运动员设计的商业服装中选取的，无论是5mm（用于手臂保护）还是10mm（用于肩部保护）的样品与皮革相比效果都不太好。国际橄榄球理事会允许的最大护肩厚度为10mm。一般来说，尽管厚度低于5mm，但品牌商业材料的性能还是要比皮革好。

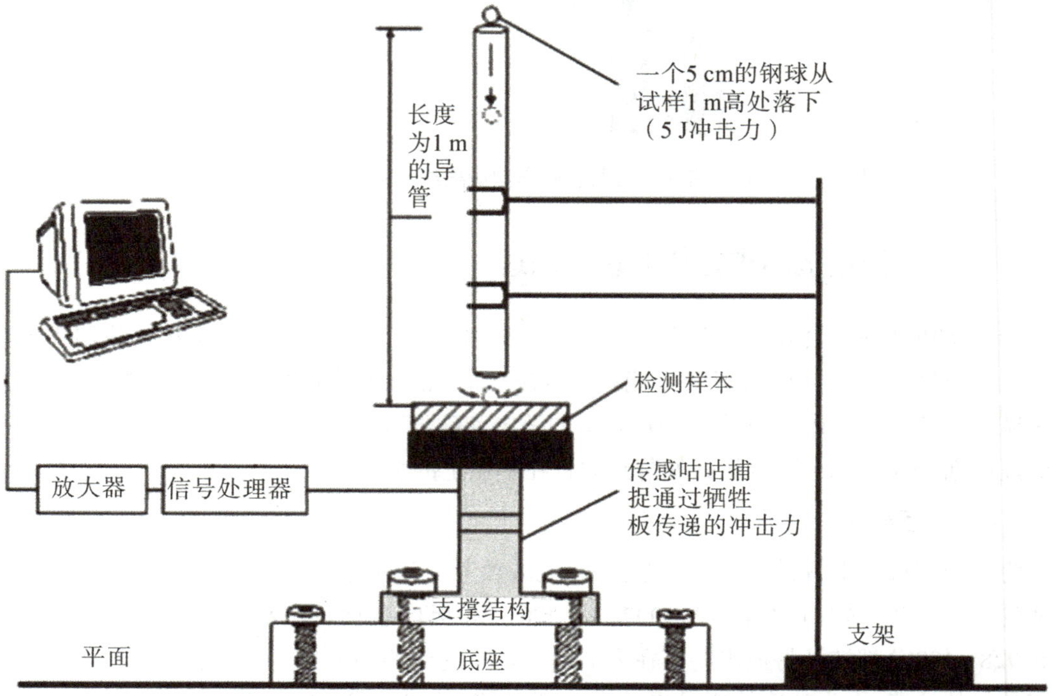

图 8.6 冲击衰减试验装置

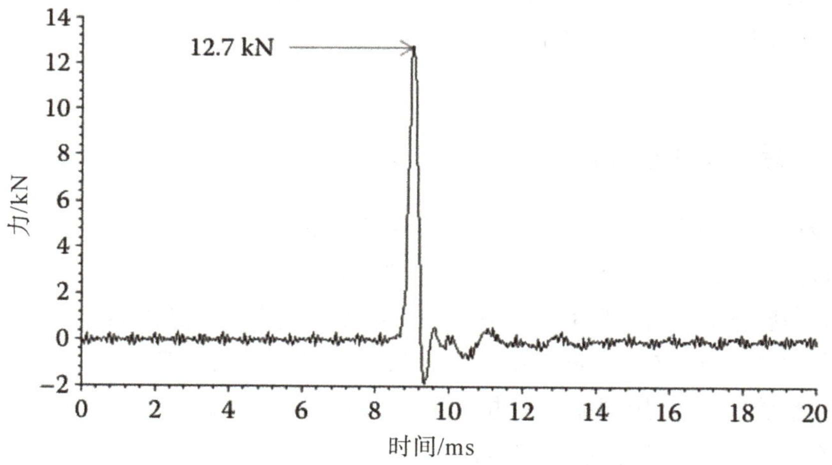

图 8.7 使用3mm Poron XRD 测试保护层的冲击力

冲击防护垫是从吉尔伯特、坎特伯雷和库加等商业产品中随机挑选的。图8.9(a)～图8.9(e)显示了带有保护垫的上衣。此外，还将这些衬垫与皮革、D3O和其他用于冲击防护的专有材料进行了比较。图8.10显示，EVA泡沫在5 mm处的峰值力为15 kN，而Poron XRD和皮革在<5 mm处的表现相似；但是，随着厚度的增加，Poron XRD样品的表现优于皮革。总的趋势是，大多数小于5 mm的材料都经历了高峰值力，但与大多数基准材料相比，D3O是例外，与其他材料（GPhlex，Poron－XRD，EVA形式）相比，D3O在小于5mm时所经历的峰

值力较低。随着厚度的增加,D3O 的峰值力与 GPhlex 的峰值力相当。

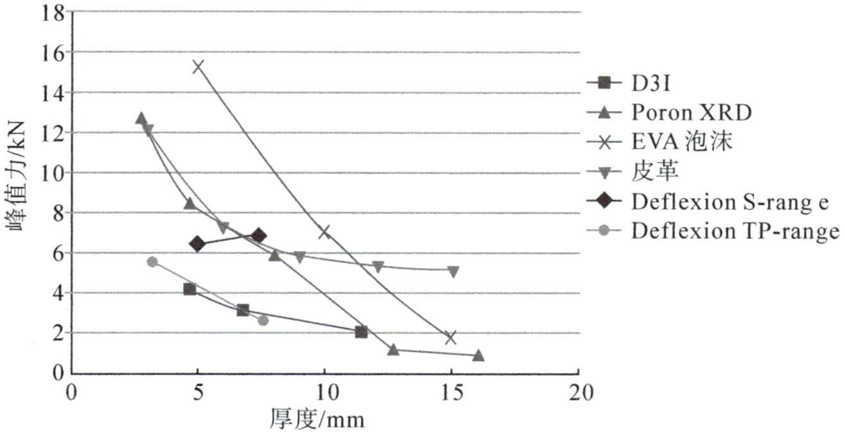

图 8.8 冲击衰减试验的结果

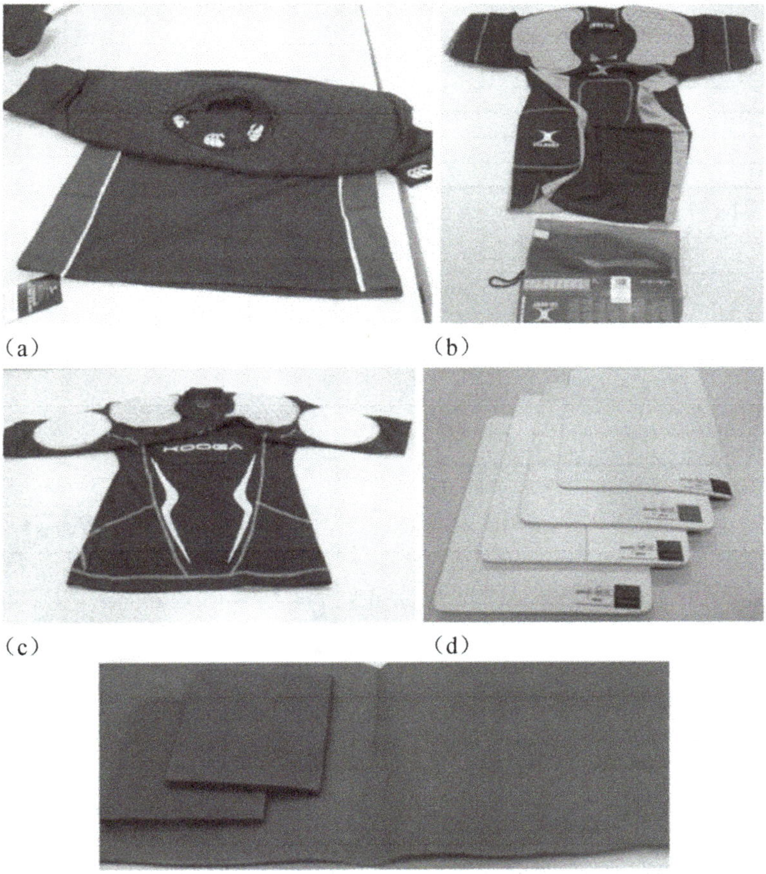

(a) (b) (c) (d) (e)

图 8.9 (a)坎特伯雷橄榄球上衣;(b)吉尔伯特橄榄球上衣;(c)库加橄榄球上衣;(d)Poron XRD 样品垫;(e)GPhlex 样品垫

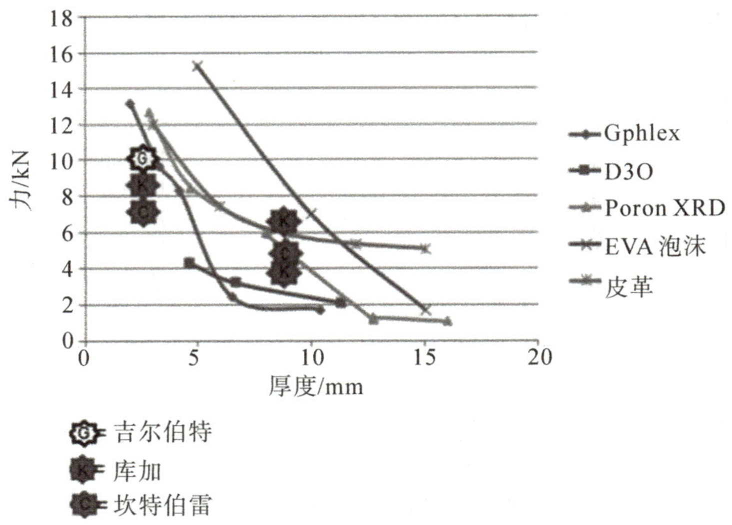

图 8.10　作用在商业橄榄球上衣的力量

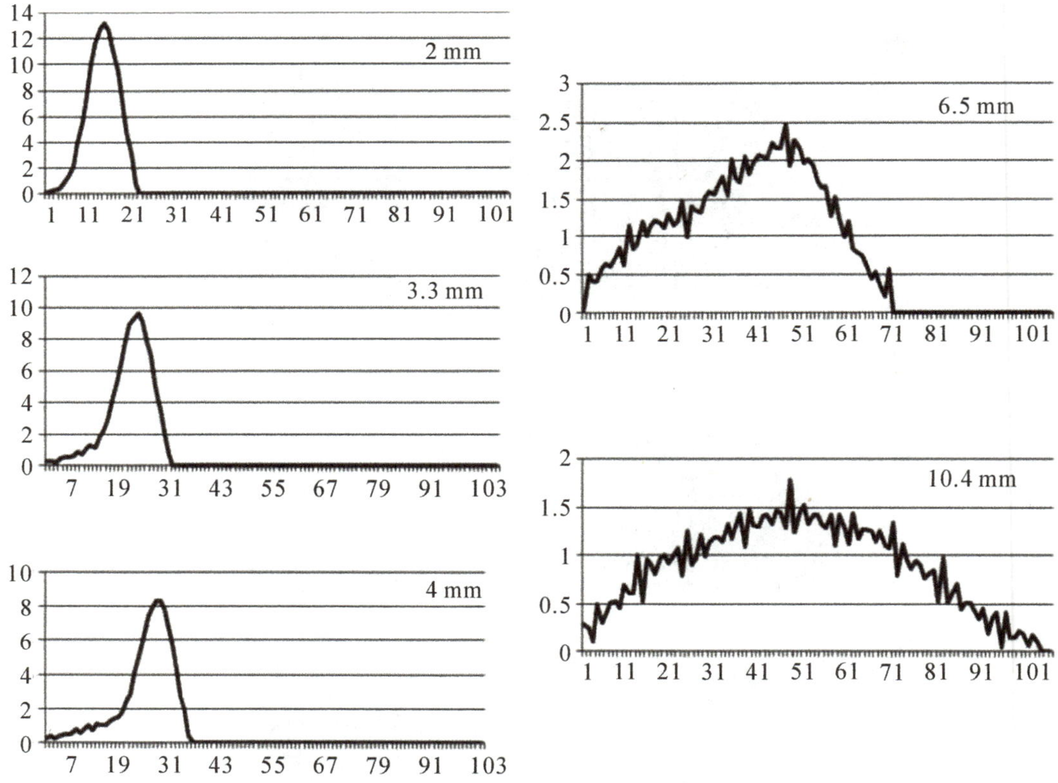

图 8.11　随着厚度的增加，冲击力的变化

图 8.11 显示了由于保护材料厚度增加，冲击力扩大。在服装应用方面，这一因素至关重要。从图 8.11 可以看出，随着厚度从 2mm 增加到 10.4mm，材料的峰值力在减小，这可归因于冲击能量在材料内部较长时间间隔内消散，较厚的材料提供了缓冲效果，使冲击能量随后被材料吸收并减少。

撞击持续时间从 21ms 增加到 101ms，换句话说，材料延长了冲击的时间，其结果是力的峰值减小了。材料的厚度有助于通过延长冲击持续时间来减少峰值力。这在某种意义上是有益的,因为材料将延长冲击的持续时间,以及减少通过材料的冲击力(吸收能量)。早期的研究表明,随着厚度的增加,峰值力的减少是完全可以预测的,因为10mm或10mm以上厚度的样品可以有效地抵消5J的冲击力,而且冲击球表面没有产生任何损伤。然而,当厚度为5毫米时,材料会承受较高的冲击力。

8.6 冲击防护规则

国际橄榄球理事会成立于1886年,总部设在爱尔兰的都柏林,是橄榄球运动的官方管理和立法机构。在其规则中,规定了保护运动员的服装条款,包括作为服装一部分的护胫、无指连指手套、肩垫、头套和胸垫。

当暴露于水、污垢、汗水或化妆品以及清洗时,衣物中的抗冲击材料不会受到影响,也不会引起皮肤的不良反应,包括擦伤球员抑或是与之接触的其他球员。抗冲击垫应具有共同属性——相同的纹理、硬度和密度,不允许夹层垫层,护垫的边缘应该是平滑的,不应有阻碍运动员运动并导致不适的坚硬的突出物。

肩垫拥有最大的覆盖范围,包括胸锁关节(SC)、肩锁关节(AC)和肩胛肱关节(GH)。抗冲击材料将保护肩膀和锁骨,并从颈部延伸至上臂最多2cm。覆盖SC接头的衬垫的最大深度为60mm,在颈后的最大深度为70mm。抗冲击材料的最大厚度为12mm,外加每条边多留1mm的面料。

8.7 抗冲击材料的基准测试

以皮革、泡沫材料(包括EVA和聚氨酯)、针织间隔布和膨胀材料为主要材料,对服装中广泛应用的材料进行了评价。研究发现所承受的冲击力的大小取决于材料的厚度。除了D3O,大多数5mm范围内的材料在承受高冲击力方面的帮助有限。可以推断,材料的厚度有助于减少峰值力,并延长了冲击持续时间。这在某种意义上是有益的,因为材料将延长冲击的持续时间,以及减少通过材料的冲击力(吸收能量)。还应该说明,手臂和胸部的肩垫的厚度限制在10mm和5mm。冲击衰减测试能够评估在各种材料的保护下及标准化冲击中的峰值力。实验还有进一步发展的空间,特别是较低厚度(5~8mm)的材料吸收震荡或冲击方面。一般来说,这种笨重的衬垫限制了运动员的运动,而且穿起来不舒服。

8.8 服装设计及新产品开发

橄榄球上衣(长袖和短袖)是由经编面料制成的,具有贴身性和抵抗冲击力的作用。服装设计存在的问题如图8.12所示。运动服装产品所需要的各种性能特征,如耐用性、舒适性、识别性和功能性,取决于运动类型、体育活动水平、团队或个人运动、运动强度、室内或室外运动、频率、年龄等。在橄榄球比赛中,特别注重使用垫子或材料预防撞击。如前文所述,笨重的填塞物不太受运动员欢迎,因为它们限制了穿着者的自由移动,而且舒适性较差。为体育运动设计功能性保护装备具有挑战性,因为要想达到保护标准需要以牺牲舒适性为代价(垫子的厚度、硬度、质重、层数和透气性等特性)。

① 柔韧性（柔软和灵活，让身体活动）
② 密度（IRB<45 kg/m³）
③ 厚度（不同区域不同厚度）
④ 透气（穿孔，允许水分输送）
⑤ 接缝（材料插入—平锁接缝或通过包缝）
⑥ 损伤机制（肩、锁骨、肱二头肌、胸骨）

图 8.12　橄榄球上衣的设计问题

8.8.1　设计问题

一般来说，大多数护垫或泡沫的厚度都在 5 毫米以上，所以要把这些厚护垫放进衣服里是一个挑战。有些肩垫和袖子没有制成特定形状。在一些样品中使用的护垫很大，护垫往往会把面料撑起来，衣服就会变得极不合身。一些产品中使用的护垫较小（肩部区域），对穿戴者提供的保护较少。一些产品使用平锁织法将衣服的各个部分缝合起来，以保证穿着者的舒适度。其他产品的衬垫以袋的形式夹在面料之间。较厚的泡沫或衬垫有孔洞，提高了灵活性，并有助于水分输送。然而，在身体其他部位，垫块阻止空气或水分流通，因此透气性较低，舒适性较差。垫片通常很硬，为了符合肩膀部位的不同轮廓，灵活性较差。与棒球使用的笨重肩垫不同，橄榄球背心使用的肩垫需要更灵活。

由克里希顿、琼斯和芬克（2011）进行的最新流行病学调查研究了 24 名橄榄球精英球员持续受伤的视频，报告称在橄榄球中有三种常见的导致严重肩伤的伤害机制：“尝试得分（try scorer）”“直接碰撞（direct impact）”“阻挡（tackler）”。有必要了解损伤的性质，并设计肩垫，以提供最大的保护，一些常见的伤害模式有：

1. 尝试得分——伸出手掌。

2. 直接碰撞——以中性或轻微内收的姿势（身体某一部分向身体中轴线移动），由侧面直接击打手臂或肩膀。

3. 阻挡——伸出手臂的动作会对肩胛盂关节（GHJ）产生杠杆力（图 8.13）。

了解橄榄球运动员肩关节损伤机制，有助于了解病理性损伤，也有助于预防损伤。

图 8.13　典型的带衬垫的橄榄球上衣

可以注意到，根据克赖顿等人的研究结果（2011年），典型的肩垫背心（图 8.13）仅能对肩部区域提供有限的覆盖。在生产橄榄球护肩服时，应考虑这些设计问题，肩垫应灵活覆盖胸锁关节、肩锁关节和肩胛肱关节。图 8.13 所示的橄榄球上衣可能对这些区域提供有限的保护。佩恩等(2008)还报告说,当使用肩垫进行抢断时,肩锁关节受到的冲击力减小,而肩部其他区域的力没有减少。换言之,在抢断过程中肩部承受了相当大的冲击力。本章强调了影响服装设计的六个重要方面:损伤机制、柔韧性、体积、透气性、厚度和将这些垫子缝到衣服上的能力。该行业计划研发一种柔韧、轻便、透气、薄的材料,使身体能够轻松移动。其原则是该材料能够延长冲击持续时间,并扩大受冲击影响的区域,从而使佩戴者在坠落或抢断时不会承受到峰值力。

8.9 总结与结论

橄榄球是一种快节奏的接触式运动,需要对肩部区域进行精确保护,尤其是当运动员伸展手臂摔倒时(在尝试得分、拦截对手或直接撞击地面时)。许多关于保护性材料性能的研究已经得到了严格的评述。

本章讨论了运动服装的抗冲击材料,特别是橄榄球运动所用的材料。理想情况下,这些材料吸收冲击力,并提供对坠落或碰撞冲击的抵抗力。近年来,这种保护垫的使用已经大大增加,以至于用户很难做出选择。本章介绍了材料特性,实验通过将传感器与保护材料下的砧座相连接,测试传感器所承受的力。随机对橄榄球背心进行了选择研究,并给出了结果。该章还强调了运动员在训练和比赛中经常受到的潜在伤害。

通过对一系列材料进行测试,以确定这些材料的抗冲击能力。图 8.11 显示了不同厚度材料的峰值力变化。厚度 2~3mm 的材料承受了较高的力。随着厚度的增加,设计用于吸收能量和防止冲击的商用产品比皮革样品更有效地降低峰值力。通过对传感器信号的仔细检查,撞击持续时间延长,材料所承受的力也相应减少。图 8.11 记录了当厚度从 2.0 mm 增加到 10.4 mm 时,一个特定样品从 21ms 到 101ms 的变化。冲击衰减试验记录了所有通过材料传递的冲击力,但并未说明这些力在冲击区的分布情况,而使用压力传感器可以探测撞击点处冲击力的区域分布。

影响高性能运动服装设计和开发的六个因素如图 8.12 所示。通过这六个因素对市场上可购买到的和获得 IRB 认可的橄榄球衬衫(带有防护垫)进行分析,设计者和产品开发者发现了许多问题。该分析为运动防护服的强化设计和设计原则的制订提供了一个框架。讨论伤害的机制是为了强调运动服装的开发是以用户为中心的这一事实,了解运动中受伤的频率和身体的各个部位所受到影响程度是最为重要的。

09 无缝针织及其应用

9.1 介绍

本章将重点介绍两种不同类型的与无缝服装相关的纬编技术:圆形针织和平床针织。

在传统意义上,圆形针织机通常生产的是袜类管状织物。当用于生产服装时,其管状结构通常是将一面切下来,打开形成一个平坦的布料,然后被切割成服装的组成部分,之后将这些部分缝合在一起。这种技术类似于梭织服装的制作过程,能够制造一个有缝的服装。然而,一个关于这项技术的最新应用是利用管状结构来制造服装的各个部分,即管状结构成为衣身和袖子,从而制造出接缝少的服装。

平床针织机最初只用于生产针织面料。然而,为了降低劳动力和成本,节省浪费,从而推动了许多机器的改进发展,使其具备更强的能力,包括制造服装的能力。也许最具有创新性的发展是,该机器能够一次性完成管状服装的制造,从而制造出具有完全无缝结构的服装。

9.1.1 圆形无缝针织

圆纬针织机是传统的袜业机械。1988 年,意大利机器制造商 Lonati 公司开发出了圆纬针织机,该公司的目标是将机器的功能扩展到针织领域生产无缝内衣。这就促进了新公司 Santoni——一家具备编织无缝服装能力专业生产机器的公司的成立。然而,需要强调的是,虽然衣身和袖子都可以无缝编织,但这些构件必须在针织完成后才可组装。因此,将圆形针织制造的纺织品称为“服装”也许是一个错误的说法。一般来说,Santoni 仍然被公认为是在圆形针织机上生产的无缝针织品的领导者。圆形针织机能够生产细针距的针织品,但它的特点是很难创造出图案和复杂的服装造型,也很难改变无缝针织管的直径,在服装设计和适应人体复杂的形状等方面有相当大的局限性。然而,有选择地使用圆针床可以使设计师在编织服装的过程中完成基本管状结构以外的形状的设计(图 9.1)。

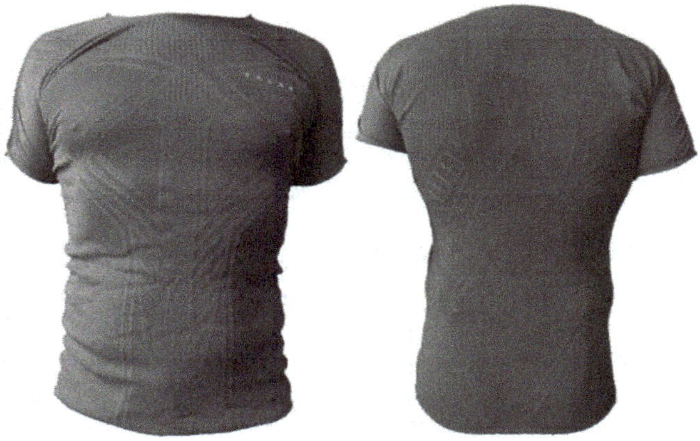

图 9.1 圆形针织服装

9.1.2 完整服装的针织

在开发出能够实现编织整件服装的技术之前,成型时装是在直条机上编织成形状板的各部件,然后采用单独的后期制作流程进行组建。自 20 世纪 40 年代以来,许多编织者的目标是在平床设备上生产整件服装。很容易理解为什么发展这种能力是颇有益处的,因为它不仅消除了耗费时间的后期制作过程,而且它还能最大限度地减少浪费。众多不同的方法取得了专利，但直到1995年，在国际纺织机械展（ITMA）上推出了WholeGarment ©技术，这些方法才应用到商业领域。德国公司Stoll也在该技术上取得了重要的发展，提高了其商业可行性。Shima Seiki和Stoll引领着WholeGarment ©技术商业应用的前沿。

9.2 针织品合身性以及针织结构

针织品的结构和特性影响着针织品的合身性。纬编面料的宽度和长度都可以延伸，还可以根据客户的需求进行调整。其可扩展的结构使其能够通过变形变成三维形状。这些织物特性影响针织服装与身体形状的关系，使其能够比梭织面料更舒适的在身体上的移动和伸展。正因为如此，即使纤维没有弹性，也可以做成紧身流线型的针织服，不会限制服装的舒适度。了解不同的针织结构和它们的特性，可以帮助设计师和产品开发人员设计出合身的服装。它可以将针织结构分为以下三个基本组别。

平面结构由环组成，这些环都是相同的，并且在同一方向上相互啮合。这些结构在一侧都是同向循环，而在另一侧则是反向循环。

肋条结构由交替的正反面环组成，用于形成肋条的针头数量可能会有所不同。例如，一组肋条，是通过一次交替两个正向和反向循环来创建的。

反针织结构由背面环和正面环循环的交替过程组成（图9.2）。

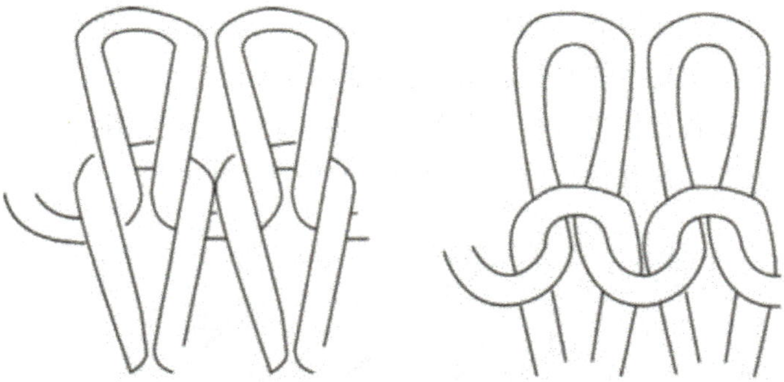

图9.2　正面和背面的环路

每种不同的针织结构都有一系列不同的特性，这些特性将影响服装形状，并最终影响服装与身体的贴合方式。松弛时，针织肋条会在宽度上塌陷，从而减少缝隙宽度的变化，增加织物的厚度。据报道，如果在肋条上施加压力，织物可延伸至120%。如果它与普通的针织服装融为一体，不影响舒适度。肋条通常被用来创造服装形状，并使袖口和裤边服帖。但是，设计师也可以在身体面板的边缘插入肋条来创造形状，这在腰部（身体变窄的地方）特别有效，这种做法利用了肋骨结构膨胀和收缩的倾向。一个平向线圈针织面料比纵向线圈在过程上延伸得更多，因此，通常的做法是将横列水平地定位在服装上，在最需要的地方利用这种可扩展性。在商业服装中较少使用的檩条针织，它呈纵向收缩，可以有效地提高服装的延展性，提供纵向上的牵引力。因此，它比肋条或普通针织结构有更多的纵向弹性。有经验的针织品设计师会对如何使用针织结构有很好的理解。然而，针织结构的特性，往往是由技术员利用他们的经验来判断的。图9.3显示了三种基本的针织结构。

普通针织结构　　罗纹针织结构　　褶皱针织结构

图 9.3　针织结构

9.2.1　身体测量

要想制作出贴身的针织服装，掌握正确的方法很重要，例如，在产品开发过程中应用人体测量的方法。梭织服装的花纹裁剪过程是将身体测量转化为尺码表的过程。从尺寸图到平面图案，再到平面织物，确定尺寸。然后，这些作品将被构造成立体的服装。在针织服装的图案制作过程中，使用计算方法将其转化成一个新的图案。将身体的主要尺寸，如胸围、肩围和腰围转化为针数。这个计算基于针迹密度，也就是一定面积的针织布中针迹的圈数。由于针织结构与机织结构有很大的不同，因此，用于确定合身性的关键身体测量数据也是不同的。由于它们的延伸性，针织服装倾向于简单的平面形状，不需要像更稳定的梭织服装那样使用省道、接缝或其他的方法来创建 3D 形状。在女士针织服装中，通常不使用胸围测量，并且服装不太可能包括胸围成型。这些服装形状的合身性显然取决于针织面料拉伸和成型至身体的能力。为了获得能够使身体舒适和移动的机织服装，人体测量中要增加额外的余地，即宽松度。可延展的针织服装并不总是包括宽松的余量，服装的尺寸需要符合人体尺寸，并且仍能带来舒适的合身性。在身体不同的部位，要达到适合针织服装所需的舒适度，将取决于设计师旨在实现的合身风格和类型。

9.2.2　通过针法制作服装形状

在平床机械上进行编织时，可以通过一种时尚的技术增加或减少针迹。为了增加宽度，编织线圈被转移到织边边缘之外的针上。变窄是通过将一个环转移到先前已连接环的一根针中完成的。然后，该针将停止编织。可以增加或减小的最小尺寸等于针迹尺寸。不可能以与裁剪衣服相同的精度来创建所需的尺寸。成型过程产生的角度可以通过每个成型横列之间编织的横列数(成型频率)来控制，也可以一次转移一个以上的环，以形成一个更锐利的角度。有一些整体成型的方法，以便在服装内创建 3D 轮廓，这些轮廓与织造结构中使用的飞镖具有相同的功能。但是，该方法尚未在传统的工业编织中广泛使用。有人争辩，为了开发出更复杂的方法来实现合身的针织服装，必须定型才能获得与身体形状相关的 3D 形状。

9.3　无缝制服装的合身性

具有完整三维服装构造能力的机械，例如完整的服装技术，意味着可以生产出符合人体三维形状的产品。但是，整件服装的成型过程取决于机器及其操作员的能力。在平床技术上编织管状服装存在困难。服装的形状受到编织和转移时可用针的数量的限制。主体管和套筒管必须开始编织特定的针，并且每根针之间必须有准确数量的可用针，这些针被引入使腋下加宽，这三个管必须在正确的位置汇合。然后，套管可以逐渐移动并变窄以形成颈部。

这是一项复杂的操作,技术人员不容易掌握。但是,有一些针织服装团队正在利用这种能力来进行三维编织并创建具有3D造型的服装。图9.4展示了一个服装的示例,其中在服装的背面和正面结合了一条整体造型线,从而形成了3D立体形状。进一步在身体的下半部进行塑形,以凸显3D服装的形状。图9.5展示了拓宽技术,其中每三个路线变为一个。就缝制而言,用于制造圆形无缝针织服装的过程受到更多的限制。因此,这是一种更为有限的编织技术,可能更难以进行形状创新。

图9.4 无缝悬垂的上衣

图9.5 整体成型的细节

在完全成型的行业中,为了保持和固定服装尺寸,会巧妙地使用定制的木制框架(称为定型框),这一过程也会影响缝合密度。全套式的服装生产仍用于整套服装生产,这已被发现造成了问题,因为整套服装的结构往往比传统全款式要小得多。整套服装的无缝结构也意味着它们的稳定性较差,更难压平。这些不同的框的使用是过时的,这就使整件衣服的整理很困难。

9.4 无缝针织品及其在运动服装中的应用

无缝针织服装已经在消费者面前出现了很久,但它并没有被淘汰。近些年,一些有远见的针织品制造商已经将其产品推向市场。这种编织方法在技术上为运动服装的发展提供了新的机会。以下章节概述了如何使用无缝技术创造出满足特定需求的功能特性的运动服装以及消费者在舒适度和运动服装美感方面的需求。

9.4.1 服装舒适度

舒适性是消费者所追求的服装属性,尤其是皮肤接触方面,对于运动服装来说很重要,因为它会影响运动表现。从消费者的角度来看,舒适度是主观和复杂的,因为它需要足够的时间和精力去了解,并且考虑到一些不同的因素。有关舒适度的研究包括以下内容。

与服装有关的舒适度包括主观评价,即:穿着者对衣服的手感做出的评价,它对舒适性有相当大的影响。无缝服装,因为没有接缝,消除了敏感部位的摩擦。这对于运动服装、户外运动等显然是有利的,特别是那些紧贴皮肤穿的衣服,如内衣和泳衣。

人机工程学的舒适度与穿着者能轻松移动的能力有关。据称,无缝结构能够拉伸和成型,比有接缝的针织服装更有效地贴合身体。

热生理舒适度是指当一个人对所处的热环境感到满意的时候,他就会感到很舒服。为了维持热舒适度,必须有足够的热能,身体的热量必须平衡。除了衣服本身,湿度等因素会影响热环境。热生理学包括通过身体输送的热量和湿气等影响人的体温调节能力。吸汗是一个将水分从身体中转移出去的过程。针织品的吸水能力取决于纤维含量和针织结构。针织品还具有绝缘性。图 9.6 融合了各种针织结构,图 9.7 显示了针织结构的细节。

图 9.6　融合多种针织结构的圆形针织

图 9.7　袖子上不同针织结构的细节

心理上的舒适度与一个人在服装中的感觉有关,并会受到造型、颜色等因素的影响。心理因素可能也与服装如何有效地提供热能有关,以创造出心理安慰。

9.4.2　服装美感

使用圆床和平床无缝设备是一个很好的选择,可以在一件衣服中使用多种不同的针织结构和图案。这使设计师能够在衣物中创造出图案、纹理、表面设计和造型特色。弹性(拉伸)材料的使用可以减小管状结构的直径,且不损失任何材料,给穿着者带来舒适感。

完整的服装技术具有三维塑造服装的能力,这可以创新美学。连续的图案、条纹和点状结构可以编织在服装整个周围。缝线操作技术(时装)在针织面料中形成可见的图案。这不仅美观,而且能引起人们对创新造型技术的关注。因此,从美学角度来说,这使服装看起来像一个精密工程的产物。

9.5　目前行业内的局限性

目前已有的无缝技术(圆床和平床)对针织品生产商来说,成本很高,而且需要高水平的设计和技术,以充分发挥其优势。这是一个相对新型的制造工艺,并且需要大量的研究和开发工作。在当前的经济环境下，对于针织品生产企业来说，降低成本和减少做出风险性的决定是一个更合理的选择，而不是投资开发新型的产品。因此，虽然越来越多的运动员穿着公司专门生产的无缝针织服装，但这也许是一个尚未被完全开发的市场。

在合身性方面，虽然针织衫具备伸展性，并且有人认为针织衫适合各种各样的体型和尺寸，但有证据表明，其在合身性方面仍然需要改进。

完整服装的开发迫使从业者同时考虑一件衣服的所有部分，这是对传统技能人员的挑战。当为嵌入式衣袖定型袖孔时，可能会出现一些困难并且不是总能达到理想的效果。导致这种情况的原因有很多，包括精加工的限制、缺乏先前可供借鉴的知识，没有可用的服装模板或图案。正是因为该技术还处于初期发展阶段，才导致缺乏模板。因此，若那些正在推动开发的人员技能更熟练、相关知识更加丰富，这些限制很可能会有部分得到缓解。在塑型方面的限制可能是源于全时装行业，在这个行业中，使用的方法总是不一致和不准确的。此外，在针织品行业内，对人类测量学数据的应用也缺乏关注。这些很可能对开发新的无缝服装方法产生不利的影响。

9.6 总结

编织方法的不同，带来的机会和限制也略有不同。目前，有一些专业的运动服装生产商，他们使用这两种类型的无缝环形服装技术来制造高技术含量的产品。这些高科技运动服装采用特定的针织结构，以保证身体的保暖性、舒适度。产品开发者已经开发出能够编织多种不同的针织面料的技术，并利用这些技术制造出具备特殊性能的服装。我们讨论了两项创新技术：压力板和躯体测绘的使用。目前，几乎没有证据表明业界正在生产能够满足各类人群需求的尺寸系统。因此，虽然创新实践是显而易见的，但仍有限制创新运动服装的技术和知识难题。此外，技术问题也限制产品研发团队在服装塑形方面达到他们想要的合身性，对知识产权的保护也限制了知识的传播。因此，公司有必要对此方面的研究和发展进行投资，以了解并真正挖掘无缝针织技术的潜在能力。

10 运动服装的合身性及消费者对运动服装的认识

10.1 影响合身性的因素

服装合身性对穿着者的日常来说很重要，而且经常在服装类文章中所提及，通常以欧文、金辰和彼得斯在1979年确定的变量为参照。虽然这些变量强调了合身美学的重要特征，但运动装的合身性可以直接影响体育赛事的结果。合身性可以从功能和舒适感两方面考虑，但从产品开发角度来看，应该考虑到每个变量之间的相互作用。重要的是，3D产品的发展更加突出了产品开发中的几何性和数字性，并为消费者从数据上了解服装及其合身性提供支持。我们认为，穿着者的感知在结构合身中只起很小的作用，以下变量需要仔细和综合考虑：布料、功能、感知舒适性、运动成绩期望和易决定性，尤其是关于变量在样板方面的数据应用。

10.1.1 服装合身性与图案

服装合身度的评估通常是产品开发后评估的一种反思工具，我们认为，在产品开发之前，需要列举合身度的关键概念。版型开发可采用多种方法，需要使用人体测量和成比例的组合绘制一个几何坐标系，它能够从两个维度描述三维服装形状。作为几何图形被约束的图案都该应用于点的重新定位（描述为从一个位置到另一个位置的移动）。虽然服装合身性分析并不总是列举五个关键变量——纹理、线条、集合、平衡和舒适度或舒适度感知，但是通过对图案几何形状的改良，这些因素将得到应用。尽管在已有的合身性实践中，很少有人将通过虚拟合身性界面观察到的情况进行情境化，但通过在合身性仿真软件中应用张力图进一步证明了合身性的数值性质。

10.1.2 面料

面料作为制作服装的结构，直接关系到人们对合身性的感知。通常，研究人员的研究主要集中在布料隔热和控制温度时的热生理方面，因为隔热和控制温度对于运动服装来说是非常重要的，如果控制不当，将导致过热和运动性能下降，也可以在易于理解的层面上去测量与温度直接相关的热生理因素，与其他和合身性相关的因素不同，后者被认为更主观，而且被证明更难以以任何有意义和适用的方式进行量化。哈克(1988)研究了一些与材料特性有关且对服装功能的限制。柯克和易卜拉欣(1966)研究了对功能性面料弹性的要求，然而，两者都专注于特定的服装类型，都没有专门关注运动服装。柯克、易卜拉欣(1966)和沃特金斯(1995)认为，就穿着时的功能性保持而言，面料特性（包括拉伸和滑动）是保持功能的重要考量因素，尽管这些在现有实践中很难评估。针织面料主要用于运动服装，因为其结构具有较高延伸性（见第4章）且对功能的限制较少；同样，在针织和机织结构中加入弹性体纱线，使其能够发挥非常大的第二层皮肤的作用，方便身体移动，而且不会阻碍功能和运动表现。然而，必须指出的是，从服装的尺寸、功能和面料等方面考虑，人体模式关系方面存在一种最佳关系，这一点应该得到充分的理解。

可以从X－BIONIC提高性能和舒适性的布料工程设计的服装中看到，X－BIONIC是一家专门从事工程运动服装的瑞士公司。针对身体的不同部位，制作服装时使用了不同的布料，甚至是纤维结构，试图最大化穿着者的运动表现，并满足他们的舒适性要求。这些都表明了工程学方法在创造高性能运动服装时的重要性。

10.1.3 功能

穿着者穿着运动装时的功能是很重要的,任何对功能的影响都将直接关系服装舒适性及其潜在的性能。尽管很少有服装工作按学科来研究关键运动,但是运动要求都通常与运动学科直接相关。沃特金斯(1977)对冰球运动进行了研究,认识到如何才能创造更好的防护装备,同时清楚地考虑到在比赛中的姿势类型和动作。在人体功能解剖学的研究中,也概述了功能性考虑因素,很明显,需要对服装功能进行专业特定的考虑,才能确保设计能够实现最好性能。

对于穿戴者,尤其是高水平运动员,必须考虑到身体的结构,这不仅包括骨骼结构、肌肉和脂肪,还包括体育运动特有的动作以及支撑这些的解剖学。解剖学的考虑因素主要包括骨骼关节,以及它们的自由度和允许运动的程度,特别是运动员比普通人更加灵活。其中一个因素是与解剖学直接相关,并对合身性设计产生影响的体表功能改变。最近,许多研究着眼于体表功能变化的测量,比较静态控制姿势和代表若干关键动作的动态姿势之间的变化。这是一个很好的机会去利用不断发展的技术捕捉真实的运动,观察运动变化,观察运动是如何影响体表长度以及服装和布料的舒适性或弹性。然而,尽管沃特金斯(2011)研究了穿着带有网格图案的紧身衣的参与者的运动,并提出了一些关于如何从根本上观察动态环境下的服装性能的考虑,但很少有研究能够做到这一点。此外,阿什当(2011)也对穿着运动服装时的人体运动形态进行了分析,他提供了大量现有的研究案例,并提出了服装有可能通过关键身体部位的系链限制功能的观点。

人体由不同的解剖结构和关节组成,由于关节类型和控制运动的肌肉组织不同,身体的某些部位具有更大的运动潜力或自由度。臀部和肩部区域允许大范围的运动,因此这需要在选择面料及其结构时仔细考虑,以覆盖该区域。具体来看上半身,通过代表性的运动产生的变化可以使身体皮肤产生相当大的变化。虽然在身体的某些部位可能会出现相当大的变化,但解剖学将是决定高积极还是高消极变化的一个控制因素。

在吉尔(2009)的研究中,对 24 名男性在静态对照姿势和 5 种代表性的运动姿势下进行测量(图 10.1),以确定体表变化水平,并作为一种衡量服装板式中功能舒适性的方法。在某些情况下,可以观察到消极影响较大的变化,如正面的负值下降了 22%,或者背面的正值高达 27%。虽然所使用的动作并不代表功能的绝对极限,但这些动作可能与运动中进行的动作有关。

这项工作提出的一个关键考虑因素是如何建立和应用累积变化的结果,在整个测量长度中,累积变化在不同的部分都会减少和增加,而这些变化会受体育运动、柔韧性和运动员体型以及所穿服装类型的影响。因此,动作必须与沃特金斯(1977)的研究一样,与学科相关,但也要像吉尔(2009)的研究一样,在服装版型(学)中有明确的服装参数。

讨论的研究类型集中在赤裸的身体上,需要进一步地研究来考虑运动的身体与服装的相互作用。像身体扫描和运动捕捉这样的图像捕捉技术为分析运动环境中的服装提供了机会,通过表面外观示例分析服装的性能,第 13 章讨论了这一领域。

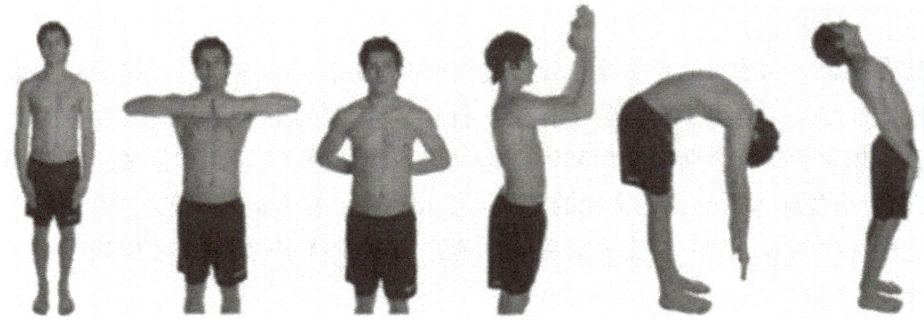

图 10.1　上半身表面变化评估中的控制和动作姿势

10.2 感官舒适度

10.2.1 穿戴者感知度的心理分析

运动服装饰，即“运动服装”，在主流时尚中越来越流行。它不再仅仅面向体育领域内的职业运动员，消费者也可以购买日常穿着的运动服装。因此，舒适是最重要的。不合适的运动服装有可能使穿戴者在某项活动中表现不佳，从而导致受伤（尤其是跑步或游泳）。然而，每个人的体力消耗会因其健康水平和独特的生理状况而有所不同，因此，感官舒适度的高低将广泛依赖健康、功能这些因素。基林巴尔奇（2009）对影响一个人感知舒适度的因素进行了全面概述。因为人的复杂先天性格以及遗传倾向的生理和心理经验，包括所学的适应体验，使得这些因素存在显著差异，这就是所谓的“主观感知”，通过这种方式，一个人与另一个人对触觉的理解会有所不同。尤其是在年龄、种族和性别等关键人口特征与舒适度直接相关的情况下，这一点非常重要。桑塔格在（1985）温度控制条件下进行的研究中，要求成年女性参与者在身体的不同部位穿着试验服，以确定舒适程度。穿着最贴合身体的衣服被认为具有较高的测量感官舒适度价值，因为这种舒适度是隐藏的，而不对其他人可见。这表明，舒适性在消费者的认知中可能有双重性：与衣服在身体上的位置和穿着衣服的环境有关。对一名成熟消费者而言，服装的舒适性不仅仅是一个问题。卡普兰和奥库尔（2008）基于服装舒适性对消费者进行了更大范围的研究，结果与桑塔格的研究相似。参与者还得出结论，服装的个人隐蔽性和外表是服装舒适性的重要和应高度重视的因素。这些因素对运动服装的舒适性非常重要，尤其是在需要穿着多层衣物的活动中，如滑雪、爬山和其他户外活动。

10.2.2 压力舒适度

压力舒适在感观舒适中起着重要作用，尤其是在生理方面。人体自身通过出汗来控制散热系统。然而，应考虑极端温度和每个消费者独特的生理基因。斯维尼和步森兰（1990）进行了一项研究，使用数字排序系统对特定舒适度进行描述，从而测试水压施加在身体某一孤立区域产生的心理反应。在这项研究中，参与者穿着一层在控制条件下承受不同强度水压的内衣，这导致参与者产生基于排序系统的相似的、更密切相关的反应。然而，在运动过程中，来自生理和外力（如汗水、雨水和风）的压力会发生变化，这表明服装需要多功能性，并能对运动中突然发生的频繁变化做出反应。压力舒适性受外部因素的影响,如极端气候、影响空气质量的基本因素,这可能会对体育活动期间的表现产生显著影响。

因此,当身体内部器官试图应对外界因素时,它们也会承受压力,虽然出汗有助于降温,但肌肉疲劳也可能存在,这可能会导致受伤。压力舒适性的研究表明,体重、身高和个人生理对非职业运动员没有显著影响。然而,对许多职业运动员来说,他们都具备着相似的生理功能,这一点在职业体操运动员身上得到了证明,他们在非常相似的条件下进行训练,无论在身体上还是在精神上,这些条件通常都很严格。因此,运动中受控的压力舒适性对运动成绩至关重要。研究结果表明,运动装与休闲装的压力舒适性差异显著。职业运动员需要有助于肌肉功能和身体表现的服装,以便更专注于运动,而购买休闲运动服装的消费者可能不需要这些。然而,在这两种情况下,与身体接触有关的压力舒适度很重要。

10.2.3 压力舒适度与性别

无论消费者是否是职业运动员,压力舒适性与性别也存在显著差异。阿什当和德朗(1995)明确指出,为女性设计的下装在服装舒适性方面的微量差异可以被穿着者察觉,这表明了身体对不适的敏感性。因此,有性别针对性的、以运动为导向的运动服装是很重要的,因为它可以让穿着者集中精力在运动上,而不是着装的不适感。

霍(2010)讨论了室内自行车服装的形状和合身性,要求男性和女性参与者讨论合身的成品服装。男性参与者要求全身"不加拘束",女性参与者要求上衣"像膨袋般宽松舒适"。这些要求表明,在运动过程中压力舒适性和生理学在舒适性因素中起着重要作用。在本例中,舒适性的作用是服装必须适应男性胸部、女性胸部以及男女性腰部之间的差异。本质上,这两种服装的描述都表明它们外形相似,但压力舒适性不同。然而,由于这项研究的重点是在控制气候条件下进行的室内自行车运动,因此在气候不可预测的室外自行车运动中存在显著差异。刘等人 (2013)在类似环境条件下进行了一项研究,这项研究关注男性测试者和"上半身压力",参与者在间歇性活动和非活动期间必须穿着干燥、无缝的 T 恤。作者指出,受压力舒适性影响最小的部位是躯干、手臂和背部。相比之下,穿着类似结构紧身衣的体操运动员在这些部位会感受到身体的压力。这项研究表明,为了支持运动的功能,应考虑上半身颈背部以下身体围度的测量值。

10.3 表现预期

服装的舒适性也源于我们同质的文化、历史和生理构成。然而,由于运动服装的双重功能(即休闲穿着者和职业运动员有不同的性能需求,男女消费者的要求也不同),对服装舒适性的解释也会有所不同。

服装轮廓严重影响了男女运动服装的合身性和性能。从历史上看,男性运动服装影响了女性的运动服装,女性不得不穿男装,因为这是唯一可用的运动服装。当莱德伯里(2009)调查了户外活动女性着装时,发现所选是宽松的贴合男性身体的服装。女性需要合身的服装,尤其是在篮球等接触性运动项目中,这使得她们能够专注于运动,而不是因为衣着不合身而分心。尤其是女性在运动期间的穿着舒适性,受她们的体型、体重、身体围度和身体质量指数(BMI)的影响。总的来说,身体在活动期间承受的压力是相同的。然而,许多女性的上半身和下半身的身体围度比例并不相等，这表明，如果不考虑运动员和不同个体的身体比例差异，在运动过程中可能无法达到全身舒适。服装类型、舒适感、性能期望和性别都与合身性和消费者有着重要的关系。

10.4 服装舒适等级

服装的舒适度除了穿着者自身的尺寸之外，还与版型尺寸的增减特定量有关。虽然模式范围内的舒适度可以作为一个单一的数值，但数值的确定受许多因素的影响，包括服装造型和相关变量：功能、舒适性、面料特性和型号。虽然造型可能取决于设计师，但其他变量可以通过不同的方法进行定量的确定。研究人员考虑了功能舒适度，并提出了数值化等级。虽然其他的变量（舒适性、面料特性和型号）已经过考虑，但现有研究的结果并未以直接适用于样式开发的方式表现出来。除了身体以外的缓和值，它通常由产品开发人员根据其主观经验确定，然后在产品开发过程中进行主观调整。一般来说，舒适度的应用在样式构建方法之间是不同的，并且在样式构建过程中并不总是明确说明。然而，虽然确定舒适性相关变量的计算方法可能很困难，但已经对舒适性进行了一些成功的研究。这些研究已经能够表明对舒适等级的敏感性。至于弹性面料，在服装与穿着者身体的距离方面也应考虑舒适性。尽管有人建议采用相近等级，但这些等级没有可由样式技术人员采用并纳入舒适度考量的属性数值。

10.5 总结

虽然开发构建合身服装的方法仍在进行中，但在产品开发过程中，仍有一些重点领域将合身性分析与合身度联系起来。随着消费者对运动服装的功能和合身性方面提出了更为复杂的要求，职业运动员和消费者的要求之间的差距正在迅速缩小，产品开发的技术进步表明了这一点。三维技术为定制运动服装所必需的服装仿真提供了平台，在专业运动服装开发中得到了广泛的应用。

消费者现在期望运动服装能完全符合他们身体的形状，不限制运动，并且非常舒适。除此之外，他们独特的生理需要在样式开发过程中得到解决，服装允许穿着者进行复杂的运动，如跑步、步行和跳跃。在这一点上，面料在提高穿着者的表现以及提供保护方面起着重要作用。在解决心理适应上，体育服装在许多情况下与职业运动员和消费者有个体联系，这在团队凝聚力中越来越重要，它可以提升表现。在如何确保合身性、功能性，并满足消费者的需求等方面仍存在着许多问题。

10.6 展望

考虑到运动服装合身性，未来的发展需要更大的理论基础。这需要对人体、人体解剖结构以及人体在特定学科环境中的功能有详细的了解。像人体扫描这样的技术可以帮助提供详细的测量和视觉分析，从而更好地为服装设计提供信息，不过，只有将这些数据与穿着者个人的主观合身感受评价联系起来，才能充分发挥其效益。

11 运动服装面料性能评价

11.1 介绍

对面料的性能进行评估是必要的,特别是在运动服装和功能性服装的设计和开发过程中。通过纺织品研究面料的性能,来确定面料是否符合其预期用途。生产商通过混合特定的纤维类型以满足消费者的需求,例如,在运动服装中,弹力在适应身体运动方面起着重要作用(罗伊于 2014 年提出),还可以在特定方向上控制拉伸回弹性,从而可以增加特定部位的肌肉力。X - BIONIC © bib 的紧身衣能够对特定肌肉施加压力,并在高强度运动期间运输水分。如果一开始没有对材料的性能进行探索,就不会有这样的产品设计存在。

TEXTRENDS 2015/2016 将用于运动服装的面料分为八个使用层:内层、第二层、外层、薄膜和涂料层、绝缘纤维层、装饰物层、配饰层和用于运动的软设备层。

运动服装的评估包括一系列测试,评估是为了确定服装和配饰的性能,并根据使用和要求而变化(表 11.1)。对于运动服装来说,最重要的是吸湿排汗能力和热平衡性。

表 11.1 各种运动及其要求

大众体育	使用的面料	常用产品名称	具体特性
自行车	弹力拉绒,针织面料	自行车紧身衣	三向拉伸,冬季隔热,柔软贴肤
滑雪	经编面料	内层保暖衣	耐热性,拉伸回弹性,透湿性
	单纬编织,拉毛技术面料	中层羊毛面料	保温隔热
	透气涂层机织面料(高密度)	夹克外套	防水透气,耐用
	经纬双向拉伸面料	紧身裤	拉伸回弹性舒适性
跑步	针织面料	上衣和护腿	
	机织面料	慢跑短裤	轻薄速干
	经纬编织面料	紧身裤	拉伸回弹性透湿性
足球	针织面料	上衣	舒适,吸湿排汗
	机织面料	长裤	耐用
游泳	机织和针织的弹性面料	泳衣	拉伸回弹性
		训练外套和长裤	速干

在本章中,将讨论面料耐久性、面料手感、面料的拉伸性和回弹性、面料透湿性、面料透气性和面料耐热性等方面的具体测试方法。试验方法参考了英国标准,该标准规定了各种参数的定义。通过举例说明,解释这些参数如何影响服装性能,并使读者能够理解测试结果(图 11.1)。

图 11.1　不同类型的个人运动

11.2　机织和针织面料的物理测量

面料的物理参数在决定其特性方面起着重要作用，并且在制作过程中被专业人员广泛用作"性能规范"，面料的物理参数决定着一些决策的制定，诸如面料特定最终用途以及在整个时尚供应链交流过程中的适宜性。在本节中，将讨论以下参数：

· 面料面积密度或面料重量；
· 面料厚度；
· 面料堆积密度；
· 面料结构；
· 面料密度；
· 面料覆盖系数。

11.2.1　面料面积密度

面料重量是单位面积的质量，单位为克/每平方米（g/m^2），它是面料的一个重要性能指标，经常用来决定面料的成本和质量。对于机织面料，面料重量是通过制备尺寸为 100mm × 100mm 的面料样品并在磅秤上称重来计算，将结果值乘以 100 可计算出每一平方米的面积重量。在工业上，面料面积密度也可以用一个圆形的 gsm（g/m^2）裁布机来计算（图 11.2）。

图 11.2　裁布机

对于针织面料：面积密度 =（s × l × T）÷ 100，这里 s = 每平方厘米的针迹密度，l = 针迹长度 – 针织线圈中的纱线长度，T = 纱线支数以特克斯支数制（每千米克数）。

表 11.2　运动服装的面料重量

面料类型	重量（g/m^2）	功能/最终用途
非常轻薄的面料	18	内层，轻薄，吸湿排汗，紧贴皮肤的光滑面料
轻质面料	< 100	用于上衣、裤子、运动鞋等的中层面料
中厚面料	130 – 180	用于外层护套的软壳面料；这些面料可以是夹层的，也可以是有涂层的
厚重面料	250 +	用于外套、裤子的厚重面料和用于户外应用的高性能技术材料

针迹密度是指线圈的总数，可以通过确定一个测量区域中的每厘米纵向线圈数（wpc）和每厘米横向线圈数（cpc）并将这两个值相乘得到，即 315cm^2。例如，对于单面针织面料而言，其值为圈数为 15 且每厘米横向线圈数为 21，这两个值相乘即可得到针迹密度。典型的针迹长度为 2.55，纱线支数为 16 特克斯。针织面料的面积密度使用公式得出，为 128.5g/m^2。面料重量会影响面料硬挺度，特别是经纱方向的抗弯刚度。表 11.2 根据不同用途对面料的面积密度进行了分类。

11.2.2　面料厚度

面料厚度指的是面料上下表面之间的距离，可使用测厚仪或测试仪进行测量（图 11.3）。将测试样品放置在两个参考板之间，这两个参考板会对样品施加已知的压力，两板之间的距离以毫米为单位记录（BS EN ISO 5084：1997）。面料的厚度会影响服装的生产，尤其是在调整缝纫机设置的过程中针或布料给料系统的选择。针的选择取决于所需的针迹密度（每英寸的接缝数）。在运动服装中，内层服装的针迹密度比外套的针迹密度小。对于针织品，最好使用圆头尖端，因为它可以防止面料损坏（阶梯效应）。例如，过厚的针织弹力面料在缝制过程中会打滑，导致面料起皱或错位。在这种情况下，将在缝纫机的顶部和底部使用差分进给系统。一端快速送布，另一端缓慢送布，从而形成高质量的接缝。面料的厚度也会影响服装的整体性能，尤其是面料的耐磨性，面料越厚，耐磨性越高。表 11.3 对面料的厚度进行了大致分类。

图 11.3　面料测厚仪

表 11.3　面料厚度

类型	厚度/mm
薄	< 0.20
中	0.23 – 0.46
厚	> 0.47

来源:科烈尔和埃普斯于 1999 年提出纺织品测试和分析。新泽西州上萨德尔里弗:普伦蒂斯·霍尔出版社

11.2.3 面料堆积密度

面料的堆积密度包括面料的重量和厚度,它代表了面料相对于其厚度的膨松度,是决定服装舒适度的重要因素。一方面,一般重量的厚面料在寒冷的条件下或户外运动中更舒适。另一方面,同等重量的薄面料在温暖环境中更理想。面料的堆积密度通常以克/立方厘米(g/cm^3)表示。堆积密度使用以下公式计算:

$$\text{堆积密度}=\frac{\text{面料厚度}(cm)\times\text{面料重量}(g/cm^2)}{1000}$$

11.2.4 面料结构

通过对表示经纱在纬纱上交织的方框进行阴影处理来呈现设计的重复,称为“面料设计”结构(图 11.4 和图 11.5)。

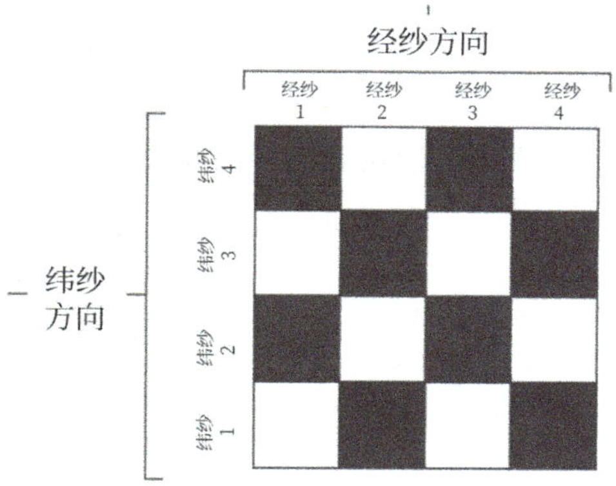

平纹编织图案(1/1)

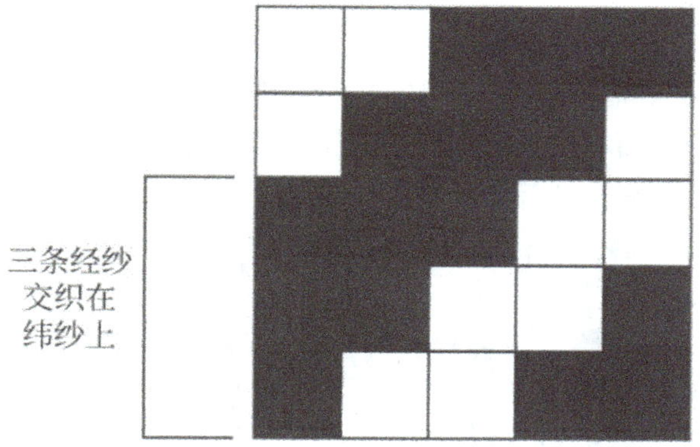

斜纹编织图案(3/2)

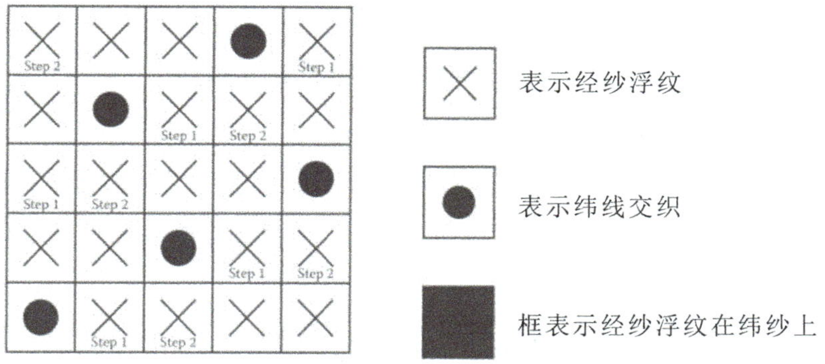

缎纹面料编织两步法

图 11.4 平纹,斜纹和缎纹编织

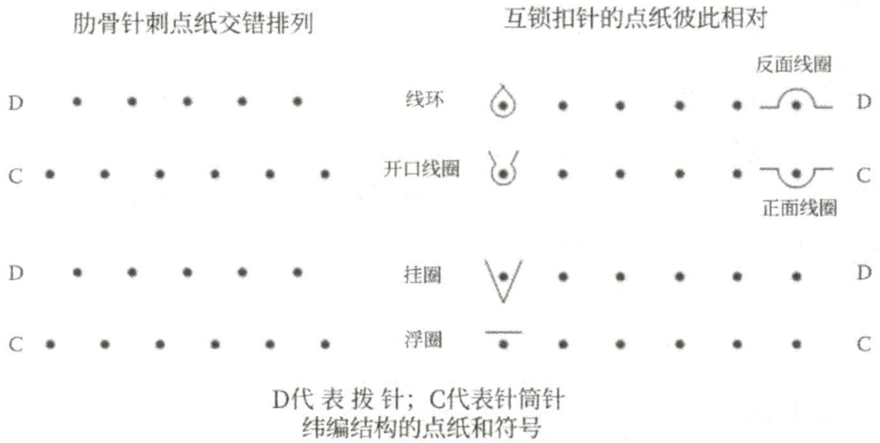

图 11.5　用于编织纬编面料的点纸

11.2.5　面料覆盖系数

面料密度可以使用面料计数器或放大镜来确定，通过计算针织面料中的横向线圈和纵向线圈数量[图 11.6(a)]或机织面料中的经纱或纬纱数量[图 11.6(b)]来评估，其在决定机织面料和针织面料的紧密性方面起着重要的作用，面料密度也影响着面料的孔隙率、透气性和耐久性等各种性能。

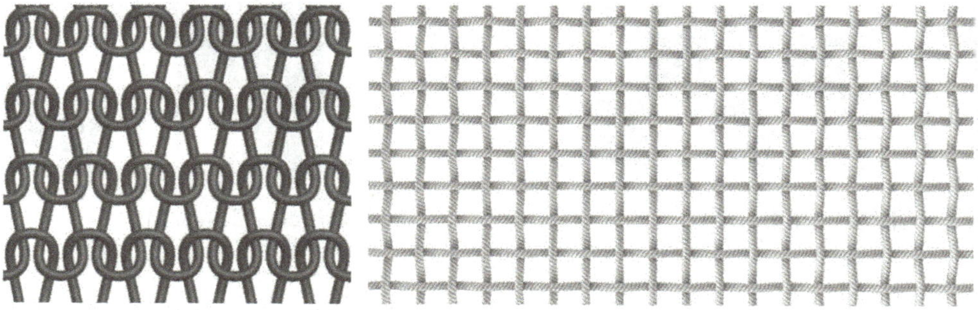

(a)　　(b)

图 11.6　(a)针织面料结构；(b)机织面料结构

11.2.6　面料密度

机织面料的覆盖系数表示一组纱线所覆盖的面料区域。在机织面料中，覆盖系数是由经纬方向确定的。在针织面料中，覆盖系数也称为紧密系数，通常用 K 表示。它是使用机织面料的公式计算的：

$$覆盖系数 = \frac{经纬密度\ \sqrt{tex}}{10}$$

针织面料的紧密系数为：

$$紧密系数 = \frac{\sqrt{tex}}{针距(mm)}$$

11.3　耐久性评估

在选择面料的特定最终用途时，耐久性是重要的参数之一。体育运动涉及重复多次的身体动作，运动服装会遭受多种方式磨损——例如，与另一层面料的摩擦；特殊部位的面料磨损，包括胯部、膝盖和腋下；因绊倒或跌落而与其他物体摩擦，或洗衣时的衣服磨损。在面料被反复拉扯时，纱线和纤维之间也会发生磨损。面料磨损的影响取决于多种因素：纤维类型及其性能，纱线质量及其结构和面料结构。

影响面料耐磨性的因素包括：

· 长纤维的纱线比短纤维具有更好的耐磨性。

· 增加纤维直径可在一定程度上增强耐磨性。

· 最佳的纱线黏度具有良好的耐磨性。

· 在面料密度不变的情况下，增加纱线密度会增加耐磨性。

· 面料均匀地卷曲（经纱和纬纱）使整个面料磨损均匀。

· 经纱浮纹或纬纱浮纹很容易磨损。

· 面料的重量及其相对厚度会影响耐磨性。

· 磨损还取决于面料密度（每英寸的末端和纬纱），每英寸线数越多，磨损越少。

· 纱线的类型也会影响耐磨性，例如，喷气纱耐磨性较高，环锭纺细纱耐磨性中等，气流纺纱耐磨性较低。

11.3.1 耐磨性

评估面料磨损的常用方法是马丁代尔磨损试验，其中通过仪器（型号：BS EN ISO 12947－1：1998）使样品经受均匀的摩擦运动，重复进行直到两根线断裂（机织面料）。用于确定试验结束的各种方法包括：评估样品重量前后的变化，使用颜色变化图（ISO 105 A02）评估颜色变化，或检查样品是否变形、磨损，以及完成规定数量的循环数。但是，本节将讨论基于旋转平台原理的 Taber 磨损测试仪（BS EN ISO 5470－1：1999），该仪器可测试平面磨损，并且由于磨损作用效果明显，适用于较重的机织和针织面料（图 11.7）。在这种方法中，仪器采用平面研磨作用，将面料放在旋转平台上，由两个砂轮研磨，选择六个直径为 114 ±1 mm，中心孔直径为 6.35mm 的样品并进行处理，施加的载荷可以根据所需的磨损类型而变化，例如，从非常轻微（2.5N）到剧烈作用（9.8N）。同样，根据所需的研磨作用，旋转轮可以是橡胶和磨粒，也可以是玻璃材料的，在试验之前以毫克为单位测量样品重量。为了确定平均质量损失率，应记录每 100 圈的质量损失。试验的结束取决于磨损部分颜色的变化、质量的变化或表面变形的变化。

用于外套、裤子、背包和鞋类的层压面料、涂层面料或厚重的多层面料（例如英威达公司研发的面料 Cordura © Naturalle）通常要进行此试验以评估其耐磨性。实验随机选择了三种用于外套的厚重面料：面料 1（282 g/m^2），面料 2（375 g/m^2）和面料 3（245 g/m^2）。其中面料 1 在其背面层压，面料 2 和 3 为涂层面料。对三种面料分别施加 7.35 N 的标准载荷，并使用施加中等磨损作用的 H18（非弹性）玻璃化磨料表面。

由表 11.4 可以看出，面料 1 在 300～500 次循环时，试样表面发生了变形，特别是 500 次循环时，试样的质量损失率更高。在 500 次循环后，面料的上表面消失，使涂层暴露在外。对面料 2 来说，质量损失率发生变化，面料表面发生变形，颜色损失也很明显，但是，面料结构保持不变。与其余样品相比，面料 3 的厚度更薄，面料表面随着颜色的变化而变形，并且在500次循环后也出现磨损。如图11.8所示，该图显示了500个循环开始和结束时的样品。

图11.7　泰伯(Taber)磨损测试仪

表11.4　质量变化率

耐磨性		面料1(黄)	面料2(绿)	面料3(迷彩)
初始重量/mg		2530	3260	2080
平均质量损失率	100次	4.74%(2410 mg)	1.84%(3200 mg)	2.40%(2030 mg)
	200次	5.13%(2400 mg)	3.37%(3150 mg)	2.88%(2020 mg)
	300次	6.32%(2370 mg)	5.52%(3080 mg)	5.05%(1980 mg)
	400次	7.50%(2340 mg)	6.44%(3050 mg)	5.76%(1960 mg)
	500次	7.90%(2330 mg)	8.58%(2980 mg)	6.25%(1950 mg)
	平均	6.32%	5.15%	4.46%

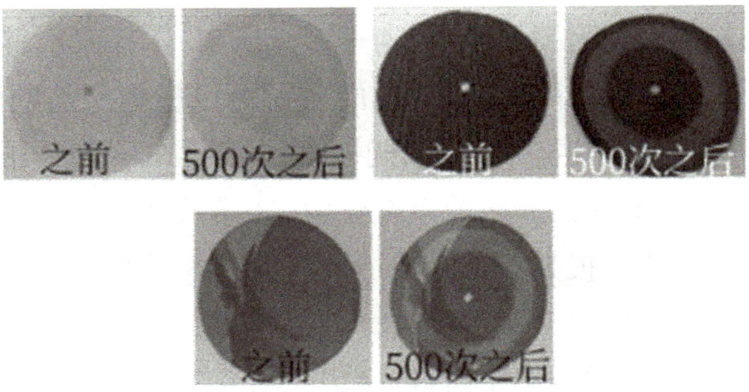

图11.8　泰伯磨损测试结果

11.3.2　面料起球

起球是在针织羊毛制品或软捻纱制成的面料中常见的现象。由于表面上的刷毛(洗涤或日常磨损)，在穿着过程中的摩擦作用导致纱线线圈表面的松散纤维在面料表面形成毛球时，就会发生起球现象。面料表面绒毛形成的原因是：纱线结构中游离纤维末端的刷毛；纤维圈形成纤维绒毛(图11.9)。

图 11.9 表面有绒毛的典型针织面料

在具有合成纤维含量的面料中，毛球非常坚韧，并且会长期保留在面料表面上，导致产品不美观。

在这种方法中（BS EN ISO 12945－1:2001），面料在起球仪中不断旋转（图 11.10）。使纤维起球形成毛球并与原始样品进行分级，该方法适用于多种面料。将样品调至 20℃ ±5℃ 的温度，并且相对湿度至少为 65% ±2% 的情况并持续 6 个小时。试验样品共有五个样品，每个面积为 125 mm×125 mm，其中两个用于面料纵向，两个用于面料横向，另外一个作为样品进行评估。如图 11.11 所示，将样品缝制成管，然后将其安装在聚氨酯管上，在设定的转数（18000）结束时，使用图 11.12 所示的图片目测评估样品。使用评级量表在视觉上对起球进行分级，其中 5 表示没有变化，1 表示密集的绒毛（表 11.5）。

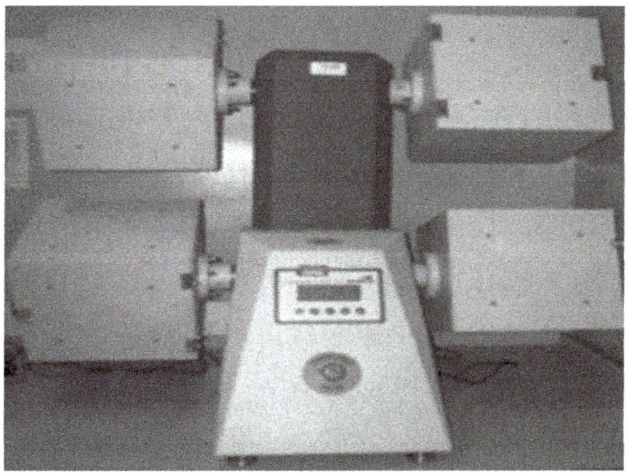

图 11.10 用于测量面料抗起球性的起毛箱

（图片由英国曼彻斯特大学纺织品实验室提供）

图 11.11 用于起球测试的样品

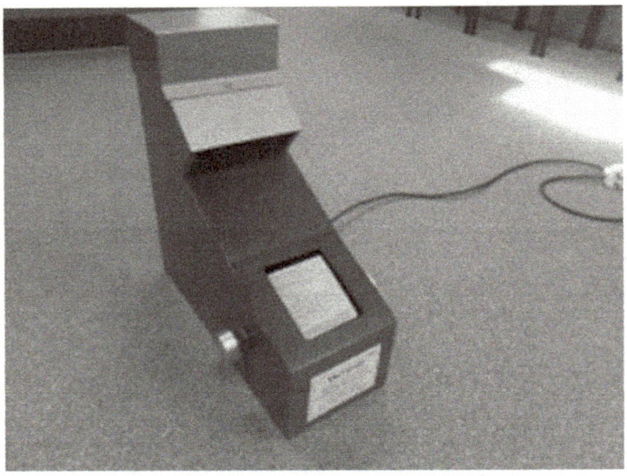

图 11.12　起球评估照片

（图片由英国曼彻斯特大学纺织品实验室提供）

表 11.5　目测评估:面料起球

评分	描述	备注
5	没有变化	无明显变化
4	轻微变化	表面轻微起毛
3	中度变化	出现绒毛和/或毛球
2	显著变化	明显起毛和/或起球
1	剧烈变化	密集的绒毛和/或毛球覆盖样品

11.4　运动服装的面料手感

在时装行业中,许多人会触摸面料以测试其对于最终用途的适宜性,特别是在制造过程中。面料手感是人在接触面料时在触感上的反应,这也涉及面料悬垂性。面料手感的主观属性有很多,例如,光滑、粗糙、硬挺、柔软、挺阔、柔滑等。主观的评分往往是不一致的,因为一个人认为有吸引力的东西可能对另一个人来说并不具有吸引力。本节讨论了确定面料手感的各种方法,这些方法可用于描述面料的性能并确定与特定最终用途的相关性。下面主要介绍的是面料硬挺度,面料悬垂性和折皱恢复度。面料硬挺度是指面料在自身重量作用下弯曲的能力。在休闲运动上衣中,最广泛使用的面料是单面针织衫,与密织斜纹面料相比,这种面料并不坚硬。

11.4.1　面料硬挺度

使用此方法(BS 3356 : 1990),将矩形材料条(200 mm × 25 mm)在水平手柄上缓慢滑动以测试弯曲长度如图 11.13 所示,测试仪在面料的边缘接触标记线时,会记录超出边缘的材料长度。在经线和纬线方向分别重复测试多次($n=5$),并记录平均弯曲长度。通常,较硬的面料比柔软的面料弯曲长度更长。应注意确保对样品进行调节,并在标准大气条件中进行试验。

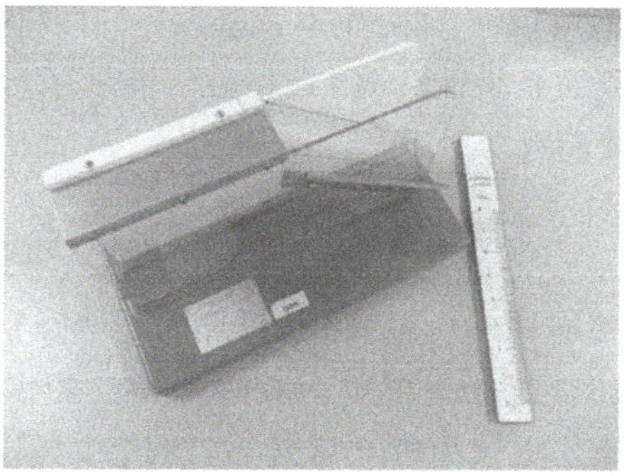

（a）

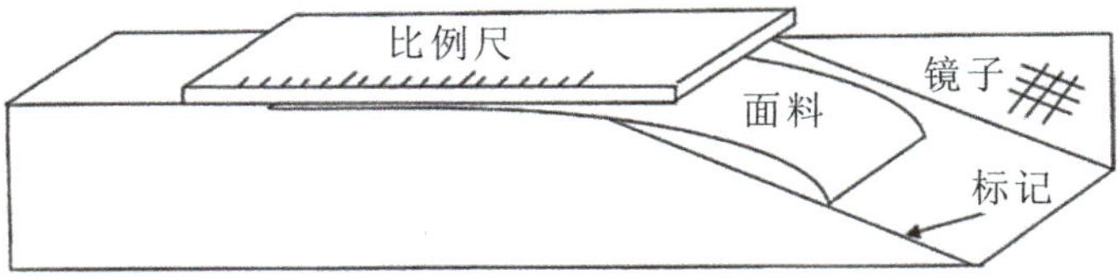

(b)

图 11.13

(a)l锡莱硬挺度测试仪;(b)全貌图

(图片由英国曼彻斯特大学纺织品实验室提供)

抗弯刚度(G)的计算公式为 G = 0.1MC,它体现了面料抵抗外力弯曲的能力。M 是单位面积的质量,单位是克每平方厘米(g/cm^2);C 是弯曲长度(cm),单位是厘米。抗弯刚度的单位是毫克每厘米(mg/cm^2)。

11.4.2 **面料悬垂性**

悬垂是材料在三维空间上自由下落或悬垂的特征。该参数对于确定面料手感非常重要。在该方法(BS 5058:1973)中,将直径为 30 cm 的中等硬度的面料样品(柔软面料直径为 24 cm;硬质面料直径为 36 cm)放置在圆盘上(图 11.14),并允许样品以自身重量悬垂。利用放置在样品下方的光源,将悬垂样品的阴影投射到纸环上[图 11.14(a)]。在纸环上描出阴影轮廓,并对纸环进行称重。悬垂系数的计算方法是将悬垂样品的阴影垂直投影到纸环上,得到阴影部分和纸环的总面积的百分比。

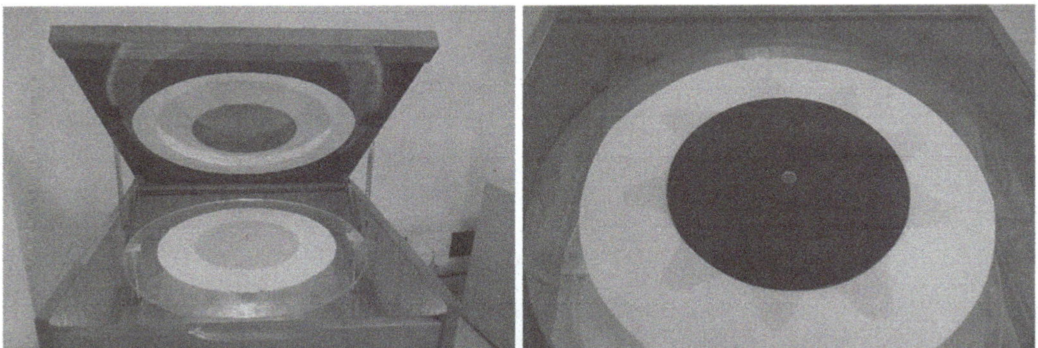

a　　　　b

图 11.14

(a)悬垂仪;(b)悬垂样品的阴影

(图片由英国曼彻斯特大学纺织品实验室提供)

悬垂系数接近100%的面料较硬，而悬垂系数接近零的面料则柔韧性和悬垂性更好。在机织面料中，纹理会影响服装的悬垂性。图11.14(b)展示了悬垂系数为20%的单面平纹针织面料，表示该面料是柔软面料：

$$\text{悬垂系数}(\%) = \frac{W_1}{W_0} \times 100$$

其中W1是阴影区域的纸张重量(g)，W0是纸环的重量(g)。

在标准大气条件下(BS1051)(相对湿度为65% ±2%，温度为20℃ ±2℃)对六个样本进行重复实验，并记录平均值。柔软面料在服装生产过程中很难处理，主要是在面料的铺布、铺展和缝合过程中。硬挺面料则很难形成身体形态，特别是肩部、袖孔等。

11.4.3　面料伸展和恢复性

第7章强调了伸展拉伸性和回复回弹性的重要性。在穿着和脱下针织服装或某些运动服装时，伸展性是一个重要参数。BS4294：1968通常用于使用Fryma面料延伸仪测定机织和针面料的伸展拉伸性和回复回弹性。Fryma面料延伸仪由两个夹钳(宽75 mm)组成一个固定夹钳和一个可移动夹钳，能够在不滑动的情况下夹持样品面料。样品面料的经纱和纬纱方向以及针织面料的横向和纵向都为200×75±1 mm。两个方向样品数量通常均为五个。

对于大多数针织面料，两个夹钳的内边缘之间的距离设置为75 mm(L1)，对于机织面料则设置为200 mm。使用记号笔在夹钳内边缘的面料上做一个参考标记。在10 s之内缓慢施加负荷(例如，针织面料为6 kg)，并在7.5 s内立即减小负荷；当测试样品返回初始位置时，立刻重新施加负荷，时间为1 min，并记录面料的拉伸性(L2)。把负荷降低，就可以将夹钳移至原始位置。从设备上取下试样并使其保持平整1 min，然后记录两个参考标记之间的距离(L3)。使用上述值计算面料的拉伸性：

$$\text{平均延伸}(\%) = 100 \times \frac{\text{面料的拉伸度} - \text{两个夹钳的内边缘之间的距离}}{\text{两个夹钳的内边缘之间的距离}}$$

$$\text{平均剩余延伸}(\%) = 100 \times \frac{\text{面料的拉伸度} - \text{两个参考标记之间的距离}}{\text{两个夹钳的内边缘之间的距离}}$$

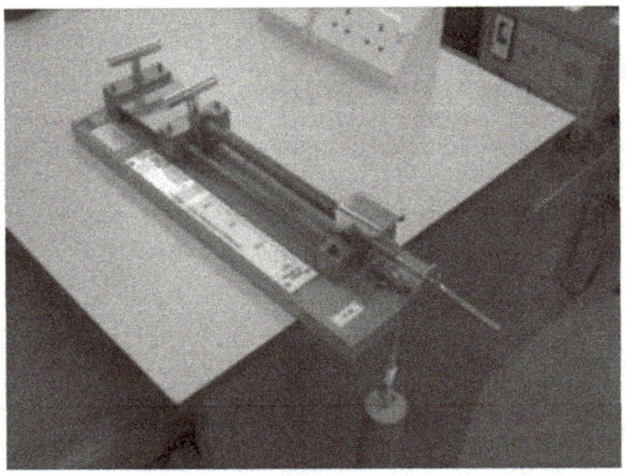

图11.15　Fryma延伸仪

(图片由英国曼彻斯特大学纺织品实验室提供)

一般情况下，弹性面料能够在原弹性的3%以内恢复。在设计运动服装时，面料的拉伸回弹性至关重要，特别是那些可以单向拉伸(经纱或纬纱)或双向拉伸的面料。此外，了解不同肢体动作所需要的拉伸量也是非常重要的。威士、达夫尼奥提斯和托尔森(2005)解释了一个人的皮肤是如何通过一些关键部位进行大量拉伸的,包括膝盖和肘部的35%~45%以及肩部背部的13%~16%。随着体育活动的增加,运动服装的拉伸性成为舒适性的关键因素。正常的身体运动会使皮肤扩张10%~50%,而剧烈运动要求服装具备阻力小和易回弹的特性。因此,在制作服装面料时,尤其是那些用于游泳、自行车等贴身装备的面料,必须要考虑到面料的拉伸性和回弹性。对于由63%尼龙、23%聚酯纤维和14%弹性纤维组成的经编面料结构制成的压缩上衣,典型的拉伸和回弹值为:横向拉伸-95%;纵向拉伸-94%;横向回复-96%,纵向回复-95%。这表明该面料可以在两个方向上提供均匀的拉伸性,是贴身运动服装的理想选择。

11.5 面料穿着舒适度测量

在购买或选择用于训练或比赛的服装时,运动员将舒适感视为重要因素。在高强度运动中,人体的核心温度会发生变化并导致出汗,以平衡过多的热量(波科克和理查兹于2009年提出)。设计运动服装时最重要的因素是吸湿排汗和芯吸能力。面料的性能受纤维特性和成分、纱线结构和面料结构的综合影响。

在休闲服装,特别是运动服装中,所选的面料应具有速干和良好的芯吸特性,以处理人体产生的多余汗液。周,于和秦三人(2014)指出,表面积较大的纤维具有较好的芯吸作用。他们研究了由三叶形截面聚酯纤维、三叶形截面棉纤维和棉纤维混纺成的6种双罗纹针面料的舒适度。改良过的聚酯纤维增强了吸湿排汗性,尤其在35%的涤纶和65%的棉混纺针织面料上,这个特性表现得十分明显。

11.5.1 芯吸及其对面料舒适度的影响

芯吸是指通过毛细作用的液体运动,前提是液体浸湿了纤维组件,从而通过占据可用的毛细空间,使其能够抵抗重力从源头移动一定距离。这些极小的毛细管具有更大的毛细管力,因此具有芯吸性。芯吸能力取决于纤维的表面性质、表面积、密度、厚度和穿过面料的毛细管路径。此外,沿经纱(纵线)方向上的芯吸速率与沿纬纱(横线)的方向上的芯吸速率不同。

11.5.2 水分管理测试仪

水分管理测试仪(MMT)是由香港理工大学和美国锡莱-亚太拉斯有限公司为纺织品测试方案共同开发的,用于测定针面料和机面料的动态液体输送性能。测试方法取决于面料在水分输送过程中接触电阻的变化(姚等人于2008年提出)。水分管理测试仪用于测量液体在多个方向上的传输,该装置由上下同心湿度传感器组成(图11.16),将定量的盐水溶液(模拟汗液)引入面料的上侧,使盐水通过面料和面料的下表面扩散到面料的外表面。测量了以下六种吸湿排汗特性:

1. 顶部(WTt)和底部(WTb)表面的润湿时间,以秒为单位。
2. 面料顶部(ARt)和底部(ARb)表面的吸收率,单位为每秒百分比。
3. 面料顶部(MWRt)和底部(MWRb)表面的最大润湿半径(mm),单位为毫米。
4. 顶部(SSt)和底部(SSb)表面的铺展速度,以mm/s为单位。

5. 累计单向运输能力百分比。

6. 总体吸湿排汗能力(OMMC)。

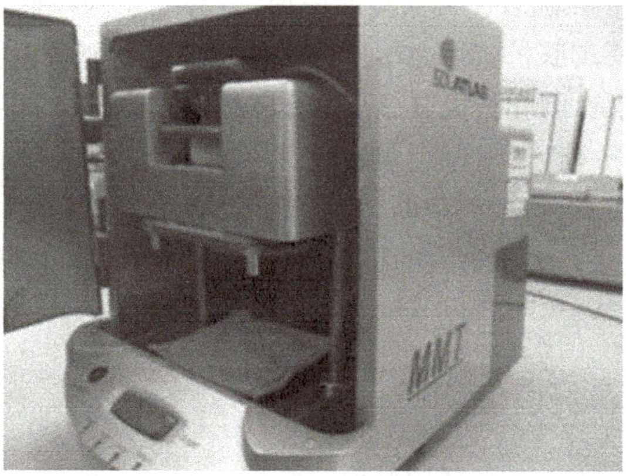

图 11.16 水分管理测试仪(MMT)

(图片由英国曼彻斯特大学纺织品实验室提供)

水分管理测试仪与个人电脑连接,通过软件记录面料的水分传输,并生成各种不同的图样,包括水分含量与时间的关系、水分位置与时间的关系(图 11.17)和水分管理特性的指纹图样(图 11.18)。麦昆(McQueen)等人(2013)报道了一种协议的开发,该协议用于评估面料是否适合用水分管理测试仪来测试其吸湿排汗性能。

水分管理测试仪根据六大指标对面料进行分类,分别为防水面料、疏水面料、慢吸慢干面料、快吸慢干面料、快吸快干面料、透水面料和吸湿排汗面料(请参阅指纹图样)。水分管理设备在其测试方法 AATCC 195:2009 中获得了美国纺织化学家和染色师协会(AATCC)的认可。

水分管理测试仪适用于确定液体在多个方向上的传输,其中指纹图样是一种用于识别面料吸湿排汗能力的有用且即时的方法。可以注意到,顶部表面比底部表面更能吸湿和输送水分。液体的单向输送也很好。指纹图样还显示了非常好的整体吸湿排汗能力(4 级)。可以观察到,该面料适合吸湿排汗,其中面料的顶面芯吸的水分比面料的底面略多。面料的表面与皮肤接触时能迅速吸走水分,有助于防止在剧烈运动时由于过多的汗液而产生粘连。

图 11.17 水分管理测试仪输出水位与时间的关系

(图片由英国曼彻斯特大学纺织提供)

渗透测试仪由捷克的 Sensora Instrument 公司开发,主要用于测量机织、针织和无纺布的湿热阻、相对透湿度和耐热性。该设备采用 ISO 11092 标准进行工作，该标准可测量稳态条件下的耐热性和湿热阻（防汗热板测试）。博古索夫斯瓦什卡－布切克和海斯（2013）最近提出了渗透测试仪作为一种皮肤模型的工作原理，可以可靠地测量干湿状态下面料的透水性能。渗透测试仪通常被称为“皮肤模型”，该仪器可根据热感模拟人类皮肤的干湿状况，并用于测定面料的透水性（图 11.18 ）。该仪器的工作原理是热流传感，当水流入测量头时，会损失一些热量。该仪器可测量在裸露的条件下，以及被面料覆盖时，由于水分蒸发而导致测量头产生的热量损失。面料样品的相对透湿度是通过有无面料的情况下测量头的热损失率计算得出的。达斯等人（2009）使用渗透测试仪研究报道了混纺面料的透水性。

测试结果在设备中以及连接的电脑的软件中显示。该仪器还可以记录测试并计算简单的统计测试，均值，中位数和标准偏差。相对透湿度（RWVP）使用以下公式确定：

$$\text{相对湿透度} = \frac{\text{面料覆盖时测量头的热量散失}}{\text{裸露时测量头的热量散失}} \times 100$$

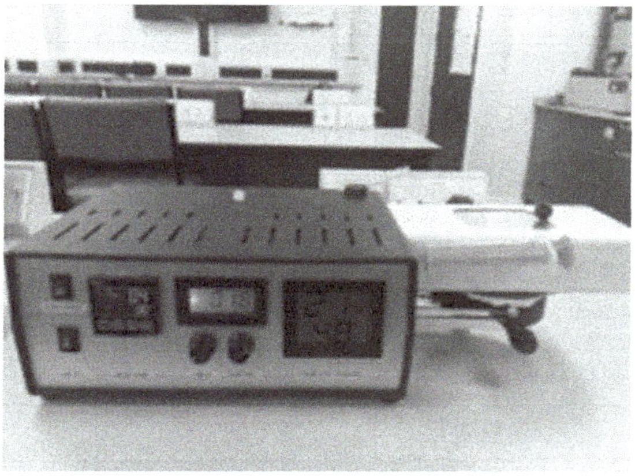

图 11.18　渗透测试仪

（图片由英国曼彻斯特大学纺织品实验室提供）

表 11.6 广泛使用的运动面料（内层 ，起绒布 ，涂层面料和外层）的测试结果，包括干热阻，相对透湿度和湿热阻。

表 11.6　渗透测试结果

材料类型	热湿阻（m^2 Pa W－1）	相对透湿度/%	干热阻（km^2 W－1 ）
内层编织面料 1（皮肤）	3.7	72.8	2.8
内层编织面料 1（SUD）	4.0	75.3	2.8
起绒布	7.3	57.1	7.9
涂层面料（灰色机织面料）	8.5	54.0	不适用，因为面料很薄
外层	4.2	67.1	不适用，因为面料很薄

11.6　面料规格和结果解释

表 11.7 列出了面料的物理特性、耐用性、美观性和面料舒适度等相关的实验值，这些值是面料在运动服装和高性能服装中使用的一些重要前提条件。由 100% 聚酯纤维制成的机

织材料是一种轻质面料，常用于防水的中层软壳外套，而针织面料是中等重量的面料，具有防水涂层，用作男女上衣。机织面料具有 1/1 平纹组织结构，面料两面相似；而针织面料是单面针织面料，具有独特的技术正反面，由聚酯和弹性纤维制成。机织面料的厚度小于 0.20 mm，而针织面料的厚度为 0.66 mm。面料厚度在面料的缝合过程中起着重要的作用，尤其是在维持缝纫机压脚压力方面。面料覆盖系数决定了一组纱线覆盖面料区域的程度。

表 11.7　面料规格示例

<table>
<tr><th></th><th colspan="2">面料性能</th><th colspan="2">01 机织面料</th><th colspan="2">02 针织面料</th></tr>
<tr><td rowspan="7">面料物理特性</td><td colspan="2">面积密度(g/m^2)</td><td colspan="2">115</td><td colspan="2">255</td></tr>
<tr><td colspan="2">堆积密度(g/cm^3)</td><td colspan="2">0.64</td><td colspan="2">0.39</td></tr>
<tr><td colspan="2">厚度(mm)</td><td colspan="2">0.18</td><td colspan="2">0.66</td></tr>
<tr><td colspan="2">面料覆盖率(K)/针迹密度</td><td colspan="2">13.5 + 6.3</td><td colspan="2">11.0</td></tr>
<tr><td colspan="2">面料结构</td><td colspan="2">1/1 平纹</td><td colspan="2">单面面料</td></tr>
<tr><td colspan="2">纤维成分(%)</td><td colspan="2">涤纶</td><td colspan="2">聚酯/弹性纤维</td></tr>
<tr><td colspan="2">纱线支数(tex)</td><td colspan="2">经线 5.0
纬线 12.0</td><td colspan="2">20.0</td></tr>
<tr><td rowspan="2">面料密度
面料密度</td><td colspan="2">机织面料(英寸×每英寸镐数)</td><td colspan="2">100 × 72</td><td colspan="2">NA</td></tr>
<tr><td colspan="2">针织面料(每厘米的横列数和每厘米的纵行数)</td><td colspan="2">NA</td><td colspan="2">22 × 15</td></tr>
<tr><td rowspan="4">耐用性</td><td colspan="2">面料起球(等级)</td><td colspan="2">5</td><td colspan="2">4</td></tr>
<tr><td rowspan="3">耐磨性
@10,000</td><td>颜色变化</td><td colspan="2">很小的变化</td><td colspan="2">阴影略有增加</td></tr>
<tr><td>质量损失率</td><td colspan="2">Nil</td><td colspan="2">0.01</td></tr>
<tr><td>磨损</td><td colspan="2">No</td><td colspan="2">No</td></tr>
<tr><td rowspan="4">美观性</td><td colspan="2">面料手感</td><td>经纱</td><td>纬纱</td><td>纵向线圈</td><td>横向线圈</td></tr>
<tr><td colspan="2">抗弯刚度(μNm)</td><td>12.0</td><td>4.3</td><td>2.8</td><td>0.5</td></tr>
<tr><td colspan="2">弯曲系数(N/m^2)</td><td>0.4</td><td>0.1</td><td>0.1</td><td>0</td></tr>
<tr><td colspan="2">面料悬垂系数(%)</td><td colspan="2">55.3</td><td colspan="2">17.41</td></tr>
<tr><td rowspan="7">舒适性</td><td colspan="2">水分传输(芯吸)</td><td colspan="2">防水面料</td><td colspan="2">防水面料(请参阅指纹图样)</td></tr>
<tr><td colspan="2">伸展和回复</td><td colspan="2">不适用</td><td>纵向线圈</td><td>横向线圈</td></tr>
<tr><td colspan="2">平均伸展</td><td colspan="2"></td><td>79%</td><td>146%</td></tr>
<tr><td colspan="2">平均剩余延伸</td><td colspan="2"></td><td>2.66%</td><td>6.75%</td></tr>
<tr><td colspan="2">湿热阻(Pam^2/W)</td><td colspan="2">11.7</td><td>4.3</td><td></td></tr>
<tr><td colspan="2">绝对水透湿度(%)</td><td colspan="2">45.5</td><td>65.3</td><td></td></tr>
<tr><td colspan="2">热阻(m^{2}K/W)</td><td colspan="2">由于面料厚度 < 0.2 mm，不适用</td><td>53.0</td><td></td></tr>
</table>

经纱覆盖系数为 13.5 和纬纱覆盖系数为 6.3，这表明经纱覆盖的面积大于纬纱。就针

织面料而言，紧密度系数表示针织面料被纱线覆盖的程度。通常，纱线指数会影响针织面料的紧密度。紧密度系数为 11.0 表示面料紧密度最佳。对于机织面料，经纱比纬纱（12tex）更细（5tex）。对于针织面料，纱线支数为中等质量（20tex）。机织面料的面料密度为 100 × 72，表明该面料为不平衡编织，其中经纱（100）超过纬纱（72）。对于针织面料，24 每厘米横向 ×15 每厘米纵向表示该面料具有适度的紧密度或致密度。这个因素影响面料在皮肤和环境之间传输水分的能力。

面料起球等级为 5 表明面料性能良好，表面起毛很少或没有起毛；针织面料起球等级为 4 则表明有轻微的表面起毛。面料的耐磨性表明，在 10 000 次摩擦后，颜色有轻微的变化，质量没有变化，并没有出现磨损现象。针织面料的耐磨性好，质量变化小，无磨损，色泽略有增加。面料耐用性取决于纤维类型以及面料结构和纱线细度。55% 的悬垂系数表明机织面料具有中等悬垂性，因此它既不是硬质也不是柔性面料。而针织面料的悬垂系数为 17.4%，表明面料具有柔韧性。在面料硬挺度上，通过观察弯曲长度来计算面料的抗弯刚度。抗弯刚度是一种硬度的度量，它取决于面料厚度、面料密度、面料结构和使面料紧密的表面材料。面料经向抗弯刚度为 12.0μNm，纬向抗弯刚度为 4.3μNm，表明面料的纵向抗弯刚度大于横向抗弯刚度。针面料的抗弯刚度为 2.8μNm，说明面料硬挺度小，也就是说，这种面料柔韧性很好。使用水分管理测试仪对面料印花进行的吸湿性评估表明，机织面料是防水面料（因为没有芯吸作用）；针织面料由于其特定的表面处理而具有防水性。与纵向（7%）相比，针面料在横向（146%）具有良好的拉伸性，这是一个重要的参数，尤其是在设计需要拉伸回弹性的，紧贴皮肤穿着的内层服装时，例如在坐下、膝盖弯曲和后臂弯曲时。同样重要的是要注意，拉伸后面料增长在纵向上为 2.6%，在横向上为 7%，在设计贴身服装时，应该考虑到这一点——比如为女性设计的上衣，在反复使用后，包括剧烈的身体伸展（瑜伽练习或有氧运动），可能会变得松松垮垮。在舒适性评估——透湿性方面——机织面料的致密性导致其只达到平均透气性（45%），而针织面料的透气性更好（65%）。机织面料的湿热阻为 11.7（Pa m/W），针面料为 4.3（Pa m/W），针面料透湿性略好于机织面料，这意味着针织面料穿着更舒适。当面料厚度小于 0.20mm 时，其耐热性无法评估。

根据这些发现，可以推断出针织面料是耐用的，并且由于其具有良好的抗起球和耐磨性，因此适合于活动穿戴。另外，针织面料具有柔韧性，在横向上具有伸展性，并且是防水的，可以用于户外穿着。针织面料具有良好的透湿性，使穿着者在运动过程中保持舒适。而机织面料具有耐磨性和平均透湿性，适用于软壳外套。两种面料均可推荐用于针对服装使用频率较低的中低市场的功能性服装。

11.7 总结

运动服装和功能性服装推动了服装行业创新，尤其是在面料和配饰领域。纺织品检测对测试这些创新的高性能材料的性能至关重要。此外，不同类型的体育活动需要不同性能的服装，并且面料的选择也不同。例如，户外骑行装备需要轻薄的面料，具有弹性，并为皮肤提供热量平衡；滑雪服需要良好的隔热性能，以保护穿着者免受严寒影响。本章强调了面料评估的重要性，通过使用各种面料参数（包括物理特性、耐用性、美观性和舒适性）来确定其合适的用途。

每个试验参数都参考了英国标准，并简要描述了试验方法以及试验设备的直观图示。此外，还提供了示例结果，以使读者了解结构评估（等级）中的结果及其相关性。本章还强调了面料物理特性对其性能的重要性。在进行性能评估的同时，讨论了各种测试设备，包括泰伯磨损测试仪、起球箱、硬挺度测试仪、悬垂仪、水分管理测试仪，弗莱玛引伸计和渗透测试仪。最后一节概述了面料规格，并给出了机织面料和针织面料之间的示例结果，使读者能够解释测试结果并理解如何使用结果评估性能。本章中讨论的测试方法是在评估功能性服装所用面料的背景下提出的，将成为专业人员等的宝贵资源。

12 压力传感器在压力监测中的应用

12.1 介绍

12.1.1 压力测量的挑战

使用探头和传感器监视压力分布,来确定大部分产品在医疗界和服装压缩穿戴中的性能,对于了解产品的功效相当重要。

因为表面是3D波状外形且是可变形的,所以在技术上有巨大的挑战。纺织品可以根据其结构和纤维类型进行拉伸回弹,而且人体被皮肤覆盖,皮肤下面排列着各种脂肪和骨骼。

压力是一个描述单位面积施加力的术语。可以定量测量压力的公式如下:

$$P = F/A \tag{12.1}$$

其中P =压力,F =作用力,A =受作用力影响的面积。

当一个物体(如人体的一部分)与弹性织物(绷带或紧身压缩衣)接触时,它会受到压力。根据公式12.1,平均界面压力等于总力除以界面面积。但是,平均压力只是一部分。人体不是一个光滑的圆柱体,而是具有复杂的、可延展的皮肤表面,其下是软组织和坚硬的骨头。此外,弹性织物不是可以简单理解的材料,由于它们在不同的方向上具有不同的拉伸性能,并且在拉伸后出现松弛现象。因此,必须进行局部界面压力测量,以评估压力分布并找到峰值压力的浓度。

压力测量技术旨在反映峰值压力的位置和大小,并获取有关跨界面压力梯度的信息。为了处理所收集信息的指数级增长问题,我们用计算机系统来分析数据,并且为正在研究的界面提供可视化表示显示。

在医疗产品领域,有许多用于测量压力的工具。对于压缩袜,已发明Hatra Mk2A +软管压力测试仪和Salzmann MST Professional专业版。对于其他应用领域,Kikuhime©测试仪和PicoPress©仪器被广泛使用,这些在第12.2节中进行了描述(简要提及其他技术)。

在研究层面,大量额外的传感器已被用于医疗产品领域和服装领域。仪器在不断变化,在第12.3节中将重点介绍Tekscan压力传感器的使用,包括FlexiForce©压力传感器接口。

在医学背景下,经常对四肢(圆柱形的身体部位)施加压力,通常参考公式12.1的变体,即拉普拉斯定律:

$$P \propto T/R \tag{12.2}$$

其中P(压力)与T(张力)除以R(半径)的结果成正比。该公式是英国压缩袜标准中数据处理的基础。罗奇等人(2011)总结了压缩绷带和长袜的医学研究背景。

根据拉普拉斯定律,半径越小(张力不变),压缩压力越高。由于人的腿在靠近脚踝处的直径较小,而在靠近膝盖处的直径较大,因此,如果绷带以恒定的张力缠绕,就会产生一个压力梯度(称为逐级加压),在脚踝处的压力最大,而对膝盖处的压力较小。这种逐级加压可以加快静脉流率,对患者的治疗有好处。

公式12.2还提出了半径较小时的潜在问题。厚度只有几毫米的压力测量装置可能会使局部的半径改变,从而改变局部的压缩压力。由于这种可能的影响,人们对某些仪器的精确性提出了质疑。

压强被定义为力除以面积(拉普拉斯定律是一个特例)。国际体系(SI单位)将帕斯卡视为压强单位。物理学家将一个帕斯卡(Pa)定义为在 1 m^2 的面积上施加一牛顿的力所产生的压强。国际压力单位将布莱斯·帕斯卡(Blaise Pascal)誉为 17 世纪法国的开创性科学家,其在压力研究方面作出了重大贡献。

一帕斯卡表示低压,但在许多情况下,出于历史原因,有时其他单位被认为更合适用来表示低压。在定义 SI 单位之前,国际上一直在使用许多常用的公制和英制单位。公制单位是每平方米的千克力(kgf/m^2)或每平方厘米的克力(gf/cm^2)。英制压力单位为磅每平方英寸(psi)。常用的一些重要的其他压力单位是托(torr),毫米汞柱(mmHg)和巴(bar)。

托是用来纪念十七世纪意大利物理学家埃万杰利斯塔·托里拆利(Evangelista Torricelli)的单位,他发明了水银气压计,并且是第一个解释大气压概念的人。他发现位于海平面的气压计中的汞柱高度为 760 mm。一托是在气压计中维持 1nmHg 所需的压力,因此 1 托等于 1nmHg。大多数医疗类压力测量仪器都以 mmHg 为单位基准。一托约为 33 Pa。

一巴表示海平面上的平均大气压力。通常用这个单位来指深水(例如潜水时)的水压。现在被定义为 100kPa。气象图通常使用的单位为百帕斯卡(hPa),其中 1 hPa = 100 Pa,1 bar = 1000 hPa。

12.2 医疗应用压力传感器

12.2.1 压缩袜:哈特拉软管压力测试仪

在 20 世纪 70 年代,英国袜业及联合贸易研究协会(英国诺丁汉市哈特拉)的德里克·皮特(Derek Peat)开发了一种用于测量压缩袜性能的工具。该工具将服装以一定的方式在一定尺寸范围内纵向和横向拉伸。测量头利用应变仪记录从脚踝向上的任何位置的压力。测量头有一个矩形板(宽 25 mm),该矩形板被推到拉伸的软管上,并记录阻力。该设备提供了可重复的测试数据,并于 1985 年被纳入英国标准 6612。哈特拉测试仪还被另外两个英国标准采用:BS 7672:1993 和 BS 7563:1999。MK2 Hatra 在 1990 年前面世,之后发布 Mk2A,可轻松添加定制的腿部轮廓。当前模型是 Mk2A +,如图 12.1 所示。

图 12.1 Hatra Mk2A +软管压力测试仪

12.2.2 压缩袜:医疗袜测试仪

1977 年,瑞士的伯力格尔博士(Dr A. A. Bolliger)推出了第一台医疗袜测试仪(MST)。

该概念类似于哈特拉测试仪。主要区别在于将压缩袜放置在腿形塑形机上,并使用一个扁平的测量装置(宽 40 mm,厚 0.5 mm,与气泵和压力传感器相连)来量化压力。每个要测试的尺寸都需要一个单独的模型。随着时间的推移,该工具也得到了开发,当前模型为 MkV。此外,MST 专业版具有可变的支腿形制,据称可以覆盖 95% 的已知支腿尺寸。该测量探针可以测量活体受试者穿着长袜所承受的压力,这意味着它可以作为额外的研究工具。该仪器如图 12.2 所示,Liu,Lao 和 Wang(2013)提供了一个用于体内和体外测量研究的实例。

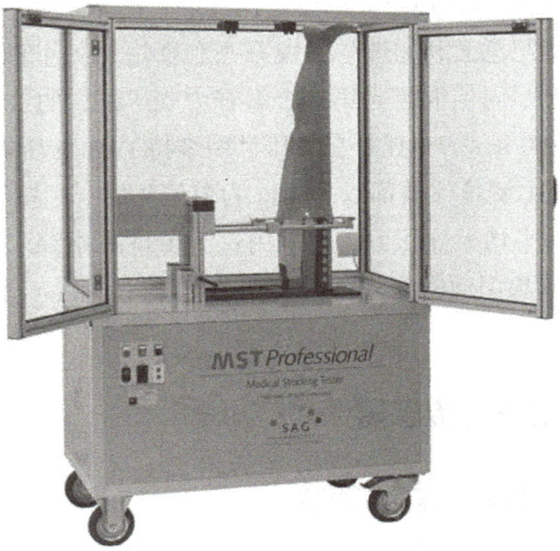

图 12.2　**萨尔兹曼 MST**

12.2.3　Kikuhime 测试仪

Kikuhime 测试仪中使用的传感器是一个椭圆形的聚氨酯气囊,内含一个 3 mm 厚的泡沫板。它连接一个注射器(用于改变气囊内的气压)和一个测量部件(带有压力传感器)。测试从调整注射器开始,将气囊处于大气压下,然后将其放置到位(例如,在腿部和压缩衣之间)。传感器监视气囊所承受的压力,并且显示输出的数字(图 12.3)。Brophy – Williams(布罗菲 – 威廉姆斯)(2014 年)等人对测量的可重复性和可靠性进行了评估,他们得出的结论是该测试仪适用于运动压缩服。

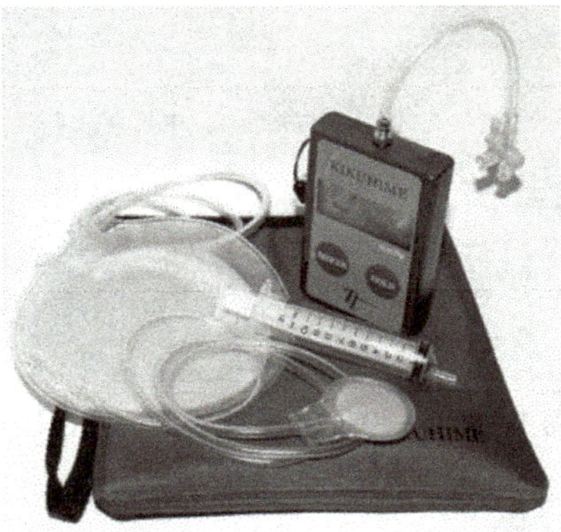

图 12.3　**Kikuhime 测试仪**

12.2.4 其他测试仪器概述

在文献中还可以找到许多其他工具,并且每年都有许多新的想法浮出水面。在2005年1月于奥地利维也纳举行的医学专家和行业代表国际共识会议上,对该领域进行了调查,认为非常需要界面压力的体内测量,并考虑了用于测量界面压力的方法。表12.1列出了所考虑的不同技术。

有必要指出的是,这些仪器中有许多已不再可用。尽管已经探索了许多设计理念,但是要找到商业可行性并不容易。表12.1中列出的前两个条目将在以下两个部分中进行描述,因为它们对文献产生了更大的影响。Talley Group(塔利集团)在20世纪80年代设计了压力传感器,但在2000年左右停产,该公司不再提供测量压力的仪器,而是专注于生产床垫、垫子和其他提供减压和加压治疗的产品。

12.2.4.1 牛津压力监测仪 MkII

该仪器旨在为坐在椅子上或卧床的人监测皮肤组织和支撑介质之间的压力。这个名称源于与牛津整形外科中心的合作。用多个传感器同时监测斜躺着的患者下方的压力,每个传感器由两片塑料薄膜制成,可以通过空气脉冲膨胀,从而测量压力。MkII具有12个传感器,后来的设备MkIII配备了96个传感器,也作为Talley(塔利) IPM(界面压力监视器)销售。

12.2.4.2 Talley 皮肤压力评估器

Talley SD.500皮肤压力评估器是一种便携式设备,用于检查病房中的组织压力,轮椅压力以及任何存在组织创伤问题的情况。它由两个主要部分组成:一个带有压力数字显示器的手持控制部件和一个可以手动充气的气球型传感器。传感器的表里两侧都有铂丝。为得到测量结果,在使用泵球充气之前,先将传感器放置在皮肤和服装之间。当传感器膨胀时,两组铂丝之间的电触点断开。当空气能从传感器中流出时,铂丝接触,电路重新连接。此时,压力被记录下来并显示在控制部件上。

表12.1 界面压力传感器的类型

气动,气动-电动或气动压电
Oxford 压力监测仪(Talley Ltd 有限公司,英国汉普郡拉姆齐)
Talley 压力评估器(Talley 有限公司)
MST MKIII Salzmann(Salzmann Medico 公司,瑞士圣加仑)
数字式接口压力评估器(Next 公司,美国加州特曼库拉)
Scimedics 压力评估板(Vista 医疗中心,加拿大马尼托巴温尼伯)
Kikuhime(Meditrade 公司,丹麦索洛)
Juzo 测试仪(Elcat 公司,德州沃尔夫拉特斯豪森)
Sigat 测试仪(Ganzoni-Sigvaris 公司,瑞士圣加仑)
压电式
MCDM-I(Mammendorfer 物理研究所德国慕尼黑)
流体填充,流体填充电阻
Strathclyde 压力监测器(Strathclyde 大学,苏格兰)

（续表）

FlexiForce（美国马萨诸塞州南波士顿，Tekscan 公司） Skip 空气包装分析仪（日本 AMI 公司）
电阻应变片 FSR，FSA（Vista Medical 公司，加拿大温尼伯） Fscan，lscan（美国马萨诸塞州南波士顿，Tekscan 公司） Rincoe SFS（Rincoe and Associates 公司，美国科罗拉多州戈尔登） MCDM（Mammendorfer 物理研究所，德过慕尼黑） Fontanometer（Gaeltec 公司，苏格兰天空岛邓伟根） Diastron（Diastron Ltd 公司，英国汉普郡安多弗）
电容式 Kulite XTM190（Kulite 半导体产品公司，美国新泽西州） Precision（Precision 测量公司，美国密歇根州安娜堡） Xsensor（Crown Therapeutics 公司，美国伊利诺伊州贝尔维尔） Pliance（Novel 公司，德国慕尼黑）

12.2.5 压力传感器的评估

弗洛，巴塞兹和库诺尔（2010 年）对这三种工具进行了详细的比较。他们选择了 Salzmann，Talley SD.500 和 Kikuhime 测试仪，并比较了它们在准确性可重复性和曲面灵敏度方面的性能。第一组测试使用了一个可以预设规定压力的腔室；第二组使用木制的腿部模型，将传感器插入腿和已知压力的压缩袜之间。加压舱试验的结果如图 12.4 所示。

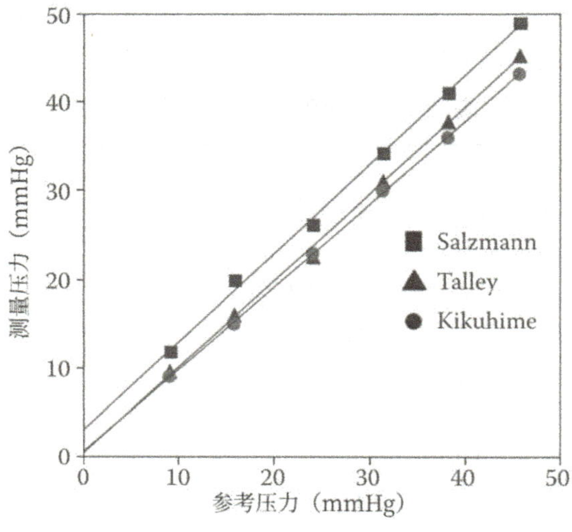

图 12.4　加压舱中三个传感器的测量压力与参考压力的对比

拟合到数据点的直线方程式如下：

Salzmann：y = 0.99x + 3.32（R2 = 0.99）；

Talley：y = 0.97x + 0.47（R2 = 0.99）；

Kikuhime：$y = 0.93x + 0.57$（$R2 = 0.99$）。

研究人员这样总结他们的结果：

在加压舱中，这三个系统给出了线性响应。Salzmann，Talley 和 Kikuhime 的线性误差分别为 15.4%，3.1% 和 4.3%。重复性误差小于 0.6 mmHg。在腿部模型上，系统之间的总体误差有所不同。传感器之间的重复性具有可比性。

这表明传感器可以成为医疗从业人员手中的实用工具。然而，必须始终注意腿部的长袜和手臂周围的绷带，因为材料的改变和使用者的因素可能会引入难以控制的变量。表 12.2对不同类型传感器的优缺点有一些概括性的评论。

表 12.2 传感器的一些优缺点

项目	优点	局限性
气动传感器	细而灵活的探头；便宜，简单，方便	只有使用额外的特殊设备才能进行动态测量；对温度和迟滞敏感
流体填充	灵活；可动态测量	填充时很厚；移动中出现问题
电阻	轻型传感器；可动态测量	对曲率敏感；坚硬厚重，不适用于长期测量

12.2.6 PicoPress 仪器

随着时间的流逝，表 12.1 中列出的仪器需要进行大量的添加和删除。其中特别值得一提的是，专为医疗应用设计的新产品：由 Microlab（意大利帕多瓦）生产的 PicoPress。该仪器有一个连接到探针的压力计：一个柔性圆形塑料囊（直径 5 cm）。气囊在放气状态下被放置在适当的位置，并套上绷带/压缩服。为了进行测量，操作员推动嵌入式注射器，将 2 cm^3 的空气引入气囊。由此产生的厚度膨胀受到绷带/服装施加的压力的限制，压力计用于记录压力。静态和动态测量都是可行的，因此可以在休息、行走和站立时测量压力。收集数据后，将探头放气并留在原处，直到需要进一步地读数。PicoPress 仪器如图 12.5 所示。帕奇和莫斯提(2010)通过比较该仪器与其他两种商业系统的性能来评估该仪器。他们总结道："研究结果表明，PicoPress 压力传感器是一种测量压缩设备下压力的仪器，该传感器还可以通过软件程序进行动态压力跟踪，并可以在绷带下放置数天。"

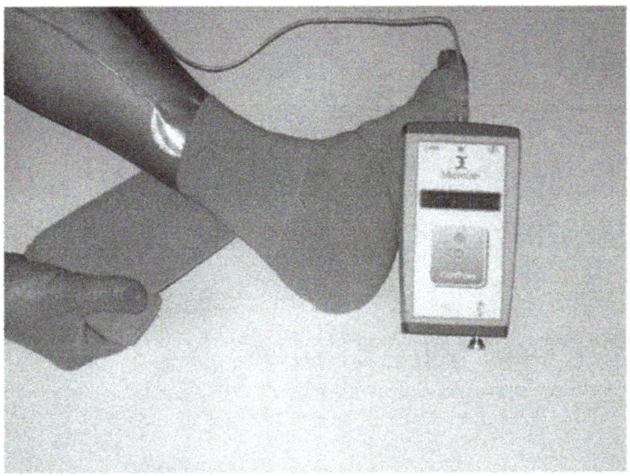

图 12.5 PicoPress 仪器（由电子微实验室提供）

12.3 用于服装的压力传感器

12.3.1 医疗仪器的使用

先前讨论的几种医疗仪器已被用于测量衣物施加的压力。

Chan and Fan(2002)使用 Tally SD.500 皮肤压力评估器来阐明主观紧绷感与紧身衣压力之间的关系。随后进行建模工作,以测量紧身衣对人体的压力。

压力服被广泛用于治疗烧伤引起的皮肤损伤。吉尔等人(1997)对诸如 Talley 和 Kikuhime 测试仪之类的设备的不足之处表示关注,其原因有三个:服装变形,从而增加服装张力和产生的压力;设备与皮肤的贴合性差;无法了解外部压力传递到皮肤和通过皮肤的程度。

因此,他们采用了一种方法,即使用连接到连续低流量压力传感器的皮下注射针探测皮下皮肤压力。他们发现压力服有增加皮下压力的效果,这种服装负责控制皮肤内外的压力,并能够量化其影响。

滕和周(2006)设计了另一种定制的仪器,用于评估疤痕治疗服的压力。该仪器基于一个"空气包"传感器,类似于 Talley 和 Kikuhime 测试仪中使用的传感器。

然而,尽管对定制仪器有兴趣,范登克尔克霍夫等人(2007)对烧伤皮肤治疗的研究又回到了使用 Kikuhime 测试仪的阶段。他们监测了随着时间的推移,不同织物结构与压力下降的关联,并得出结论:"Kikuhime 压力传感器提供了有效而可靠的数据信息,可用于比较临床试验,以评估烧伤疤痕治疗中使用的压力服装。"

另一种定制工具被称为" Textilpress",这是为了测量由针织物制成的压缩带在固定直径的圆柱上施加的压力而设计的。它的作用是测量远离受试者的压力,并且不适用于体内测量。该设备基于张力传感器,用于测量织物施加的压力和圆柱体的直径。

12.3.2 Tekscan 技术((I－Scan©系统)

I－Scan©系统提供各种尺寸的超薄(0.15 mm)传感器,用于测量压缩力。这些传感器由两片薄的聚酯材料制成,每片均涂有线性电导体,并封装有压敏材料。夹层材料的电导率随施加的压力线性变化。上层板上的线性导体阵列与下层板上的阵列呈 90°角。这就创建一个由传感器的几何形状确定的传感位置(传感器)矩阵。图 12.6 给出了许多可用传感器中的两个示例。

这两个传感器中较小的一个是4201 型,矩阵宽度为45.7 mm,矩阵高度为21.0 mm。矩阵本身由 24 列 11 行组成,共有 264 个传感器(见图 12.7)。感测密度为 27.6 个传感器/ cm^2。较大的传感器连接到传感器手柄(将信号传送到计算机),型号为 5250。这是一个正方形传感器,矩阵宽度和矩阵高度均为 245.9 mm。矩阵本身由 44 列和 44 行组成,共有 1936 个传感器。

图 12.8 是使用 5250 型压缩数据的屏幕图示例。

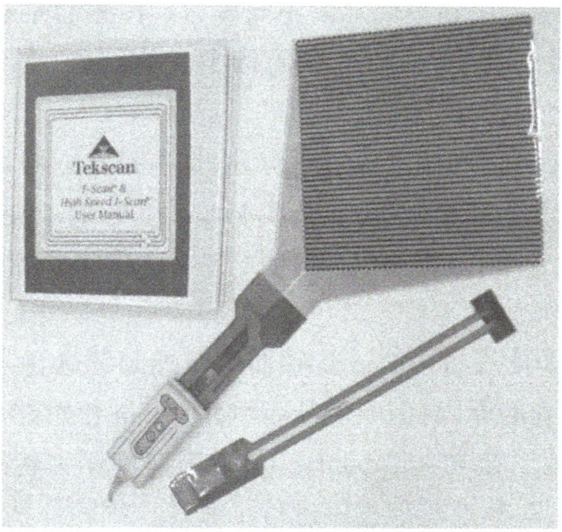

图 12.6　特克斯坎提供的两个传感器(5250 型和 4201 型)

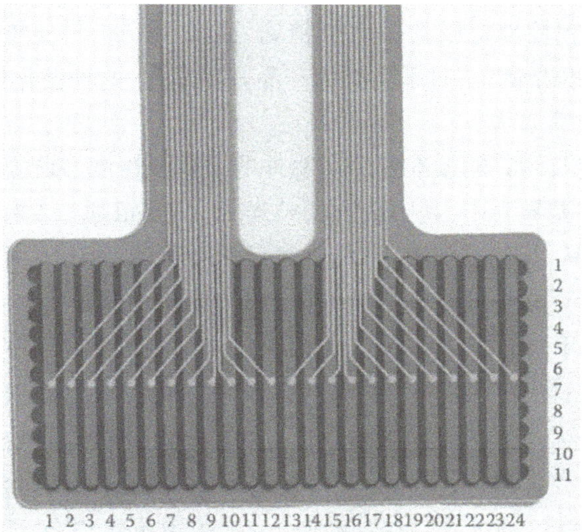

图 12.7　4201 型的矩阵

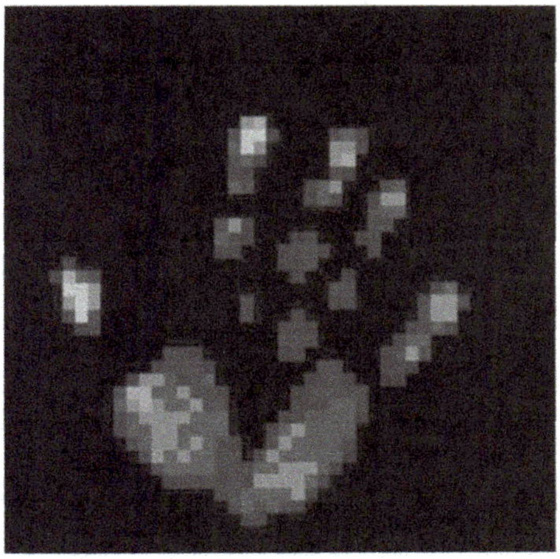

图 12.8　5250 型压缩数据的屏幕图示例

传感器的显示屏记录了人手在平面上的不同压力。传感器是彩色编码的,黑色/深蓝色代表最低压力,并且当记录到高压时,颜色在光谱中变为红色(最大压力)。在此黑白插图中,浅灰色阴影的传感器记录了较高的压力。

斯温(2005)对 2005 年可用的技术进行了综述,这些技术适用于测量与患者压疮形成有关的界面压力。其考虑了六个商业系统,包括 Tekscan 和 Tally。Tekscan 的测试发现数据输出中存在明显的滞后和蠕变,但作者指出,临床医生更喜欢此系统,因为它可以实时显示分辨率和选项。

麦金太尔(2011)对影响特定 I-Scan 传感器的校准问题进行了详细调查。本文概述了影响许多仪器的测量不准确的原因,但人们认识到 Tekscan 传感器和支持软件"近年来已得到广泛使用"。接口压力范围在 6~50 mmHg,通常是商用压力传感器的测量范围的低端。使用 Tekscan 9801 传感器,对标准校准程序进行了非常详细的评估,以量化测试结果的准确性。这些被称为"两点功率定律校准"和"线性校准"程序。测量载荷和施加载荷之间 3% 的差异令人不太满意:尽管付出了巨大的努力并且多次尝试校准这些传感器,结果还是令人失望。2 点功率定律校准在校准范围的中间最精确,而线性校准在校准范围的顶部最为准确(在低外加荷载下完全不准确)。对于精确的产品开发工作,这种变化性高得令人无法接受,因此只得寻求另一种校准方法。

本章的其余部分涉及修订的校准程序和额外的误差源探测。调查结果显示在测量压力和施加压力之间的平均差异表中,其中最大的差异为 2.1mmHg。结果表明该结果与时间无关,也不取决于使用情况,新方法被用于"精确测量压力服装(和压力绷带)所传递的压力"。该校准方法用于评估治疗增生性烧伤疤痕的压力服的设计方案。

布朗森等人(2012 年)使用 Tekscan 技术(I-Scan 系统)在治疗淋巴水肿的压缩衣上进行了体外测量,他们的目标是制定一个能够获得压缩袜相关量化数据的方案。他们选择了三家制造商的服装。每天将服装放在塑料腿上,放置 4 周,然后通过洗涤来模拟磨损。来自不同制造商的服装之间存在差异,但来自同一制造商的服装之间没有差异。在试验期间,未观察到亚临界压力的降低。他们得出结论"Tekscan 压力测量设备可以在体外测量亚临界压力"。

派因,徐和威科(2008)提供了一个 Tekscan 传感器运用于运动科学的例子。为了评估橄榄球肩垫对降低运动员峰值力量的有效性,作者开始测量运动员在实施正面铲球时的体内冲击强度。这项工作报告了使用肩垫的一些好处,但也提出了一些关于传感器的选择和使用的问题:这些可能不准确的压力测量结果暴露了 Tekscan 传感器的三个问题。第一,传感器面积太小,因此在传感器边界内外都会产生很大的力。第二,尽管进行了动态校准,但传感器在长采样窗口(4 ms)内多路传输数据的方法可能会导致错过总体撞击峰值。第三,传感器的动态响应时间短。这些问题可以通过使用更高采样频率的更大的传感器来缓解。另一个限制是无法测量剪切力,并且如果褶皱或弯曲得太厉害,传感器会产生响应。

这些反思性的评论在这里被记录下来,因为它们表明必须认真解决实验设计的注意事项,以便所使用的仪器能够提供有用的结果。有时有必要根据几个要素来分析活动,然后分别关注这些要素。这是分析橄榄球运动员受力情况的一种方式。乌斯曼(Usman),麦金托什(McIntosh)和弗雷谢德(Fréchède)(2011)使用装有四个 Tekscan 传感器的钓具袋专门研究了铲球的力量。参与者被要求以四种不同的方式处理袋子：优势面；非优势面；带有护肩的优势面和带有护肩的非优势面。通过反复处理，得到了对参与者所经历的力的可变性的评估。

12.3.3 德州技术(FlexiForce)

Tekscan 传感器的另一种类型是单元件力传感器，品牌名为 FlexiForce。力传感器和压力传感器的结构相似，但是电阻层代替了传感矩阵，电阻层均匀地覆盖了传感器的整个区域。力传感器不绘制压力分布图，而是提供所受合力的反馈。不可避免地，简化了数据的采集和分析。这些传感器已应用在运动服装的研究中，该模型模拟了高性能运动服装的压缩效果。FlexiForce 传感器提供了数据并与模拟数据进行比较：

七个 FlexiForce A201 力传感器(美国泰克斯坦公司)放置在跑步时会弯曲或伸展的七个重要肌肉上，即：股外侧肌(VL)；股内侧肌(VM)；股直肌(RF)；胫骨前肌(TA)；半腱肌(SE)；腓肠肌外侧头(GL)；腓肠肌内侧头(GM)。

毫无疑问，将出现新的界面压力测量系统，并且一些已经有文献报道的其他系统没有出现在本综述中。定制仪器和市场寿命短的商业产品存在一个问题：根本没有时间评估这些仪器的可靠性和可重复性，也没有时间建立知识库来实现“最佳实践”。因此，本章中所思考的文献被用来激发对实验设计的思考，并通过选择适当的传感器来实现研究目标。

12.4 拉普拉斯定律的讨论

罗奇(Rotsch)等人(2011)指出绷带施加的压力取决于四个因素：

· 绷带的类型，尤其是其弹性
· 在应用过程中施加的预拉伸
· 绷带的层数
· 绷带的使用状态

拉普拉斯定律表示施加的压力与绷带中的张力成正比，但与施加的肢体的曲率半径成反比。这与包扎四肢的材料的选择有直接关系。当运用非弹性绷带时，材料中的张力趋低，并且静止时的接触压力相对趋低。然而，当四处活动时，四肢会随着肌肉的收缩而膨胀，绷带中的张力会迅速增加，从而导致施加的压力很大。相比之下，无论是锻炼还是休息，使用弹性绷带都会使压迫更均匀。这促使了罗奇(Rotsch)等人(2011 年)通过区分静态压力和动态压力来完善概念模型。静态压力实际上是将绷带施加到松弛组织上时的压力。动态压力来自运动过程中肌肉体积的变化。显然，拉普拉斯定律没有提供压缩压力的综合数学模型。

还必须指出，人体下肢的形状复杂，不能很好地表示为圆柱体或圆锥体。各种类型的软组织覆盖着坚硬的骨骼，并且根据被包扎的个体有很多种排列。考虑腿部不同部位时，皮肤变形可能会有很大不同。这进一步提出了关于拉普拉斯定律的适用及其与压缩服装的相关性的问题，无论是作为医疗用途还是运动用途。

托马斯(2003)指出拉普拉斯方程被广泛认可，但同样指出它尚未得到很好的理解。他参考了他在 1990 年出版的一本书，书中列出了对从业者更有用的等式版本。他写道：“还必须考虑另外两个因素:绷带的宽度和所施加的层数。尽管这些变量最初似乎并不构成原始拉普拉斯公式的一部分,但它们对于获得准确的张力值是必不可少的(第22页)。"修改后的公式使用了选定的单位,因为它们是医生所熟悉的,并且纳入了绷带参数。

$$\frac{\text{压力(mmHg)} = \text{张力(千克 f)} \times n \times 4260}{\text{周常(cm)} \times \text{绷带宽度(cm)}}$$

包扎的目的是达到分级压迫,最高压力靠近脚踝,最低压力最靠近膝盖。然而,尽管人们非常小心地正确使用绷带,但是仍然存在逐级加压的问题。舒伦和莫尔(Schuren and Mohr)(2008)提出,要注意为解答该问题而提出各种解释:操作员技术差,测量技术差以及在应用过程中难以保持恒定张力。

随着越来越多的疑问,舒伦和莫尔 Schuren and Mohr)(2008)回顾了三项通过腿部形状标准化进行分级压缩的详细研究。第一项研究涉及32位专家,四个商用压缩绷带系统和一条配备三个 Kikuhime 压力传感器的假肢,该研究要求参与者对每个系统重复三次包扎练习。第二项是对商业原型压缩绷带的评估,使用了三名经验丰富的骨科技术人员和一条带有六个应变计力传感器的假肢。每个参与者都在假肢上绑40条绷带。第三项研究使用同一条腿,但选择了不同的加压绷带,由八名护士组成专家从业医师。总之,这些研究产生了一个拥有744组与分级压缩有关数据的数据库。

使用拉普拉斯公式,计算了理论压缩压力。这些都显示出理想的分级压缩,大多在30~60 mmHg 的范围内(图12.9)。

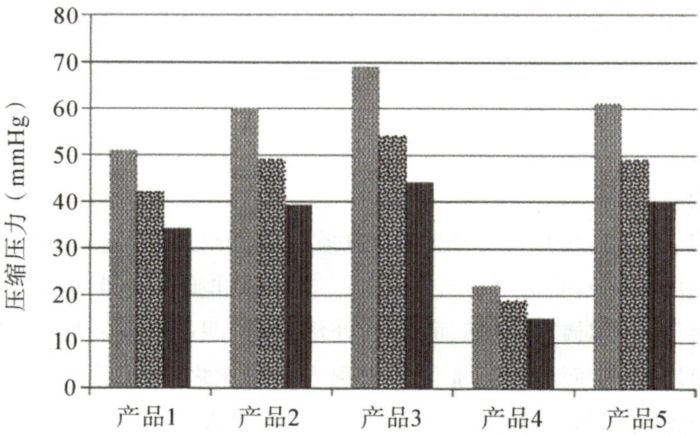

图12.9 根据拉普拉斯定律的理论压缩

比较理论值与测量值时,存在明显的差异。首先,实验结果通常显示,不到10%的绷带可实现逐级加压。此外,测量值始终低于理论值。综合测试结果如图12.10所示。

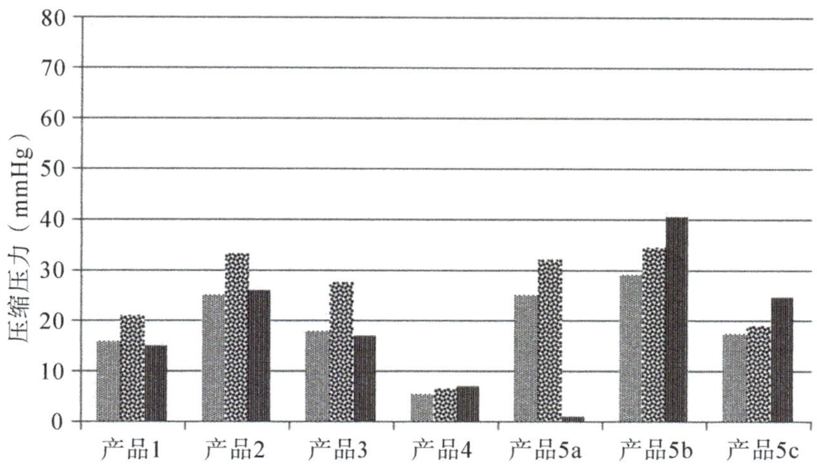

图 12.10 所有研究中测得的平均压力值

舒伦和莫尔(2008)批判性地讨论了他们的发现,承认了在实验室(而非临床)环境中使用人工腿的问题。但是,他们质疑人们普遍相信拉普拉斯方程的有效性,也质疑逐级加压是常态的假设。

诚然,这些研究应该产生的数据可以最好地呈现拉普拉斯定律,因为环境,受试者和包扎者都得到了很好的控制。但是,使用修改后的拉普拉斯定律方程进行的压力计算无法准确预测这三项研究中发现的压力值。实际上,在 744 项应用中只有 53 个(7.1%)可以观察到真正的分级压缩。

当然,这些发现并不意味着应该放弃拉普拉斯方程,而只是应认识到其局限性以及人体测量学的复杂性。没有人应该假设渐进式压缩,但是需要通过实验来检验这一点。舒伦和莫尔(2010)甚至对渐进式压缩的目标也提出了质疑。对于运动服装,仅穿着压缩服装并不能说明其对穿着者有什么影响。运动服装研究文献中关于无益/一些益处/可测量益处的各种报道千差万别,可能只是这些服装所施加的不受控制的(和无法衡量的)压缩的指示。有关试图以更严格的方式建模和测量压缩力的研究实例,请参见迪亚斯(Dias)等人(2003)研究。

12.5 总结与结论

有许多不同的测量系统可用来监测服装的压缩压力。它们使用基于多种技术的传感器(请参见表 12.1)。其中许多生命周期较短,仅具有历史意义。

要开发标准测试,必须排除许多变量。通过消除人腿的可变性和建立将服装装载到器械上的协议,压缩袜已经实现了这一点。Hatra 软管压力测试仪是英国标准 6612:1985、7672:1993 和 7563:1999 的测试仪器。

医疗应用需要简单的测试仪器,便于运输,设置和测量时间较短。这些仪器需要能够进行体内测量。使用最广泛的测试系统是 MST Professional(用于压缩袜),Kikuhime 测试仪和 PicoPress 测试仪,它们经受住了时间的考验,并且经过多年的发展以加入增强功能。

运动服装压缩的测量已经使用医疗设备,但是人们对定制系统很感兴趣。最近有使用 Tekscan 技术的趋势。研究人员欣赏薄如纸的传感器,可用的现成传感器,复杂的数据处理软件和可视化工具。报告的主要问题是分散,并且已使用各种方法来获得可重现的输出。

通过结合校准和标准化测量方案,已经报告了可接受的精确度。

医学从业人员和研究人员似乎低估了获得可控和可预测的压力的问题。这一点在用腿部绷带逐级加压的困难中尤为明显,但这是压缩服装可变性的征兆。迫切需要对运动服装进行压缩研究,同时进行详细的压缩压力测量。没有这一点,就无法对压缩服装的价值进行理性的评估。

13 人体扫描技术及其对服装发展的影响

13.1 人体扫描技术

自21世纪开始,身体扫描技术作为一种工具,已经在商业上成为一种可行的产品,并对服装设计和开发产生了影响。人体扫描技术已广泛应用于国家尺码调查之中,并对服装的尺码、产品的开发和评估等方面的发展作出了巨大贡献。随着3D人体扫描技术的发展,Gerber、Lectra、Optitex和V-Stitcher等公司也开发了大量3D软件,进行虚拟建模,这增加了人体扫描技术在产品开发中应用的可能性。

人体扫描仪的工作原理是将结构光投射到人体表面,然后通过图像捕捉技术进行标记。这些数据被用来创建一个点状模型,或者在30万到100万个X,Y和Z坐标之间将身体模拟为一个3D数据对象。然后对数据进行处理,从而创建一个可以从中提取测量值的模型。模型能够对保持固定姿势的个体进行自定义分析,提取自定义的测量值,这些测量值可用于产品尺寸的分类和产品形状的分析,从而促进产品的开发。

13.2 人体扫描及其优势

人体扫描技术,被认为是一种可以比传统方法更深入地分析身体和服饰的工具。人体扫描也可以用来驱动自动化产品的开发,尽管这主要是为了设计出更合身的服装。虽然人体扫描是一种可以收集数据的工具,但目前用于分析的接口仍然需要开发,从而使服装从业者更容易拥有相应的技能。将人体扫描和人工测量进行比较后,发现两者的数据具有可比性。测量定义的不确定性被认为存在于各种方法之间,通常依赖于人工测量的结果,而支持身体扫描的优势却并没有作为一个合适的参考值。这些好处可以从捕获的速度、与主体接触的限定条件、数据的可获得性以及随着技术和理解的发展而反复分析扫描的能力中看出。

扫描的数据通常只针对一个固定的姿势,通常与人体扫描仪标准中的姿势定义紧密一致。虽然姿势通常是固定的,但在虚拟环境中有一个身体的副本,可以极大地提高分析的深度。与传统的一维测量方法一样,扫描可以被切片、确定体积、分析姿态和确定比例关系。这通常可以通过软件或其他软件工具来完成。该技术和传感器的最新发展成果是允许按时间顺序进行捕获,从而提供分析移动扫描图像的可能性;这提供了与其他系统(如动作捕捉)集成的可能性。尽管还需要进一步地开发才能充分展现其优势,但这种结合系统的能力已经由Zong和Lee(2011)探索过了。这些发展进一步突出了对跨学科技能的要求,掌握跨学科技能以便能够对扫描数据进行适当的分析,在使用第三方软件时也是如此。

13.3 人体扫描和体型的分类

人体扫描提供了一种理解和分类体型的方法,这种方法可以得知人群的分组(尺寸图,形状分类),或者更直接地推动产品的开发和创新。目前,最易使用的体型分类系统是女性形象识别技术(FFIT)系统。根据服装上浆和产品开发中使用的关键的尺寸的比例关系,对被扫描体的形状进行分类。Lee等人(2007)将该系统应用于美国和中国台湾女性体型的比较,并展示了在人体扫描中,比例关系是如何被确定,以使体型分类更适合于产品开发的。

通过扫描获得的大量数据也有助于更好地理解服装产品开发中的分类。利用来自人体扫描数据的比例关系，可以根据体型和一维测量对体型进行分类，这和以前的分类系统相比，提供了更客观的且可重复的分类方法。然而，目前的体系并没有区分运动组织和非运动组织形态的功能。

13.3.1 定义运动主体

有许多研究根据不同的运动学科来定义或比较运动体及其特征。这些研究主要集中于收集国际运动测量学会（ISAK）所记录的数据，这些数据支持对不同运动群体的比较，但几乎没有提供可以直接用于产品开发的数据。人体扫描仪不能简单地直接复制 ISAK 提供的比较数据，但它可以提供有关尺寸、形状和比例的合适数据，用于推动产品开发。然而，如果不能清楚地了解在产品开发中使用的尺寸在运动员和普通人群之间的差异，就总是需要迭代原型设计来设计合适的服装。了解运动对身体形态的影响很重要，因为许多模式构建方法采用基于一般人群的比例规则来生成块状图案。人体扫描允许提取单独的维度数据，但只有通过可访问和适当分类的数据集，才能定义运动人体与一般人群可能存在的不同比例。

目前，在运动人群中最容易发现的变化是 Howard Schatz 的图像。然而，这些仅仅局限于视觉上的比较，在显示特定运动身体形态的同时，它们不能提供人体扫描仪所能提供的定量测量数据。虽然人体扫描提供了快速收集不同规模人群数据的机会，但可供比较的人群有限，包括一般人群和特定运动人群。此外，很难确定哪些尺寸的服装应该进行比较；关键尺寸或产品开发中使用的尺寸（模式构建）是理想的，这些尺寸将影响服装的尺寸和产品开发方法。

2012 年，曼彻斯特城市大学（Manchester Metropolitan University）的西蒙·吉尔（Simeon Gill）和简·莱德伯里（Jane Ledbury）进行了一项研究，使用 Tc2 NX16 人体扫描仪对 19 名优秀水球运动员进行了身体扫描。现有的体育领域相关的研究表明，尽管没有说明这在身体形态上是如何体现的，但由于这项运动的要求，优秀的女水球运动员具有高度发达的肌肉。对 19 名水球运动员的平均测量值和 337 份具有相同标记（年龄、体型）的可比样本进行初步比较（见图 13.1），从中可以看出在产品开发中需要考虑的关键差异。

水球运动员似乎更高、更重，不过 BMI 略低。在影响产品开发的尺寸方面，她们的平均胸围和下胸围更大，但对胸部来说，这表现在背部的弧线更大，表明背部肌肉更发达。腰围和臀部相当，而臀部上部较小，这表明该区域的脂肪沉积相较周围不同。这些初始数据展示了人体扫描技术为产品开发提供数据的潜力，特别是在关于受体育参与影响的尺寸变化方面。使用身体扫描也可以进行视觉分析，扫描运动员的轮廓，展现出良好的肌肉张力、平滑的曲线和轮廓分明的肌肉（图 13.2）。

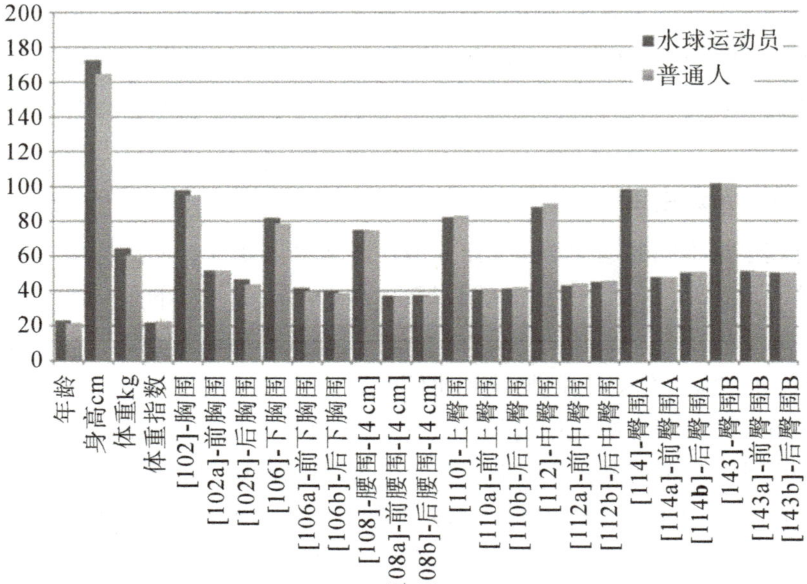

图 13.1 优秀水球运动员与一般人群的比较

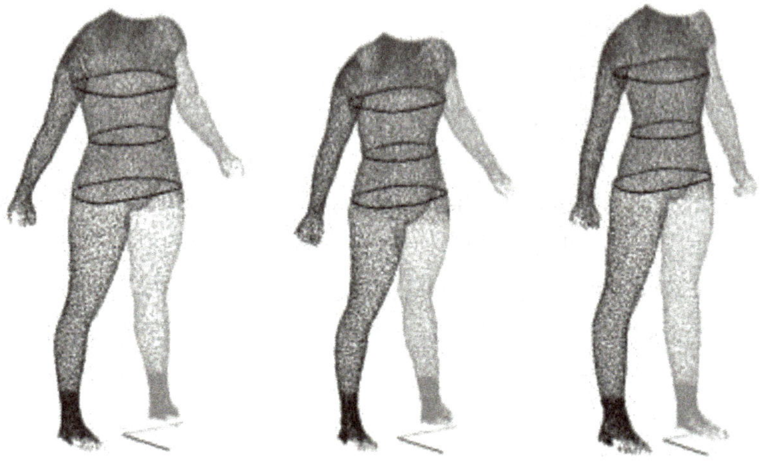

图 13.2 女性运动员体态的举例

水球运动员的视觉扫描评估表明其身体体型具有良好的肌肉张力和直立形态。然而，只有在进行了适当的比较分析之后，这些数据才能更客观地用于产品开发。需要开发实践和编码方法，以确保可以比较捕获的数据集并确定合适的标准，将其分类为不同的类别。

13.3.2 从人体扫描中获取的测量值

使用人体扫描仪采集数据使我们有机会分析数据，然而，对人体扫描仪在定义测量时使用的现有定义的理解有限。测量定义中存在差异，当前的标准（ISO，2010）是基于人体工程学而不是在服装人体测量方面的实践。如果不清楚该技术是如何使用定义进行度量，就很难理解这些数据如何与以前的手工数据进行比较，以及如何适用于现有的产品开发实践。

13.3.3 创建模型

人体扫描仪作为一种工具，可以及时捕捉一个人固定姿势的快照，然后创建一个 3D 的计算机图像或虚拟模型。与 CAD 程序中的参数化虚拟模型不同，当前扫描的虚拟模型具有固定的姿势，因此不可能将个体的扫描转移到虚拟环境中，而虚拟环境支持对动作和功能的准确评估。扫描技术的最新发展是支持动态评估，尽管目前仅支持可视化（Sizestream.com）；虽然这还没有应用到目前的研究中，但它为未来的应用提供了希望。

扫描技术可以将各个运动体整合到虚拟环境中，在虚拟环境中，像 Meshlab、Geomagic、Polyworks 等通常为工程开发的软件可以用于分析和分类，从而推动更优的产品开发（图 13.3）。始终清楚地了解服装测量及其在产品开发中的应用，是操作员必须具备的，但该第三方软件需要操作员拥有除开发传统产品技能之外的技能。使用 Tc2 中的变形特性可以创建一个封闭表面模型。然而，其他扫描仪和来自 Tc2 的 initial. obj 文件可能需要一些操作才能在不同的软件平台中使用。

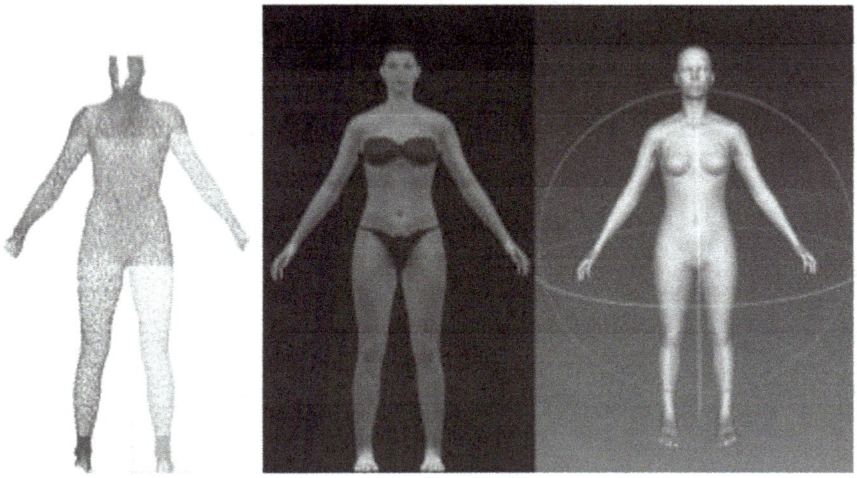

图 13.3　基本扫描到 Tc2 中的虚拟模型

13.3.4　测量和测量技术的进步

人体扫描被认为可以提供比现有的手工方法更深入的数据，下面提供了这方面的部分例子。

13.3.4.1　切片和体积

通过身体扫描仪可以收集参与者的维度数据，现在就有可能对特定的运动项目进行详细和具体的分析。可以得到切片与体积的能力为比较运动体的独特体型与从一般人群中获取的数据之间的差异提供了机会。

扫描切片能够以一种比表面分析更智能化的方式来展现体型，并能表现出体型在某些外部环境中是如何平衡的。虽然运动员的胸围可能较大，但扫描切片可以识别胸围在多大程度上受到背部肌肉组织的影响，而不是实际胸部尺寸的增大（图 13.4）。扫描切片通常用于直观地表示尺寸和周长的变化，以及显示身体周围的尺寸分布。切片数据一般可以从 Tc2 转移到其他软件平台，这是使用. dxf 格式完成的。

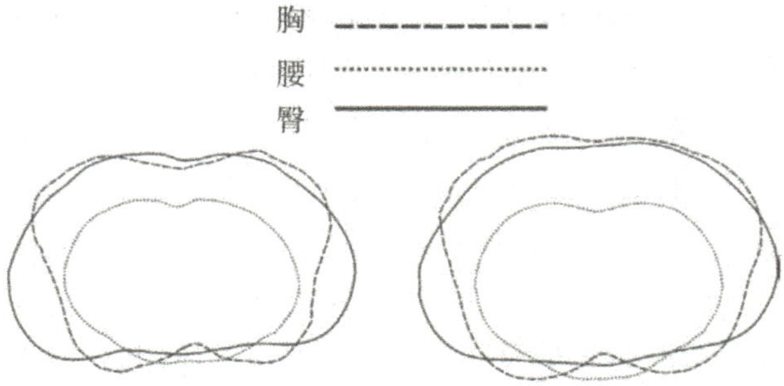

图 13.4　运动和非运动身体的扫描切片

有了闭合的虚拟模型，就可以使用身体扫描或其他软件来确定体积数据。对于 Tc2 扫描仪，它提供了在特定区域、全身、躯干和四肢（个别四肢除外）的详细体积信息。这同样可以比较运动人群和非运动人群，如图 13.5 所示。通过获得适当分类的扫描数据，可以根据关键区域确定体积差异，如腿部肌肉密度的增加和集中或不同区域的脂肪沉积，在 Schatz 和 Ornstein（2002）的图像中可以清楚地观察到运动员之间的差异。

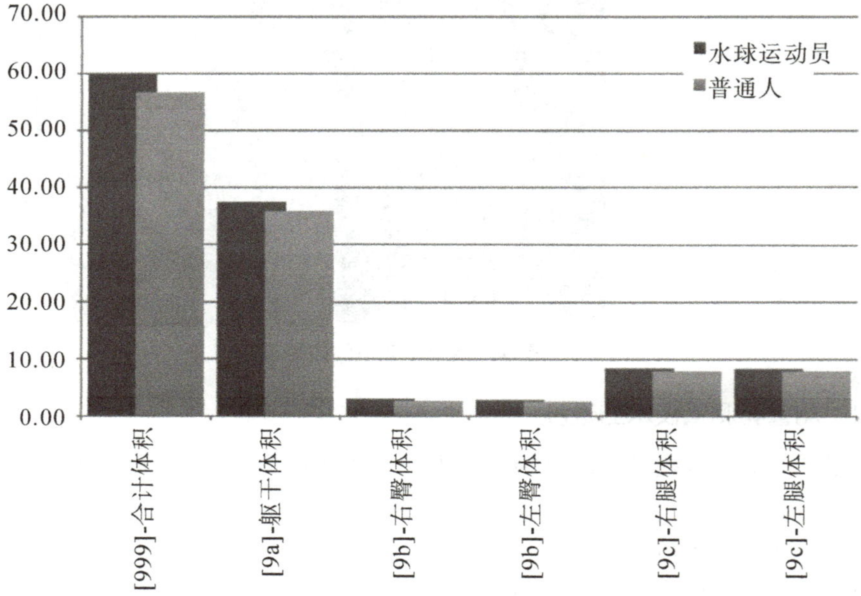

图 13.5　平均体积示例

13.3.5　运动体的着装体验

目前主要是使用手工工具来确定运动员的肌肉、脂肪和健康状况来对运动体进行分类。扫描提供了一种快速的非侵入性的方法来获取运动员的尺寸，并监测这些尺寸随时间的变化而发生的改变。虽然对运动员形态的研究和现有的研究有时会将他们的情况在维度上联系起来，但这并不适合推动产品开发。此外，很少有人了解运动员的服装体验如何影响他们的身体形象。在普通人口中，服装和身体形象是有联系的，服装作为一种衡量身体形象满意度的手段也很常见。这些考虑对于运动员的表现以及确保运动员拥有合适、美观和功能性的服装是很重要的。他们的身体与服装的关系可能是消极的，并且可以通过参加体育运动来使形态的普遍变化成为合理化。和运动员的非正式讨论往往表明，他们认识到参与体育运动对自己身体的影响，而这往往并没有带来更好的外在形象。重要的是，倘若寻找方法来识别由于运动引起的空间差异，显然通过身体扫描是可行的。这些数据既可以用来开发满足运动员性能要求的产品，又可以让运动员充分参与成衣的消费。

13.4 三维虚拟环境下的服装预评价

在 Optitex 或 Browzewear 等软件中使用 3D 模型，可以实现服装的虚拟试穿，并使用张力图评估试穿效果。这些张力图与身体和服装之间的尺寸差异有关，并考虑了身体角度，这些值可以提供一些有关预测压缩的能力，并可以对服装进行虚拟测试，以在更大的人群和更深的深度上进行手动测试。这种方法的局限性在于，它无法将这种适合度评估与实际适合度的研究方法、以及穿戴者的体验和反馈联系起来，从而提供一个更全面的过程。身体扫描技术已经被用作一种工具，来捕捉穿着该服装的参与者的数据并对它们进行健康评估。两项研究均通过实时合体评估将 3D 服装扫描与相同服装进行了比较。虽然确定了实时和 3D 扫描拟合分析结果之间的差异，但这项研究表明了将扫描技术用作拟合评估工具的机会。由于扫描图像可以以单一色调渲染，因此看到应力褶皱和屈曲的能力要比实时拟合好。同样，尽管已经表明，服装的平衡度很高，但在扫描图像上很难找到接缝。

13.5 功能需求和变化主体的评估

13.5.1 姿势的改变以及运动

Choi 和 Ashdown(2011)使用扫描技术进行了功能变化评估，他们使用 Vitus 激光扫描仪和 Polyworks 软件来确定下半身的变化。Chi 和 Kennon(2006)早期使用的扫描工具也采用了类似的方法，但不太成功，因为需要稳定姿态并且数据的解析是有问题的。然而，表面尺寸的变化可以被清晰地建立起来，并且当正确地定位到与图案相关的位置时，可以轻松地告知关键位置的要求。人体扫描提供了最适合的工具，能够灵活分析姿势的变化，并且这种能力可以在软件环境中定义和细化测量环境。

使用扫描技术结合动作捕捉系统的能力是由 Zong 和 Lee(2011)探索的。通过大量的探索性工作，他们展示了如何利用身体扫描和运动捕捉系统的功能来推动服装发展，以了解服装的功能需求。他们还指出了以标准扫描姿势以外的姿势捕捉和呈现可靠数据的局限性。扫描技术的进一步发展和新型红外深度传感技术的应用为动态 4D 扫描捕捉带来了机会(SizeStream. com)；然而，提取可用的测量数据的可能性尚未得到证实。

利用现有的扫描技术，可以捕捉到参与者在不同运动姿势下的扫描图像。这些姿势可以从被认为是控制姿势(或枢轴姿势)(图 13.6)到与特定运动相关的主导姿势(图 13.7)。然而，目前扫描技术的局限性在于必须先定义某些标记(裆部和腋窝)，然后才能将点状模型转换为可以开始进行自动分析的状态，这意味着与标准扫描姿势偏差太大的姿势不能轻易得到测量结果。

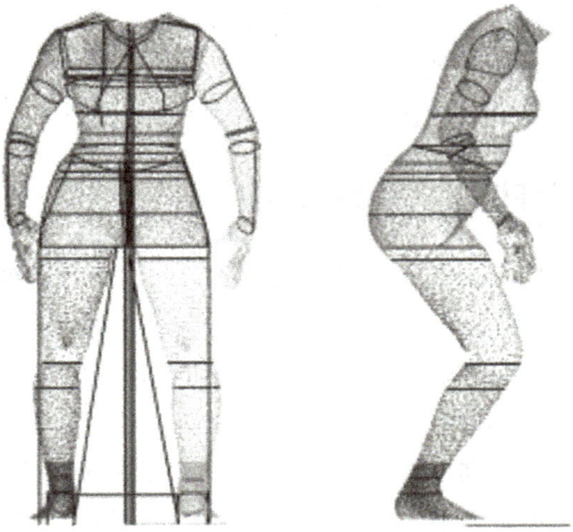

图 13.6 手动操作

(a) (b) (c) (d)

图 13.7 动态扫描图像示例:(a)-击剑;(b)-高尔夫;(c)-速滑;(d)-网球

图 13.6 所示手动操作的自动界标可以使腰部与躯干角度对齐。但是,这对于固定在水平面上的其他测量是不可能的。由于许多自动测量都是与地面对齐的,目前软件在标准和改变的姿势之间进行比较的能力是有限的。很明显,我们需要开发与人体特征和平面相关的自动化测量技术,而不是与扫描环境相关的自动化测量技术,这样才能充分利用自动扫描的优点进行运动体分析。与 Choi 和 Ashdown(2011)的工作一样,在分析人体扫描时,通常需要使用其他 3D 软件和地标方法来确定标准姿势以外的姿态的尺寸。使用专业软件也需要不同的技能要求,而掌握技术的那些人通常是服装从业者。

使用 Geomagic 或 Polyworks 等第三方软件需要对服装的测量定位有清晰的了解。尽管可以使用这些软件包从非标准的扫描姿势中提取尺寸,但是当前扫描软件有一个局限。使用 Tc2 KX16 人体扫描仪,可以捕获不同运动姿势的人体扫描图(图 13.7),虽然该软件比早期版本更擅长处理非标准扫描,但无法呈现扫描结果或自动提取测量值。但是,这些文件可以输出到第三方软件中进行处理,尽管在捕获所有参与者的扫描量和剔除不必要的数据(如地板或侧幕)方面仍然存在问题。

13.6 定制服装的标准

人体扫描或虚拟模型的建立为直接在人体上建模服装,并将这些3D表面平整为2D模式提供了一个完美的机会。虽然有许多出版物概述了这种方法的原则,但仍需要仔细考虑生产和模式实践,这些只是真正适合针织结构或使用高水平弹性纤维的服装。然而,对于那些可能会在身体形态上表现出很大差异的精英运动员来说,他们的身体形态可能会超出当前尺码和产品开发实践所强制规定的标准,定制的服装可能会帮助他们在参加运动时消除对服装的排斥,从而保持好的运动表现。Ledbury(2009)在她对参加精英体育相关活动的女性服装的分析中强调了考虑提高服装合身性的必要性。2012年参加身体扫描训练的奥运精英运动员的反馈进一步支持了这一点。利用扫描数据开发的可伸缩模型来开发自动化服装供应是最近的一个研究发展领域。无论是在理解身体方面,还是在将实践转化为电子环境方面,身体扫描是实现这些发展的关键。

13.7 应用身体扫描技术在未来的发展和需求

人体扫描能力不断扩大,数据准确性提高;实时捕获时间序列扫描的能力(SizeStream.com)使使用这些工具评估功能和适合度成为可能。然而,生产数据不仅可以告知产品开发人员的功能需求,还可以告知运动对身体的变化,以充分发挥身体扫描在产品开发中的潜力。在某种程度上,这需要更多地访问这些设施,但也需要获取所捕获的扫描数据。拥有来自不同运动的运动员的适当编码数据集将能够识别体育学科特有的差异,并促进开发方法,使这些运动员的体型特点能够在服装创作和产品开发实践中得到考虑。现有的产品开发方法(图案构建)受到一般人群的严重影响,目前应用的修正是特定于从业者。利用个体运动参与者的身体扫描数据创建合身定制服装的能力提供了一个明确的领域的发展。

为运动员的特定形态量身定制高性能服装有可能提高性能,但这需要在产品开发实践中进行许多开发,并仔细考虑如何从身体扫描仪中提取数据。

14 运动服装设计的生态考量

14.1 介绍

单单运动服装这一行业的产值就能达到1,450亿美元，并且还将继续增长。运动服装能在市面上广受欢迎，原因就在于运动服装行业可以满足不同消费者的性别、年龄和文化需求。它的吸引力体现在运动服装融会贯通了休闲装，专业运动服装和时装的功能。但需要注意的是，这些消费者驱动因素并不总是考虑到了环保和可持续的供应链流程问题。

多年来，可持续实践不断增长，运动服装公司在市场中越来越受欢迎。但是，尤其在产品开发初期阶段，实施可持续性设计实践的需求通常耗时长且成本高，(例如纤维生产，人工和采购成本)，有关环保供应链流程可能还会更加复杂。这表明，运动服装企业面临着许多挑战，不能再像过去一样严重依赖快节奏的传统供应链环境来满足消费者需求。这些挑战大都可以克服，比如充分利用世界各地的可持续发展进程和生态方案予以协助，许多方案也得到了各国政府的支持。例如，美国农业部(USDA)定期与非政府机构和学术界进行合作研究，讨论可持续发展措施对消费者和环境的影响等。成立于香港的Redress，与世界各地的会员共同探讨与服装行业直接相关的具体问题。在澳大利亚，纺织和时尚产业委员会(TFIA)密切关注服装和服装行业，以及从自然资源到劳动力这些所有资源的影响。废弃物管理是零售商和消费者共同关心的主要问题之一，全世界许多机构都在进行这项工作；比如总部设在英国的非政府组织WRAP(废弃物和资源行动项目)。这些机构和许多其他机构包括与孟加拉国、印度和柬埔寨制造商进行磋商，处理从人权、健康和其他有关安全的各种问题。他们都拥有丰富的信息，秉持着可持续发展和生态保护为每项倡议的核心原则。

运动服装公司无疑是幸运的，他们在全球体育赛事中受欢迎程度极高，例如国际板球理事会(ICC) 20届世界杯板球赛、2012年伦敦奥运会和2014年巴西世界杯都为合乎环保的运动服装设计提供了一个全球性服装宣传平台。通过耐克的“制作”应用程序，耐克在环保和可持续设计方面取得了部分进展。这是一个可持续发展的有力渠道，旨在帮助耐克运动产品进行设计和开发。耐克公司声明：设计师在设计之初就需要考虑“环保”，不仅仅要保障面料的舒适性，更要做到产品是由100%可回收的服装面料制成，比如聚酯面料、聚酯纽扣、面料废料。环保发展路线上的注意事项不仅涉及面广，而且相当复杂。

2011年环保服装在英国的市场价值为507.6亿英镑，自2007年以来有显著增长。预计2016年市场规模将达到767亿英镑。因此，在运动服装方面，许多品牌都有潜力在该领域取得相当大的市场份额，特别是随着全球经济财富的转移和服装行业新技术的进步，面向品牌的晋升机遇也大大增加了。然而，在提出设计构想之前，一些障碍仍需克服，还要特别关注到客户是所有创意的核心这一点。“这些问题从CSR(企业社会责任)和消费者对环保商品的感知疑问到质量、价格和品牌忠诚度的有关偏差”。

14.2 运动服装的环保应用

企业的社会责任是建立在环保和可持续的实践之上的，这些实践提供了长期的发展计划，通过透明的供应链把对环境的影响降到最低。这个平台为消费者提供了独具一格的环保产品。然而，由于内部和外部介入的复杂性，供应链和沟通渠道的层次性往往会带来问题,因此,公司必须在战略范围内设定计划和实施政策。因此,为了引导个人信仰强烈和价值观较为深刻的消费者的购买决定,参与全球供应链的人必须清楚地了解产品的刚需和消费者需求在环保和可持续产品上的投资是很高的,而且在多数情况下,成本预算会通过购买产品的过程转嫁到消费者身上,特别是在那些已经将生产计划细化到注重环保的产品部门。

为了证明 CSR 对运动服装企业的影响,彪马开发了它的彪马环境损益账户。该文献从设计构思到消费者互动详细介绍了 Puma 为评估供应链中的产品生产过程而采取的措施,以使环境审核项目过程透明。彪马的这一声明明确定义了公司将如何通过其在供应链中的环境责任来实施其 CSR 政策。

随着人口的持续增长和资源日渐稀缺,通过环境实践来支持共享国际财富的国际政府战略是所有参与方的关键激励措施。在战略方面,这点已经催生了许多个环保论坛的产生,每个论坛也都有自己独特的倡议。例如,有许多知名零售商的 ETI(环保贸易倡议)关注工人的权利,涉及教育公平、工作和合理工资,成员包括多家运动服装公司。此外,还有公平贸易基金会,该基金会与第三世界工人一起制定了可持续的贸易惯例,以确保每个人都在整个供应链中受益。WRAP 制定了减少废弃物的计划,包括再利用、回收和长期使用。关于牲畜,英国重点政府部门 DEFRA(环境,食品和农村事务部),负责管理英国的动物权益和环境问题。最后,在国际经合组织(经济合作与发展组织)中,各国政府可在此讨论和实施各种方案,共同发展和改善全世界的可持续和环保实践措施。这些组织促进和鼓励了零售商更负责地对待环保发展。但是,如前文所述,有许多举措还存在提升空间。因此,可以说,如果试图涵盖环保实践在不同领域的发展状况,许多零售商将发现难以实施自己的企业社会责任政策。这导致了许多运动服装公司在实施自己的企业社会责任政策的同时,采取自己的环保/可持续举措来提高消费者的相关意识。耐克公司与伦敦时装周的可持续时装秀共同发起了有机棉生产计划。在"共同线路倡议"的基础上,巴塔哥尼亚通过再利用、回收和修理计划,致力于促进公平贸易、可持续生产和产品使用寿命的延长。

14.3 消费者和可持续性

消费者对可持续倡议相关问题的理解与参与度还有待深入探讨。学术文献和新闻报道证明,进一步调查和观察消费者的需求将为商家提供有关消费者认知、环保实践、环保消费和可持续发展的文献以及市场营销的概述。必须补充的是,运动服装设计的生态考量往往是复杂的过程,消费者可能不理解或选择忽略这些过程,以换取美观或性能良好的产品。然而,许多学者认为,消费者是任何体育产品成功的关键;运动服装品牌公司和新闻记者对定期审查运动服装公司实施的可持续性和环保创新方案表示支持。

14.3.1 消费者环保/可持续利用的知识

可持续利用这一环保理念在当代社会已得到广泛认可和接受。特别是在处理服装方面,服装的基本信息(即服装结构,原产国,面料组成)清楚地呈现给消费者,而后期标牌显示和注意事项的改变是可持续利用的目的(例如拆卸,翻新等)。多兰(2009)提出,环保服装的全球供应链通常太过复杂,以至于消费者难以理解,而那些真正了解流程的人通常最有可能购买环保服装。环保的消费者经常根据个人价值评估此类做法,并根据其对可持续性的理解来调整它们。而不购买环保服装的消费者可能会这样做,原因是成本高昂、对环保问题的误解或者仅仅是因为其他选择更便宜。尽管如此,购买行为显然已根植于消费者的心理之中。消费者购买的商品必须满足他们的个人要求,且满足身体和心理的要求尤其较高,无论他们是否是环保消费者。跨代研究表明,消费者团结一致地支持公平和环保贸易,但他们的个人需求和社会信仰是决定商品价值和成本的决定因素。所以,定期购买环保商品的消费者应了解这如何使他们以及全球供应链受益。哈斯特维特和迪克逊(2009)强调了产品理解与购买意愿之间的重要联系,这表明购买非有机服装产品的消费者可能会意识到服装中有机纤维的流行类型,并且能够以高度的信心购买此类服装。在服装中使用有机织物时,了解消费者的要求至关重要。同样重要的是美学品质和产品适用性,例如功能性和耐用性。大多数提供这类产品的零售商要么是小众服装公司,要么是专业服装公司。当这些公司为忠实的客户提供服装时,他们不仅愿意在服装的质量上投资,而且愿意在公司的品牌价值上进行投资。关于产品的可使用性,消费者通常将环保服装的感知价值与价格联系起来,并期望其性能可以拥有与人造服装相同或者更高的水准。环保服装的功能、美学、性能和后续保养对消费者很重要,是他们为此类服装支付了更多费用。除了这些品质之外,他们还希望获得独特的美学品质,并期望服装的相应价格就代表了对立的便利售后保养服务。

在英国,根据英敏特(市场咨询公司)编制的《环保与绿色零售报告》(2009),消费者对可持续性和环保生产等问题的意识比以往任何时候都要高。在美国,环境问题的产生和缺乏可持续性文献等方面迫使许多消费者质疑可持续性做法是否存在政治和商业动机。同时,购买环保服装的其他障碍还包括价格高昂和产品范围不足。此外,消费者不清楚所使用的各种复杂术语,例如"生态服装""公平贸易""有机织物""可持续利用服装"等。还有一点要注意的是,消费者在进行可持续选择时,选择的是质量和使用寿命,而不是数量。

14.4 可持续供应链

库兹和戛纳将供应链定义为"涉及单个或多个能够满足对产品或服务需求的企业和国家业务流程的整体序列"。在运动服装市场中也存在一些传统供应链模型中"业务流程"的示例。

为了在供应链中可持续运作,需要了解包括材料使用等许多关键问题,涵盖了从织物废料到包装废料的所有内容。还有一些涉及可生物降解织物的回收元素和包装问题。污染是影响日常生活的主要问题之一。最大限度地减少污染是可持续供应链过程中的基本要素。其中水污染就是由染料、运输、药剂以及其他潜在因素造成的。

14.4.1 企业社会责任

在生产基本运动服装时,有许多重要因素需要考虑,然而其中一些因素尤为突出。因此,这就凸显了实施可持续供应链的复杂性。此外,由于供应链链接的全球性,与传统供应链一样,可持续供应链也将遇到与可持续意义和实践相关的沟通问题。

在主题报告(2012年)中公布了实施可持续供应链的一些关键障碍,如成本、消费者意识、文化障碍以及健康和安全问题。报告称,这些成本与"现如今不确定的经济形势(这是对市场的最大威胁)有关,因为如果面临经济下滑,消费者往往会削减行业支出"。因此,考虑到成本，品牌可能会仔细考虑其可持续发展战略，其中一些成本将不可避免地转嫁给消费者。对于消费者而言，缺乏关于可持续发展和生态实践对环境、生产者和欠发达国家经济的深远影响的知识或理解对他们购买产品是不利的。除此之外，作为现有及新区域的品牌来源，有必要与其他品牌进行合作，分享最佳实践成果，并在可持续供应链机制方面教育新的利益攸关方。例如，2013 年 4 月，孟加拉国达卡的拉纳广场服装厂倒塌，造成了 1000 多人死亡，这一事件虽然与传统的可持续发展问题没有直接联系，但他们先前提出了有关利益相关者、地方政府、工厂主和大型零售商能否允许这些做法继续下去的问题，这样就会存在微妙的利益冲突。

与运动服装和支持全球工人权利直接相关的是，政府和非政府机构合作开展了一个项目，该项目在 2012 年奥运会前影响了主要的体育公司，还考虑了在奥运会前增加体育产品生产对个人的直接影响。然而，这些问题是在 2004 年和 2008 年奥运会之前提出的。这导致主要的运动服装公司解决了透明供应链的某些问题。但是，工人的权益问题并未得到解决，这表明他们在供应链中的地位仅仅是作为货物的接收者，而不是生产者。但是，公众的曝光和关于在工作场所不当行为的报道迫使许多人重新考虑他们在此过程中的责任是否是由于这一事件和其他不幸的事件造成的。由一群零售商创建的孟加拉国工人安全联盟旨在提供一个透明的平台，通过在线报告的形式介绍其供应链的安全流程和相关程序。

不过，在运动服装品牌中也有一些正面例子。户外服装公司巴塔哥尼亚集团是一个积极实施保护自然环境计划的企业联盟，致力于通过“为地球贡献 1%”的倡议，将环境污染的影响降至最低。由于行业的快节奏发展以及运动服装市场和该地区为满足高消费需求而生产低成本产品的竞争水平而言，运动服装零售商承受着比以往任何时候都更快地交付和生产的压力，使供应链的压力也随之倍增。新百伦也是一家在一段时间内制定与生产成本有关的环保计划的公司，其中许多是与供应商合作开发的，这表明对环保和可持续实践的责任是分担的。

14.5 环保运动服装的设计

与传统的时装设计形式相比，环保或可持续的设计通常要复杂得多，传统形式的时装设计在许多情况下严重依赖于分析时装趋势和时装秀系列。大多数环保设计原则都专注于开发对环境的影响较小并提高生活质量的产品。环保设计的考虑范围从消费者需求到纤维选择、产品可处置性和产品开发过程。考虑到一些环保实践，环境和社会的影响，运动服装设计师可以考虑采用更横向的思维方法来进行创造力和产品开发，如陶拉、长井（2013）、德波诺（1992）和布里托（2008）等人所讨论的那样。这些作者强调了随着新技术进步的出现，在环保供应链中进行设计的许多好处，这可以促使整个供应链中的流程更加清洁和精益。作者继续解释说，许多使用回收材料的新面料开发产品通常被大量丢弃，现在已在欧洲一些最大的零售商出售的产品中使用。但是，由于可持续的供应链具有多方面的业务关系，因此需要清晰的沟通渠道。

贝尔基奇和贝迪诺（2005）研究了有关可持续设计中新产品开发的几种不同理论。他们的调查强调，在进行设计构思之前，产品的放置和营销以及产品的战略定位要处于产品设计的最前沿。但是，绿色产品的营销需要经过仔细考虑，以确保可以将这些产品销售给广大消费者。

在绿色产品的营销中，运动服装公司经常通过不同的新媒体平台来展现有关其可持续性做法的促销文案，但消费者是否能注意到这些还存在疑问。这些平台用于促进和鼓励运动服装的可持续实践，例如"耐克 MSI 提供动力的应用程序"。还有一些社交网站和专用网页，专门关注公司的可持续发展报告、公司的社会责任和相关的计划，例如彪马，巴塔哥尼亚集团和阿迪达斯集团都有丰富的信息。然而，问题仍然在于这些是否的确增强了消费者购买商品的欲望，环保产品是否符合公司标准产品的性能要求也值得怀疑。

为了开发满足可持续和环保要求的产品，该团队每个人都参与了从设计到生产的整个过程，扩展他们当前的知识、增强访问信息的能力，以将创新应用到消费者驱动的产品中（艾斯林格 2011）。但是，与消费者相关的许多复杂性通常包括对服装的情感依恋，如尼一马奇和克斯济宁（2011）所指出的那样，消费者通常会用服装结构的不同方面和整体构成来满足其环保实践，服装通过多种用途和功能延长使用寿命。事实上，加姆和班宁（2011）的工作支持了消费者输入服装设计的论点，他们的假设基于可持续设计过程。这涉及了消费者在服装和情感需求中建立的需求层次，导致对服装的情感依赖的需求是复杂且多方面的。实际上，许多方面（例如控制我们的嗅觉，如气味，声音和感觉上的神经系统）都在我们的产品偏好中发挥了作用。除此之外，我们还会在产品上投射一些个性特征，以使自己在某些类别中保持一致，比如在社交团体中或我们希望别人如何看待我们的时候。

这些因素构成了更具概念性的设计开发过程的基础，并突出了服装要求的元素，例如使用寿命、功能和个性化表现。帕沃罕和巴拉苏布拉马尼安（2011）和麦乐尔（2011）等人的研究获得了重要发现，自然资源仍然有限导致了创造力下降。因此可以说，为了激发高水平的创造力，可持续设计应该是创新的，类似于旨在减少环境影响的新产品，许多消费者每天都在使用这种产品，例如低能耗的电器既有利于自己又有利于环境。但是，从农民到产品开发人员，他们对产品需求的专业知识并不了解，因此，使用来自各种利益相关者的最合适的资源是必不可少的。

14.6 新式面料的研制开发

面料是所有服装产品的主要成分，而棉因为具有良好的舒适性，易于染色和易于使用的特性，是最受欢迎的面料之一。但是，用于繁殖和生长这种纤维的资源不仅损害环境，而且损害社会。这种纤维生长在数百英亩的土地上，并且与农药一起使用不仅对环境造成危害，而且对工人的健康也造成危害。与所有农作物一样，有机棉也需要水；但是，相比之下污染明显较低。然而，有机棉的成本却较高，因为农药和其他有害污染物的使用有限，有机棉需要一段时间才能繁殖和生长。但还是有其他替代棉花的选择，例如纤维素共混物，它们是植物纤维，可以进行织造。这些混纺纱具有与棉花相似的品质，例如悬垂性和韧度，但生产过程更为复杂。丝绸是另一种有机增长的纤维，正逐渐被引入主流时尚。它具有绝缘，透气，舒适，轻便等多种特性，并能很好地吸收染料。此外，它也是一种非常坚固的纤维。但是，这需要用较残忍的方式提取主要由蚕产生的非有机蚕丝。近年来，有机蚕丝出现了。此过程使蛾虫在提取纤维之前从茧中出来,这使过程更加人性化。为了模仿天然纤维中的某些品质,有丝绸替代品,例如莱赛尔纤维,这是一种由木浆纤维素再生的可持续性织物,具有良好的悬垂性、抗皱性并且可以与其他天然纤维混纺,这就是为什么它经常在瑜伽服装中使用。最近的织物发展包括结合了人造纤维和植物纤维的织物,例如"基于植物的氨纶",由于包含物的差异和生产工艺的不同,这种织物对环境更加友好。与所有面料开发一样,它们都是实验性的;但也有许多是可行的替代品,可用于主流运动服装产品开发。

14.7 运动服装设计技术

对许多设计师来说,技术是可持续和环保设计的前沿。有些是非常创新的,有些是基于传统技能的,但这个过程的核心仍是生产消费者所需求的商品。

技术促进了设计过程的进步。例如,用 3D CAD 可视化、激光切割和计算机绣花机取代传统的零件切割、样品开发和手工刺绣等手工技能,可提高生态设计过程的效率。

3D 打印曾经只被建筑师用来展示他们的项目,现在正被运动服装公司用来开发更具创新性的运动服装产品。这一点在运动鞋中很明显,许多主要的运动服装零售商已经开始为职业运动员生产定制的运动鞋。3D 加工过程包括使用不同的柔性材料、油墨甚至纤维,然后使用专门设计的打印机打印产品;这个过程存在许多环保消费者会喜欢的特点。其中包括定制元素:使用者可以在系统中输入他或她自己的具体测量值。这使得服装在印花时不会浪费面料;这也意味着顾客可以根据他们的个人品位和要求定制服装。一些 3D 打印机还可以生产相互连接的部件,使穿戴者能够根据自己的特殊需求调整或改变服装功能,比如定制适合度和舒适度。这反过来又延长了产品的生命周期,由此消费者将看到与废弃物处理、多用途效益和产品通用性等相关的环保价值。这些好处这将吸引生态意识更为强烈的消费者和尚未开发的市场,使零售商极大地处于有利地位,并为其制定企业社会责任政策做出积极贡献。

激光切割曾经被用作于装饰目的,它以雕刻织物和切割精细的装饰设计形式流行于许多时装设计系列中。随着技术的进步,最近被用于在技术产品设计中。与 3D 打印具有类似的益处,它提供了直接与有机织物结合使用的机会。例如,对于未处理的边缘没有了对整理过程的需要,裁切后的裁片非常整齐精确,这在手工裁切服装时并不总能达到。另外,可以设置计算机以确保以使织物浪费最小化的方式来放置图案。对于消费者而言,可以根据特定要求裁剪服装。在这些过程中,创新是通过可持续产品开发过程来解决的。例如,可以通过利用整个织物的码数和使用成型技术(例如悬垂性)来进行设计创新,在这种方法中,对织物进行处理以定义诸如袖子或袖孔之类的形状,而不是将单独的部件模拟成这些形状。这表明设计师可以在设计过程中通过从面料的位置开始,而不是以传统的做法从草图开始,从而在设计过程中拥有更多的创作自由。继而,这将引发更多的个性化和创新设计,而不是顺应潮流的设计。此外,布料的损耗也可以减少,因为所有的布料都会得到充分利用。同样,通过效率生产后,可同 3D 打印相等的水平来吸引消费者。

人体扫描仪用于运动服装,为专业运动员开发定制服装。它们通常被称为 3D 人体扫描仪,该技术对人体进行了多次测量,然后将其用于生产特定穿着者的服装。在专业运动领域中有几个使用示例。该软件的好处是记录各个测量值,使产品对穿着者来说独一无二,这同时也意味着性能得到了提高,例如Speedo为澳大利亚游泳队在2008年北京奥运会上所做的改进 - Fastskin套装可使水以更高的速率流经穿着者,从而有效地使穿着者在水中以更快的速度前行。最近,2014年世界杯巴西足球队的球衣由耐克公司设计;这使公司能够扫描每个单独的团队成员并设计出适合其生理特征的服装。这些足球装备使穿着者可以穿着为自己量身定制的服装踢足球。

服装行业中的技术正在快速发展:例如,圆形针织允许使用较少的接缝来构造服装,这为穿着者提供了更佳的舒适感体验,尤其是长时间穿着该服装时则会有更深的体会,例如在登山和徒步旅行中。喷涂织物,可用于在特定区域提供层,例如那些需要定期移动或需要更多热保护的层,这些喷涂织物中的许多也可以很容易地施加和去除,从而无须辅助。还有一些用于服装装饰的技术,其中可能包括增加的热调节技术,这些技术可以根据穿着者的体温改变颜色,以监控他们在运动中的健康状况。因此,设计和技术过程将永远发展,并且随着可持续材料的应用,将有能力为消费者提供在较长时期内以供使用的服装。

14.8 结论

总而言之,运动服装设计的生态考虑分为四个主要领域:

· 企业社会责任法规
· 消费者
· 设计过程
· 技术

所有这些领域都包含影响运动服装设计和生产的可持续发展理念和生态流程。有许多国际理事机构和非政府组织,例如WRAP、公平贸易基金会、TFIA等鼓励和支持关注环境、工人福利、动物权益以及运动服装零售公司可以访问的许多其他内容。乐观地说,许多运动服装公司也积极地推广自己的CSR项目和政策,但这还有很长的路要走。消费者在整个设计和开发过程中扮演着最重要的角色。许多有环保意识的消费者想要了解这些运动产品是由什么制成的。它是怎么做的?谁做的?在哪生产的?又是如何运送的?然而,供应链问题仅仅是个开始;还有一些问题与产品的寿命和它对消费者的独特性有关,这些问题都有待解决。因此,这是一个非常复杂和漫长的过程,这对于一个运动服装公司来说是相当艰巨的。但事实证明,许多运动服装公司正在通过足球、滑雪、自行车等大型体育赛事来克服这一点。如果他们能达到平衡,就有机会进入尚未开发的市场,比如那些通常不会购买环保产品,而且是快时尚买家的消费者也可能偶尔来观望一下。为了激发这些消费者的兴趣,设计师必须设计出既吸引人又与主流产品有区别的服装。这就需要一种更为横向的设计方案,比如用消费者的需求来代替传统的潮流至上的设计理念,融入与美学、性能、功能相关的独特性,以及通过对产品的情感依恋所传达的心理需求来进行设计。此外,这将意味着设计师们能够整合更多的标准,以设计出合乎生态的运动服装。并且,这样做也有好处。如果在设计过程中引入并结合先进技术,就有能力吸引那些通常不会参与环保和可持续事业的消费者。为消费者生产更具个性和美感的运动服装的能力是提高环保实践的关键。